U0837745

全国二级建造师执业资格考试
创/新/教/程

建设工程施工管理

全国二级建造师执业资格考试用书编写组 组编

编写组成员

主　编　黎　鹏
主　审　张　谦　赵丽敏　宋建学　徐志军
　　　　张山钟　夏海涛
参　编　郭中奇　王振田　孙　博　董　林
　　　　蔺　敏　孙海玲　贾小静　毋祎祎
　　　　杨帅飞　杨文楠　李惊宇　鲁　婷
　　　　杨海霞　王　欢　柴泽江　韩　超

哈爾濱工程大学出版社
Harbin Engineering University Press

内容简介

本书主要根据考试大纲要求,针对建设工程领域常用的施工管理知识,从工程管理实践出发,在紧扣法规、标准及规范的基础上,重点加强考生对理论知识的掌握,提高解决实际项目管理问题的能力。全书通过图文并茂的形式,对考试内容进行解读,并精心编写了具有代表性的“专家解读”和“典型例题”模块,对重点、难点和延伸的知识点进行多层次的专项解读。旨在帮助考生更好地理解和掌握知识点,使考生能在有限的时间内科学、有效地备考。

图书在版编目(CIP)数据

建设工程施工管理/全国二级建造师执业资格考试用书编写组组编. —哈尔滨:哈尔滨工程大学出版社,2021.8(2023.7重印)
全国二级建造师执业资格考试创新教程
ISBN 978-7-5661-3201-7

Ⅰ.①建… Ⅱ.①全… Ⅲ.①建筑工程-施工管理-资格考试-自学参考资料 Ⅳ.①TU71

中国版本图书馆CIP数据核字(2021)第153572号

建设工程施工管理
JIANSHE GONGCHENG SHIGONG GUANLI

选题策划 李惊宇
责任编辑 张 彦
封面设计 天 一

出版发行 哈尔滨工程大学出版社
社 址 哈尔滨市南岗区南通大街145号
邮政编码 150001
发行电话 0451-82519328
传 真 0451-82519699
经 销 新华书店
印 刷 河南黎阳印务有限公司
开 本 787 mm×1 092 mm 1/16
印 张 19
字 数 486千字
版 次 2021年8月第1版
印 次 2023年7月第5次印刷
定 价 58.00元
http://www.hrbeupress.com
E-mail:heupress@hrbeu.edu.cn

前言

Preface

为提高工程建设从业人员的专业素养和管理能力，我国建立和完善了建造师执业制度。虽然国务院近年相继取消了许多执业资格许可和认定事项，但是基于建设工程领域的特殊性以及专业人才不可替代的重要性，建造师执业资格考试不仅不会取消，而且越来越引起政府机关和社会各界的重视。

为了满足广大考生的应试复习要求，便于考生明晰现行考试考情，并能在较短的时间内科学、有效地掌握知识要点，更好地备战全国二级建造师执业资格考试，我们汇集国家建工类高校专业学科的博士们，通力合作编写了本系列图书。

本系列图书所包含的科目（共七个）

《建设工程施工管理》

《建设工程法规及相关知识》

《建筑工程管理与实务》

《市政公用工程管理与实务》

《机电工程管理与实务》

《公路工程管理与实务》

《水利水电工程管理与实务》

前两个科目为全国二级建造师执业资格考试的公共科目，后五个科目为专业科目。

图书特色

全国二级建造师执业资格考试用书编写组的成员认真研究现行考试要求，结合现行法律法规、国家标准及行业规范，准确把控和解读历年考试命题点，以创新性的形式整合知识体系，编写了本系列图书。

另外，全书采用双色印刷，并结合“组织结构图＋表格总结对比＋专家解读＋典型例题”等多种形式，有针对性而又不失详尽地解读考点，给考生提供多层次、新视角的全新解读，帮助考生备考。同时，对本系列图书中的难点、重点、易考点进行解读，使之易懂、易学、易掌握。

增值服务

为全面地帮助考生复习备考，我们特向购买本系列图书的考生提供两大特色服务，让考生在进行本系列图书学习的同时可以通过观看视频、线上做题（天一网校 APP）等方式，实现线上线下有效备考。

增值服务一 视频课程。本系列图书编写组诚邀多名具有丰富实践和教学经验的老师，精心录制备考视频，帮助考生全面、系统地学习。

增值服务二 电子题库。本系列图书结合历年真题考查形式及风格，精心挑选了一些常考点、易错点、重难点习题组成电子题库，以方便考生在学习内容的同时进行习题练习与巩固，提升学习效果。

您可以通过扫描图书封面处的二维码（刮开获得激活码），根据提示输入激活码，获取视频课程和电子题库。

本系列图书尚有不足之处，恳请广大读者予以指正。

如有与本书相关的问题及建议，欢迎您致电 4006597013 或者通过 QQ：1400594158 与我们联系，我们将以更加优质、便捷的方式为您提供多层次的服务。

全国二级建造师执业资格考试用书编写组

目录

Contents

第一章　施工管理 …… 001

第一节　施工方的项目管理 …… 001

第二节　施工管理的组织 …… 006

第三节　施工组织设计的内容和编制方法 …… 011

第四节　建设工程项目目标的动态控制 …… 018

第五节　施工项目经理的任务和责任 …… 023

第六节　施工风险管理 …… 027

第七节　建设工程监理的工作任务和工作方法 …… 033

第二章　施工成本管理 …… 043

第一节　建筑安装工程费用项目的组成与计算 …… 043

第二节　建设工程定额 …… 055

第三节　工程量清单计价 …… 064

第四节　计量与支付 …… 069

第五节　施工成本管理的任务、程序和措施 …… 085

第六节　施工成本计划和成本控制 …… 086

第七节　施工成本核算、成本分析和成本考核 …… 093

第三章　施工进度管理 …… 100

第一节　建设工程项目进度控制的目标和任务 …… 100

第二节　施工进度计划的类型及其作用 …… 104

第三节　施工进度计划的编制方法 …… 105

第四节　施工进度控制的任务和措施 …… 122

第四章 施工质量管理 …… 126
第一节 施工质量管理与施工质量控制 …… 126
第二节 施工质量管理体系 …… 132
第三节 施工质量控制的内容和方法 …… 138
第四节 施工质量事故预防与处理 …… 150
第五节 建设行政管理部门对施工质量的监督管理 …… 157

第五章 施工职业健康安全与环境管理 …… 161
第一节 职业健康安全管理体系与环境管理体系 …… 161
第二节 施工安全生产管理 …… 174
第三节 生产安全事故应急预案和事故处理 …… 195
第四节 施工现场文明施工和环境保护的要求 …… 205

第六章 施工合同管理 …… 210
第一节 施工发承包模式 …… 210
第二节 施工合同与物资采购合同 …… 237
第三节 施工合同计价方式 …… 269
第四节 施工合同执行过程的管理 …… 274
第五节 施工合同的索赔 …… 276
第六节 建设工程施工合同风险管理、工程保险和工程担保 …… 281

第七章 施工信息管理 …… 286
第一节 施工信息管理的任务和方法 …… 286
第二节 施工文件归档管理 …… 291

第一章　施 工 管 理

第一节　施工方的项目管理

一、项目的定义及特性

（一）项目的定义

项目是指在一定的约束条件下（限定标准、限定时间、限定资源）具有明确目标性的一次性活动任务。工程项目作为最常见、最典型的项目类型，它是指通过特定的工作劳动，以建筑物或构筑物作为最终目标产品的活动。

（二）项目的特性

项目的特性包括：

（1）目的性。任何项目都是为实现特定的组织目标服务的。

（2）独特性。项目的产品或服务都具有一定的独特之处。

（3）一次性。项目有自己明确的时间起点和终点，并不是不断重复、周而复始的。

（4）制约性。每个项目都在一定程度上受客观条件的制约，最主要的制约是资源的制约。

（5）其他特性。包括项目的不确定性、项目的风险性、项目的渐进性、项目成果的不可挽回性、项目组织的临时性和开放性等。

二、项目管理的定义及特性

（一）项目管理的定义

项目管理是以项目为对象的，依据项目的特点和规律，将方法、工具、技术和能力应用于项目，从而进行高效率的计划、组织、控制和协调，以实现项目目标的过程。工程项目管理作为项目管理的一大类，管理对象主要是建设工程。工程项目管理指的是为了使项目取得成功，工程项目的管理主体按照客观经济规律有计划地对工程项目建设全过程进行计划、组织、控制、协调的系统性管理活动。

（二）项目管理的特性

项目管理的特性主要包括：

（1）普遍性。现有各种文明成果最初是通过项目的方式实现的，因此各种运营所依靠的设施与条件都是靠项目活动建设或开发的。

(2)目的性。项目管理活动都是为“满足或超越项目有关各方对项目的要求与期望”这一目的服务的。

(3)独特性。它不同于一般的生产运营管理,不同于常规的政府行政管理,是一种完全不同的管理活动。

(4)集成性。它强调集成管理,对项目各要素和项目各阶段做好集成管理等。

(5)创新性。它是对于创新的管理,项目管理本身需要创新,没有一成不变的模式和方法。

三、项目生命周期

工程项目的生命周期指的是从设想、研究、决策、设计、建造、使用直至项目报废所经历的工程项目的全部时间,一般包括项目的决策、实施、使用(也称运营或运行)三个阶段,同时工程项目的三个阶段还可以进一步细分为更详细的阶段,这些阶段构成了工程项目的全生命周期。图1-1给出的是常用工程建设项目生命周期示意图。

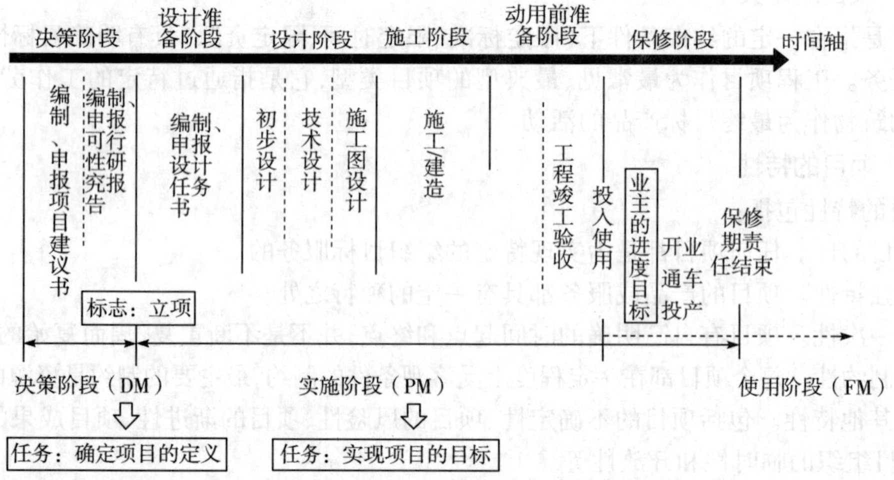

图1-1　常用工程建设项目生命周期示意图

不同阶段的主要工作内容也不同,具体如下:

(1)项目决策阶段。一般包括编制项目建议书和可行性研究报告。项目建议书是项目法人向国家提出的、要求建设某一工程项目的建议性文件,是对工程项目的轮廓设想,是从拟建项目的必要性和可能性方面进行考虑的。一般项目建议书经批准后,就应进行可行性研究。可行性研究是对工程项目在技术、经济上是否可行进行科学分析和论证的工作,是技术经济的深入论证阶段,为项目决策提供依据。经批准的可行性研究报告是工程项目实施的依据。决策阶段管理工作的主要任务是确定项目的定义。

(2)设计准备阶段。设计任务书是设计的主要依据。编制设计任务书时,应按有关规定执行,其深度应能满足开展设计的要求。设计单位必须积极参加设计任务书的编制、建设地址的选择、建设规划和试验研究等方面的设计前期工作。

(3)设计阶段。工程设计一般分阶段进行。初步设计一般是根据可行性研究报告的要求所做的具体实施方案。初步设计主要是为了论证拟建项目在技术上的可行性和经济上的合理性,编制项目总概算。技术设计主要是对初步设计阶段中无法解决而又需进一步解决的问题进行的设计,但并不是每项工程所必需的。施工图设计应能完整地表现建筑物外形、内部空间分割、结构体系、构造状况以及建筑群的布局和周围环境的配合,具有详细的构造尺寸。经过审核的施工图设计文件应作为施工单位进行施工的依据。

(4)施工阶段。工程项目经批准开工,进入项目施工阶段。工程项目开工时间是指项目设计文件中规定的任何一项永久性工程第一次破土开槽开始施工的日期;不需要开槽的,开工时间为正式开始打桩的日期。施工活动应按设计要求、合同条款、规程规范、施工组织设计进行,保证工程项目的投资、质量和进度目标能够实现。

(5)动用前准备阶段。主要指竣工验收阶段。一般包括两种验收,即完工验收和竣工验收。完工验收是指一个工程项目的施工合同完成后,由承包人将合同工程移交给业主所进行的验收。竣工验收是指整个工程项目完工并投产后,由相关建设主管部门、管理机构、质量监督机构、造价管理机构等代表组成的验收委员会组织对工程的验收。竣工验收对促进工程项目及时投产、发挥投资效益及总结经验均有重要作用。

(6)保修阶段。工程项目投入使用后进入项目保修阶段,动用开始(交付使用)的时间一般为业主的进度目标,如宾馆可以开业时间、道路可以通车时间、工厂可以投产时间等。保修期是工程竣工之后,承包人对该竣工工程负责保修的期限。保修期的时间在承包合同中规定。

典型例题

【单选题】建设工程项目决策期管理工作的主要任务是(　　)。

A. 确定项目的定义　　B. 明确项目管理团队

C. 实现项目的投资目标　　D. 实现项目的使用功能

A。**【解析】**工程建设项目生命周期包括决策阶段、实施阶段和使用阶段。其中,决策阶段管理工作的主要任务是确定项目的定义,实施阶段管理工作的主要任务是实现项目的目标(费用、进度、质量目标)。

四、建设工程项目管理的类型

建设工程项目管理的类型主要包括业主方、设计方、施工方、供货方及建设项目总承包方(建设项目工程总承包方)的项目管理。其中,业主方项目管理的服务对象是业主(管理核心),其他参与方项目管理的服务对象是自身和项目整体。

建设项目各参与方的项目管理目标和任务,如表 1-1 所示。

表 1-1　建设项目各参与方的项目管理目标和任务

项目参与方	涉及阶段	涉及主要阶段	项目管理的目标	项目管理的任务
业主方(总集成者、总组织者)	实施阶段的全过程	实施阶段	项目的投资、进度、质量目标	三控:投资、进度、质量控制 三管:安全、合同、信息管理 一协调:组织和协调

（续表）

项目参与方	涉及阶段	涉及主要阶段	项目管理的目标	项目管理的任务
设计方	实施阶段的全过程	设计阶段	设计相关的成本、进度、质量目标及项目投资目标	与设计相关的三控：设计成本和工程造价控制，设计进度、质量控制 与设计有关的三管：设计安全、合同、信息管理 与设计有关的一协调：组织和协调
施工方	实施阶段的全过程	施工阶段	施工的成本、进度、质量目标	与施工有关的三控：施工方成本、进度、质量控制 与施工有关的三管：施工安全、合同、信息管理 与施工有关的一协调：组织和协调
供货方	实施阶段的全过程	施工阶段	供货方成本、进度、质量目标	与供货有关的三控：供货方成本、进度、质量控制 与供货有关的三管：供货安全、合同、信息管理 与供货有关的一协调：组织和协调
项目总承包方	实施阶段的全过程	实施阶段	项目的总投资目标、总承包方的成本目标以及项目的进度、质量目标	三控：总投资控制，总承包方成本、进度、质量控制 五管：安全、职业健康与环境，风险，合同，沟通与信息，资源管理

专家解读

业主方目标——3（投资、质量、进度）；设计方目标——3＋1（成本、质量、进度＋投资）；施工方目标——3（成本、质量、进度）；供货方目标——3（成本、质量、进度）；项目总承包方目标——3＋1（成本、质量、进度＋投资）。需注意的是，“费用目标”对于施工方是“成本目标”，对于业主方是“投资目标”。

提示

施工方项目管理包括施工总承包方的项目管理、施工总承包管理方的项目管理、施工分包方的项目管理、建设项目总承包的施工任务执行方的项目管理等。

五、项目管理的相关规定

（一）一般规定

组织应识别项目需求和项目范围，根据自身项目管理能力、相关方约定及项目目标之间的内在联系，确定项目管理目标。

组织应遵循策划、实施、检查、处置的动态管理原理，确定项目管理流程，建立项目管理制度，实施项目系统管理，持续改进管理绩效，提高相关方满意水平，确保实现项目管理目标。

（二）项目管理流程

项目管理机构应按项目管理流程实施项目管理。项目管理流程应包括启动、策划、实施、监控和收尾过程，各个过程之间既相对独立，又相互联系。具体要求如下：

（1）启动过程应明确项目概念，初步确定项目范围，识别影响项目最终结果的内外部相关方。

（2）策划过程应明确项目范围，协调项目相关方期望，优化项目目标，为实现项目目标进行项目管理规划与项目管理配套策划。

（3）实施过程应按项目管理策划要求组织人员和资源，实施具体措施，完成项目管理策划中确定的工作。

（4）监控过程应对照项目管理策划，监督项目活动，分析项目进展情况，识别必要的变更需求并实施变更。

（5）收尾过程应完成全部过程或阶段的所有活动，正式结束项目或阶段。

（三）项目管理制度

组织应建立项目管理制度。项目管理制度应包括下列内容：

（1）规定工作内容、范围和工作程序、方式的规章制度。

（2）规定工作职责、职权和利益的界定及其关系的责任制度。

组织应根据项目管理流程的特点，在满足合同和组织发展需求条件下，对项目管理制度进行总体策划。组织应根据项目管理范围确定项目管理制度，在项目管理各个过程规定相关管理要求并形成文件。组织应实施项目管理制度，建立相应的评估与改进机制。必要时，应变更项目管理制度并修改相关文件。

（四）项目管理机构

项目管理机构应承担项目实施的管理任务和实现目标的责任。项目管理机构应由项目管理机构负责人领导，接受组织职能部门的指导、监督、检查、服务和考核，负责对项目资源进行合理使用和动态管理。项目管理机构应在项目启动前建立，在项目完成后或按合同约定解体。

（五）项目管理目标责任书

项目管理目标责任书应在项目实施之前，由组织法定代表人或其授权人与项目管理机构负责人协商制定。项目管理目标责任书应属于组织内部明确责任的系统性管理文件，其内容应符合组织制度要求和项目自身特点。

编制项目管理目标责任书应依据下列信息：

（1）项目合同文件。

（2）组织管理制度。

(3)项目管理规划大纲。

(4)组织经营方针和目标。

(5)项目特点和实施条件与环境。

项目管理目标责任书宜包括下列内容:

(1)项目管理实施目标。

(2)组织和项目管理机构职责、权限和利益的划分。

(3)项目现场质量、安全、环保、文明、职业健康和社会责任目标。

(4)项目所需资源的获取和核算办法。

(5)项目设计、采购、施工、试运行管理的内容和要求。

(6)法定代表人向项目管理机构负责人委托的相关事项。

(7)项目管理机构负责人和项目管理机构应承担的风险。

(8)项目应急事项和突发事件处理的原则和方法。

(9)项目管理效果和目标实现的评价原则、内容和方法。

(10)项目实施过程中相关责任和问题的认定和处理原则。

(11)项目完成后对项目管理机构负责人的奖惩依据、标准和办法。

(12)项目管理机构负责人解职和项目管理机构解体的条件及办法。

(13)缺陷责任期、质量保修期及之后对项目管理机构负责人的相关要求。

组织应对项目管理目标责任书的完成情况进行考核和认定,并根据考核结果和项目管理目标责任书的奖惩规定,对项目管理机构负责人和项目管理机构进行奖励或处罚。

项目管理目标责任书应根据项目实施变化进行补充和完善。

典型例题

【单选题】根据《建设工程项目管理规范》,项目管理目标责任书应在项目实施之前,由企业的(　　)与项目经理协商制定。

A. 董事会　　B. 技术负责人

C. 股东大会　　D. 法定代表人

D。【解析】项目管理目标责任书应在项目实施之前,由组织法定代表人或其授权人与项目管理机构负责人协商制定。

第二节　施工管理的组织

一、工程项目组织的定义

组织是指为实现其目标而具有职责、权限和关系等自身职能的个人与团体。工程项目组织是指为完成整个工程项目分解结构图中的各项工作的个人、部门、单位等按一定的规则或规律构成的群体,通常包括业主、施工方、设计方、供货方等。

二、工程项目组织的基本形式

工程项目是由目标产生工作任务,由工作任务决定承担者,由承担者形成组织。根据工程项目的管理范围和系统结构分解,在工程项目中有以下两种性质的工作任务:

(1)为完成项目对象所必需的专业性工作任务。项目的专业性工作任务包括工程设计、工程施工、安装、设备和材料的供应等。这些工作一般由设计单位、工程承包单位、供应商等承担,它们构成项目的实施层,其主要任务和责任是按合同规定的工期,保质保量地完成各方承担的项目任务。

(2)管理工作任务。在工程项目全过程中,相关的管理工作可分为 4 个层次,即战略决策层、战略管理层、项目管理层、项目实施层。其中,战略决策层是项目的投资者,通常不参与项目的具体实施和管理工作,一般不出现在项目组织中。

三、工程项目组织结构

(一)组织结构设计程序

在设计组织结构时,可按以下程序进行:

(1)确定项目管理目标。

(2)确定工作内容。

(3)确定组织结构形式,确定岗位职责、职权。

(4)设计组织运行程序和信息沟通方式。

(5)配备人员。

(二)常用基本组织结构模式

组织结构模式是一种相对静态的组织关系。常用基本组织结构模式的相关内容,如表 1-2 所示。

表 1-2 常用基本组织结构模式的相关内容

组织结构模式	指令源数量	特点	应用
职能组织结构	多个矛盾的指令源	易产生多个矛盾的指令源,影响企业管理机制运行	传统组织
线性组织结构	单一的指令源	上级只能对下级下指令,不能跨级指挥;上下级部门呈直线的权责关系,权责分明;指令路径过长,运行会困难	小型组织
矩阵组织结构	纵向和横向两个矛盾的指令源	是一种新型的组织结构模式;当出现矛盾的指令时,由系统的最高指挥者进行协调决策;为减轻指令矛盾,可采用以纵向(纵向为实线)或横向(横向为实线)为主的模式	大型建设项目(横向部门可以是项目管理部,纵向部门可以是合同管理部、计划管理部、财务管理部、人事管理部等)

职能组织结构如图 1-2 所示,矩阵组织结构如图 1-3 所示。

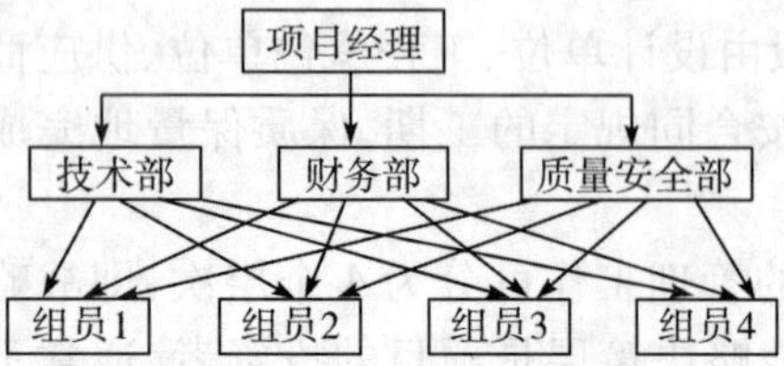

图 1-2　职能组织结构

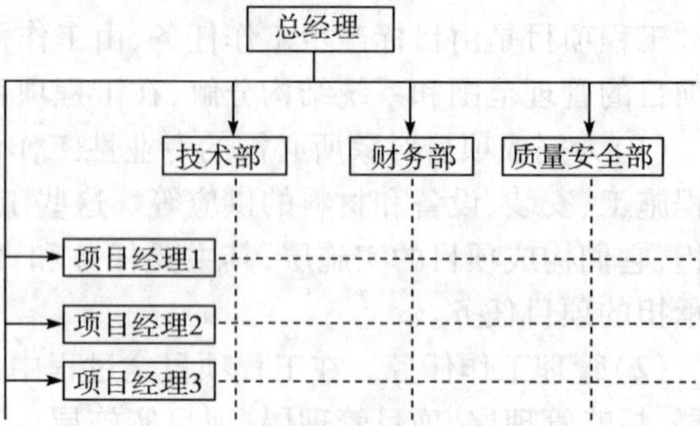

图 1-3　矩阵组织结构

线性组织结构如图 1-4 所示。

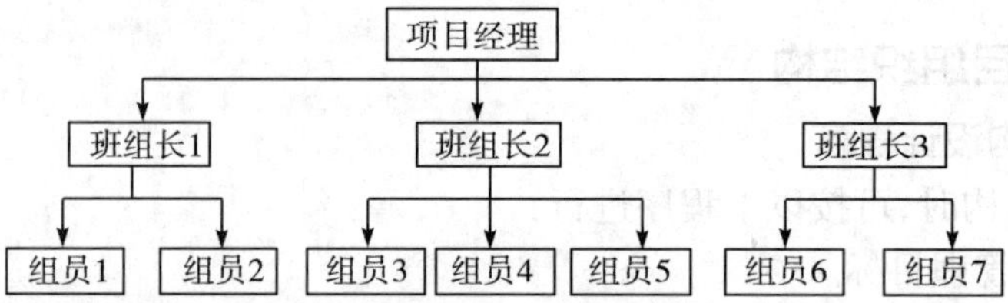

图 1-4　线性组织结构

四、项目管理组织分工

项目管理组织分工分为两部分,即项目工作任务分工和管理职能分工,是一种相对静态的组织关系。管理组织分工的基本要求有:项目决策路径应尽可能短;实现对项目目标的整体控制;应体现发挥专业优势的原则;高效利用项目管理资源;充分考虑项目组织结构的灵活性,并具有适应性。

在组织结构确定后,应对各个部门或个体的主要职责进行分配。项目工作任务分工就是对项目组织结构的说明和补充,是对组织结构中各个单位部门或个体的职责所做的细化和扩展。每一个项目都应编制项目管理任务分工表。项目各参与方应编制各自的项目管理任务分工表,编制项目管理任务分工表前需对项目实施各阶段的任务进行分解。对于已经确定的工作任务表在项目实施过程中应不断深化和细化,应视具体情况对任务分工表进行调整。此外,物业开发部和运营部应积极参与整个项目的实施过程。

管理职能是由管理过程的多个环节组成,包括提出问题、筹划、决策、执行、检查等。不同的管理职能可由不同的职能部门承担。管理职能分工与工作任务分工一样也是组织结构的说明和补充,体现为组织中各任务承担者对于一项工作任务管理职能的分工。项目各参与方应编制各自的项目管理职能分工表。管理职能分工表中用拉丁字母表示管理职能。管理职能分工表既可用于项目管理,也可用于企业管理;但是,项目管理职能分工表只能用于项目管理。可以用管理职能分工表来区分业主方和代表业主利益的项目管理方和工程建设监理方等的管理职能。项目管理职能分工表和岗位责任描述书表达的内容不同,其会暴露仅用岗位责任描述书时所掩盖的矛盾,比岗位责任描述书中管理职能的分工更加细致、清晰。

工作任务分工表与管理职能分工表的区别如表 1-3 所示。

表 1-3 工作任务分工表与管理职能分工表的区别

类别	作用	形成步骤
工作任务分工表(是项目组织设计文件的一部分)	明确各个工作部门(或个人)负责哪项工作任务,需要哪些工作部门(或个人)配合或参与;实施过程中可以进行调整;表中的每一个任务,至少应有一个主办工作部门,协办部门和配合部门的数量不限	项目管理任务进行分解→明确各主管部门或主管人员的工作任务→编制工作任务分工表
管理职能分工表	用表的形式反映项目管理班子内部项目经理、各工作部门和各工作岗位对各项工作任务的项目管理职能分工;可辅以使用管理职能分工描述书	提出问题(发现进度推迟)→筹划(制定多个进度加快方案,并进行比较)→决策(选择方案)→执行(落实方案)→检查(检查执行效果)

专家解读

工作任务分工解决的是"谁来做,怎么做"的问题,管理职能分工解决的是"谁来管"的问题。

五、组织工具

组织工具是用图或者表格等形式表示各种组织关系,包括项目结构图、组织结构图、工作流程图、工作任务分工表、管理职能分工表、合同结构图等。

项目结构图、组织结构图、合同结构图与工作流程图的区别,如表 1-4 所示。

表 1-4 项目结构图、组织结构图、合同结构图与工作流程图的区别

类别	表达的含义	图中矩形框的含义	矩形框连接的表达
项目结构图	通过树状图反映组成某个项目的所有工作任务,描述工作对象之间的关系	工作任务或工作对象	直线(反映所有工作任务及工作对象之间的关系,用直线表达)
组织结构图	通过图反映某个组织系统中,各工作单位、各工作部门和各工作人员之间的指令关系	工作单位、工作部门或工作人员	单向箭线(反映指令关系,由上级到下级,用单向箭头表达)
合同结构图	通过图反映某项目的业主方和项目各参与方之间,以及项目各参与方之间的合同关系(责权关系)	业主方、项目各参与方	双向箭线(合同双方之间的契约,是双向性,用双向箭头表达)
工作流程图	通过图反映某项目中各项工作之间的程序及逻辑关系	具体工作(菱形框表示判别条件)	单向箭线(流程应有先后和方向,用单向箭头表达)

项目结构图、组织结构图、合同结构图、工作流程图，如图1-5、1-6、1-7、1-8所示。

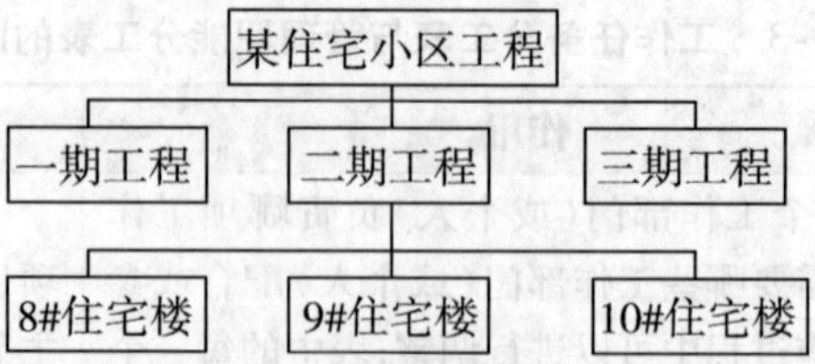

图1-5　项目结构图

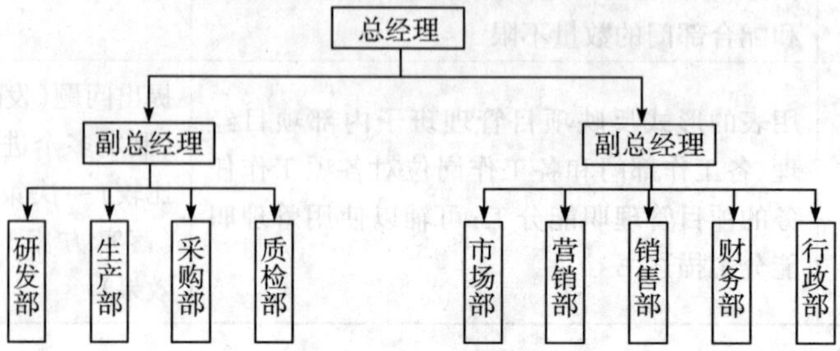

图1-6　组织结构图

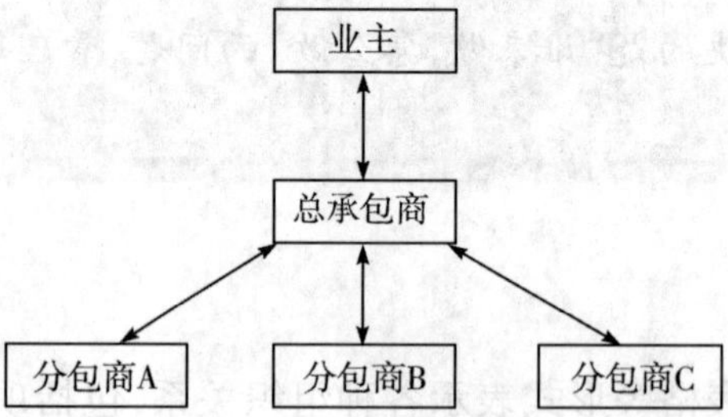

图1-7　合同结构图

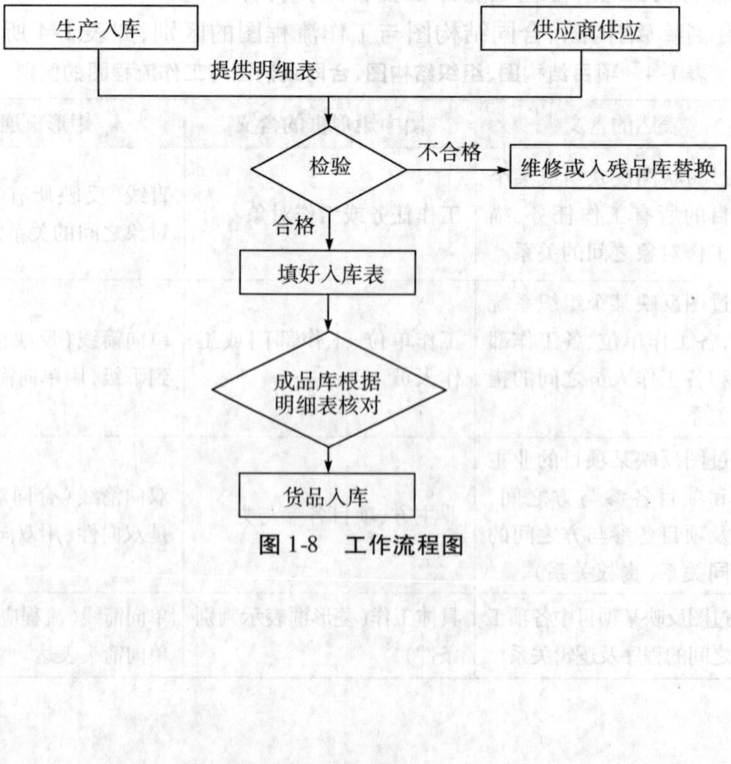

图1-8　工作流程图

六、组织流程

（一）流程的定义与特点

组织结构可以反映组织的静态特性，而组织流程则反映了组织的动态特性。组织流程的不同是一组织区别另一组织的关键。

组织流程是指为完成某一目标（或任务）而进行的一系列逻辑相关活动的有序的集合。

流程的特点包括：

(1)目的性。组织的流程是为完成某一目标或任务而产生的。

(2)整体性。一个流程至少是由两个活动组成的，并且活动之间存在一定的联系。

(3)动态性。流程总是处于一种动态的变化之中。

(4)层次性。组成高层次流程的活动，有的本身又是个流程，可以对其进行展开。

(5)结构性。有串联、并联（并发与选择）与反馈三种结构。

（二）流程的基本要素及分类

组织流程的基本要素是指包含于一切组织流程中的最基本的、不可或缺的成分。

流程把一定的投入经过这一系列活动的共同作用转化成为一定的产出。根据流程的投入对象的不同可将流程分为实物流程、信息流程和事务流程。

(1)实物流程：又称物质流程。流程的输入和输出中均具有有形实物成分，这些有形成分经过一系列活动的作用后发生了变化。如幕墙结构深化设计工作流程、装配式构件深化设计工作流程、钢结构深化设计工作流程、外立面施工工作流程及弱电工程物资采购工作流程等。

(2)信息流程：流程的输入输出成分均只有信息类成分。它既是其他各种流程的表现和描述，又是用于掌握、指挥和控制其他流程运行的软资源。如生成与进度报告有关的数据处理流程。

(3)事务流程：又称管理工作流程。它是组织对管理对象进行管理时所规定的工作流程，如投资控制、进度控制、设计变更、合同管理等工作流程。

提示

根据上述内容，在项目管理中，工作流程组织包括物质流程组织、信息处理工作流程组织和管理工作流程组织，是一种动态组织关系。同一项目不同参与方都有各自的工作流程组织任务。每个建设项目根据其特点，应确定的工作流程有设计准备工作、设计工作、施工招标工作、物资采购工作、施工作业、“三控三管”工作、信息处理等流程。

第三节　施工组织设计的内容和编制方法

一、施工组织设计编制

施工组织设计按编制对象，可分为施工组织总设计、单位工程施工组织设计和分部（分项）工程施工组织设计（或称施工方案）。

（一）施工组织设计的编制原则

施工组织设计的编制必须遵循工程建设程序，重视施工的目标控制和组织对施工的作用，并应符合下列原则：

(1)符合施工合同或招标文件中有关工程进度、质量、安全、环境保护、造价等方面的要求。

(2)积极开发、使用新技术和新工艺（积极采用国内外先进施工技术），推广应用新材料和新设备（提高施工的工业化程度）。

(3)坚持科学的施工程序和合理的施工顺序，采用流水施工和网络计划等方法，科学配置资源，合理布置现场，采取季节性施工措施，实现均衡施工（提高施工的连续性和均衡性），达到合理的经济技术指标。

(4)采取技术和管理措施，推广建筑节能和绿色施工。

(5)与质量、环境和职业健康安全三个管理体系有效结合。

（二）施工组织设计的编制依据

施工组织设计的编制依据如下：

(1)与工程建设有关的法律、法规和文件。

(2)国家现行有关标准和技术经济指标。

(3)工程所在地区行政主管部门的批准文件，建设单位对施工的要求。

(4)工程施工合同或招标投标文件。

(5)工程设计文件。

(6)工程施工范围内的现场条件，工程地质及水文地质、气象等自然条件。

(7)与工程有关的资源供应情况。

(8)施工企业的生产能力、机具设备状况、技术水平等。

(9)类似工程项目的施工经验、资料等。

链接

施工组织总设计的编制依据有：相关规范、标准、法规；合同文件；建设地区基础资料；设计文件、计划文件；类似项目的施工经验、资料。

（三）施工组织设计编制的基本内容

施工组织设计应包括编制依据、工程概况、施工部署、施工进度计划、施工准备与资源配置计划、主要施工方法、施工现场平面布置及主要施工管理计划等基本内容。

专家解读

根据工程的具体情况，施工组织设计的内容可以添加或删减。历年考试中经常考查的施工组织设计的基本内容包括5个部分，即：工程概况、施工部署及施工方案、施工进度计划（时间上的安排）、施工平面图（空间上的安排）和主要技术经济指标。其中，施工部署及施工方案包括部署施工任务、安排施工顺序、确定主要施工方案、比选施工方案等。

（四）施工组织设计的编制程序和审批

1.施工组织设计的编制程序

施工组织设计的编制程序，下面以典型例题的形式进行讲解。

典型例题

【单选题】根据施工组织总设计的编制程序，编制施工总进度计划前应完成的工作是（　　）。

A.施工总平面图设计　　B.编制资源需求量计划

C.编制施工准备工作计划　　D.拟订施工方案

D。【解析】施工组织总设计的编制程序为：收集相关资料和图纸→计算主要工程量→确定施工的总体部署→拟订施工方案→编制施工总进度计划→编制资源需求量计划→编制施工准备工作计划→施工总平面图设计→计算主要技术经济指标。其中，先后顺序不能改变的是“拟订施工方案→编制施工总进度计划→编制资源需求量计划”。

2.施工组织设计的审批

施工组织设计应由项目负责人主持编制，可根据需要分阶段编制和审批；施工组织总设计应由总承包单位技术负责人审批；单位工程施工组织设计应由施工单位技术负责人或技术负责人授权的技术人员审批；施工方案应由项目技术负责人审批；重点、难点分部（分项）工程和专项工程施工方案应由施工单位技术部门组织相关专家评审，施工单位技术负责人批准。

由专业承包单位施工的分部（分项）工程或专项工程的施工方案，应由专业承包单位技术负责人或技术负责人授权的技术人员审批；有总承包单位时，应由总承包单位项目技术负责人核准备案；规模较大的分部（分项）工程和专项工程的施工方案应按单位工程施工组织设计进行编制和审批。

二、施工组织总设计

施工组织总设计是以若干单位工程组成的群体工程或特大型项目（如居民小区工程、工厂整体搬迁工程、道路工程）为主要对象编制的施工组织设计，对整个项目的施工过程起统筹规划、重点控制的作用。施工组织总设计应包括以下内容。

（一）工程概况

工程概况应包括项目主要情况和项目主要施工条件等。项目主要情况应包括下列内容：项目名称、性质（工业、民用）、地理位置和建设规模；项目的建设、勘察、设计和监理等相关单位的情况；项目设计概况；项目承包范围及主要分包工程范围；施工合同或招标文件对项目施工的重点要求；其他应说明的情况。

（二）总体施工部署

施工组织总设计应对项目总体施工做出下列宏观部署：

（1）确定项目施工总目标，包括进度、质量、安全、环境和成本等目标。

（2）根据项目施工总目标的要求，确定项目分阶段（期）交付的计划。

(3)确定项目分阶段(期)施工的合理顺序及空间组织。

(三)施工总进度计划

施工总进度计划应按照项目总体施工部署的安排进行编制。施工总进度计划应依据施工合同、施工进度目标、有关技术经济资料,并按照总体施工部署确定的施工顺序和空间组织等具体进行编制。施工总进度计划可采用网络图或横道图表示,并附必要说明。

(四)总体施工准备与主要资源配置计划

总体施工准备应包括技术准备、现场准备和资金准备等。技术准备、现场准备和资金准备应满足项目分阶段(期)施工的需要。技术准备包括施工过程所需技术资料的准备、施工方案编制计划、试验检验及设备调试工作计划等;现场准备包括现场生产、生活等临时设施,如临时生产、生活用房,临时道路、材料堆放场,临时用水、用电和供热、供气等的计划;资金准备应根据施工总进度计划编制资金使用计划。

主要资源配置计划应包括劳动力配置计划和物资配置计划等。劳动力配置计划应包括下列内容:

(1)确定各施工阶段(期)的总用工量。

(2)根据施工总进度计划确定各施工阶段(期)的劳动力配置计划。

物资配置计划应包括下列内容:

(1)根据施工总进度计划确定主要工程材料和设备的配置计划。

(2)根据总体施工部署和施工总进度计划确定主要施工周转材料和施工机具的配置计划。

(五)主要施工方法

施工组织总设计应对项目涉及的单位(子单位)工程和主要分部(分项)工程所采用的施工方法进行简要说明。

对脚手架工程、起重吊装工程、临时用水用电工程、季节性施工等专项工程所采用的施工方法应进行简要说明。

(六)施工总平面布置

施工总平面布置应按照项目分期(分批)施工计划进行布置,并绘制总平面布置图。一些特殊的内容,如现场临时用电、临时用水布置等,当总平面布置图不能清晰表示时,也可单独绘制平面布置图。

施工总平面布置图应包括下列内容:

(1)项目施工用地范围内的地形状况。

(2)全部拟建的建(构)筑物和其他基础设施的位置。

(3)项目施工用地范围内的加工设施、运输设施、存贮设施、供电设施、供水供热设施、排水排污设施、临时施工道路和办公、生活用房等。

(4)施工现场必备的安全、消防、保卫和环境保护等设施。

(5)相邻的地上、地下既有建(构)筑物及相关环境。

专家解读

上述施工组织总设计的内容主要依据《建筑施工组织设计规范》,历年考试中考查的内容较细,即施工组织总设计的内容主要包括:工程概况;施工部署;核心工程的施工方案;施工总进度计划;总体施工准备工作计划;总体施工总平面图设计;各项资源需求量计划;主要技术经济指标(如项目施工质量、安全、成本、工期、劳动生产率、机械化程度、预制化程度等)。

三、单位工程施工组织设计

单位工程施工组织设计是以单位(子单位)工程(如烟囱工程、一幢住宅楼工程、某图书馆工程、一段道路工程)为主要对象编制的施工组织设计,对单位(子单位)工程的施工过程起指导和制约作用。单位工程施工组织设计应包括以下内容。

(一)工程概况

工程概况应包括工程主要情况、各专业设计简介和工程施工条件等,工程概况的内容应尽量采用图表进行说明。

(二)施工部署

工程施工目标应根据施工合同、招标文件以及本单位对工程管理目标的要求确定,包括进度、质量、安全、环境和成本等目标。各项目标应满足施工组织总设计中确定的总体目标。

施工部署中的进度安排和空间组织应符合下列规定:

(1)工程主要施工内容及其进度安排应明确说明,施工顺序应符合工序逻辑关系。

(2)施工流水段应结合工程具体情况分阶段进行划分;单位工程施工阶段一般划分为地基基础、主体结构、装修装饰和机电设备安装三个阶段。

对于工程施工的重点和难点应进行分析,包括组织管理和施工技术两个方面。对于工程施工中开发和使用的新技术、新工艺应做出部署,对新材料和新设备的使用应提出技术及管理要求。对主要分包工程施工单位的选择要求及管理方式应进行简要说明。

(三)施工进度计划

单位工程施工进度计划应按照施工部署的安排进行编制。

施工进度计划可采用网络图或横道图表示,并附必要说明;对于工程规模较大或较复杂的工程,宜采用网络图表示,通过对各类参数的计算,找出关键线路,选择最优方案。

(四)施工准备与资源配置计划

1. 施工准备

施工准备应包括技术准备、现场准备和资金准备等。具体如下:

(1)技术准备应包括施工所需技术资料的准备、施工方案编制计划、试验检验及设备调试工作计划、样板制作计划等;主要分部(分项)工程和专项工程在施工前应单独编制施工方案,施工方案可根据工程进展情况,分阶段编制完成;对需要编制的主要施工方案应制定编制计划;试验检验及设备调试工作计划应根据现行规范、标准中的有关要求及工程规模、进度等实际情况制定;样板制作计划应根据施工合同或招标文件的要求并结合工程特点制定。

(2)现场准备应根据现场施工条件和工程实际需要,准备现场生产、生活等临时设施。

(3)资金准备应根据施工进度计划编制资金使用计划。

2. 资源配置计划

资源配置计划应包括劳动力配置计划和物资配置计划等。劳动力配置计划应包括下列内容:

(1)确定各施工阶段用工量。

(2)根据施工进度计划确定各施工阶段劳动力配置计划。

物资配置计划应包括下列内容:

(1)主要工程材料和设备的配置计划应根据施工进度计划确定,包括各施工阶段所需主要工程材料、设备的种类和数量。

(2)工程施工主要周转材料和施工机具的配置计划应根据施工部署和施工进度计划确定,包括各施工阶段所需主要周转材料、施工机具的种类和数量。

(五)主要施工方案

单位工程应按照分部、分项工程的划分原则,对主要分部、分项工程制定施工方案。

对脚手架工程、起重吊装工程、临时用水用电工程、季节性施工等专项工程所采用的施工方案应进行必要的验算和说明。

(六)施工现场平面布置

施工现场平面布置图应结合施工组织总设计,按不同施工阶段分别绘制。

专家解读

上述单位工程施工组织设计的内容主要依据《建筑施工组织设计规范》,历年考试中考查的内容较细,即单位工程施工组织设计的内容主要包括:工程概况;施工进度计划;施工准备工作计划;各项资源需求量计划;施工方案的选择;单位工程施工总平面图设计;施工特点分析;技术组织、安全施工及质量保证等措施;主要技术经济指标(如施工工期、机械设备利用程度、资源均衡性等)。对于较为简单的单位工程,施工组织设计通常只需编制施工方案,并应附以施工进度计划和施工平面图。

四、分部(分项)工程施工组织设计

分部(分项)工程施工组织设计是以分部(分项)工程或专项工程(如定向爆破工程、深基础工程、高大模板工程、大量土石方工程、特大构件吊装工程、无粘结预应力混凝土工程等)为主要对象编制的施工技术与组织方案,用以具体指导其施工过程。分部(分项)工程施工组织设计应包括以下内容。

(一)工程概况

工程概况应包括工程主要情况、设计简介和工程施工条件等。

工程主要情况应包括分部(分项)工程或专项工程名称,工程参建单位的相关情况,工程的施工范围,施工合同、招标文件或总承包单位对工程施工的重点要求等。

设计简介应主要介绍施工范围内的工程设计内容和相关要求。

工程施工条件应重点说明与分部(分项)工程或专项工程相关的内容。

(二)施工安排

工程施工目标包括进度、质量、安全、环境和成本等目标,各项目标应满足施工合同、招标文件和总承包单位对工程施工的要求。

工程施工顺序及施工流水段应在施工安排中确定。针对工程的重点和难点,进行施工安排并简述主要管理和技术措施。工程管理的组织机构及岗位职责应在施工安排中确定,并应符合总承包单位的要求。

(三)施工进度计划

分部(分项)工程或专项工程施工进度计划应按照施工安排,并结合总承包单位的施工进度计划进行编制。施工进度计划可采用网络图或横道图表示,并附必要说明。

(四)施工准备与资源配置计划

施工准备应包括下列内容:

(1)技术准备,包括施工所需技术资料的准备、图纸深化和技术交底的要求、试验检验和测试工作计划、样板制作计划以及与相关单位的技术交接计划等。

(2)现场准备,包括生产、生活等临时设施的准备以及与相关单位进行现场交接的计划等。

(3)资金准备,编制资金使用计划等。

资源配置计划应包括下列内容:

(1)劳动力配置计划,主要是确定工程用工量并编制专业工种劳动力计划表。

(2)物资配置计划,包括工程材料和设备配置计划、周转材料和施工机具配置计划以及计量、测量和检验仪器配置计划等。

(五)施工方法及工艺要求

施工方法是工程施工期间所采用的技术方案、工艺流程、组织措施、检验手段等。它直接影响施工进度、质量、安全以及工程成本。明确分部(分项)工程或专项工程施工方法并进行必要的技术核算,对主要分项工程(工序)明确施工工艺要求。对易发生质量通病、易出现安全问题、施工难度大、技术含量高的分项工程(工序)等应做出重点说明。对开发和使用的新技术、新工艺以及采用的新材料、新设备应通过必要的试验或论证并制定计划。对季节性施工应提出具体要求。

专家解读

上述分部(分项)工程施工组织设计的内容主要依据《建筑施工组织设计规范》,历年考试中考查的内容较细,即分部(分项)工程施工组织设计的内容主要包括:工程概况;施工进度计划;施工准备工作计划;各项资源需求量计划;作业区施工平面布置图设计;施工特点分析;施工方法和施工机械的选择;技术组织、安全施工及质量保证等措施。

第四节　建设工程项目目标的动态控制

一、项目结构分析

在进行建设工程项目目标动态控制前，应进行项目结构分析。

（一）项目结构分析的主要内容

项目结构分析的主要内容如下：

(1)项目目标任务的研究。为了准确地对工程项目结构进行分解，需要对项目的总目标和总任务进行全面研究，以规划项目的范围，保证项目的构成和系统单元之间的联系。

(2)项目结构分解。项目结构分解是从系统分析的角度对项目目标和任务进行分解，得到不同层次的项目工作单元。项目结构分解是项目系统分析最重要的工作，需要按照一定的规则由粗到细、由总体到具体、由上而下地进行。

(3)项目单位的定义。将项目目标和任务分解到具体的工作单元中，从技术要求、工作质量、实施责任人、费用限制、工期限制等各个方面对其进行详细的说明和定义，还应与项目的技术设计、计划和组织安全同步进行。

(4)工作界面分析。工作界面分析主要包含界限的划分与定义、项目逻辑关系的分析，以及建设实施顺序的安排。

（二）项目结构分解

项目结构分解主要依靠项目管理者的经验和技能，分解结果的优劣只能在项目设计、计划和实施过程中体现出来。常见的项目结构分解方法包括对技术系统的结构分解和按照实施过程的结构分解两类。其中，对技术系统的结构分解主要包括按功能区间、专业要素进行分解。

项目结构分解应遵循下列原则：

(1)应结合项目进展的总体部署、项目组成、项目结构特点、项目合同结构特点等进行分解。

(2)应在各层次上保持项目内容上的完整性，不能遗漏任何必要的组成部分。

(3)一个项目单元只能从属于某一个上层单元，不能同时交叉属于两个上层单元。由一个上层单元分解得到的几个下层项目单元应有相同的性质。

(4)项目单元应能区分不同的责任者和不同的工作内容，应有较高的整体性和独立性，单元之间的工作责任、界面应尽可能小而明确。

(5)项目分解结构应有一定的弹性，应能方便地扩展项目的范围、内容和变更项目的结构。

(6)项目结构分解是工程项目计划和控制的主要对象，应为项目目标的编制和工程实施控制服务，应有利于项目实施任务的发包和进行，有利于项目目标的控制。

(7)符合要求的详细程度。若项目分解的层次和单元过少,则项目单元上的任务和信息容量就会太大,难以具体地、精细地设计、计划和控制,则失去分解的作用。如果分解得过细,层次与单元太多,结构图和结构表都极为复杂,则会造成下列问题:

①项目结构失去弹性,机动性及灵活性较小,项目变化调整的余地较小或变更的影响面太大。

②给计划工作带来困难,计划费用增加。

③由于分解得很细,则计划必须做得很细,这会使计划的可行性降低。

④工程过程中的信息处理量会成倍增加。

⑤会造成项目组织跨度太大或组织层次太多。

二、动态控制的原理

影响建设工程项目目标实现的因素有组织、人、方法和工具,其中组织是决定性因素,而组织措施也是目标控制措施(组织措施、管理措施、经济措施、技术措施)中最重要的措施。在建设工程项目实施过程中,为了实现目标,应灵活进行项目目标的动态控制。

项目目标动态控制的工作步骤,如图1-9所示。

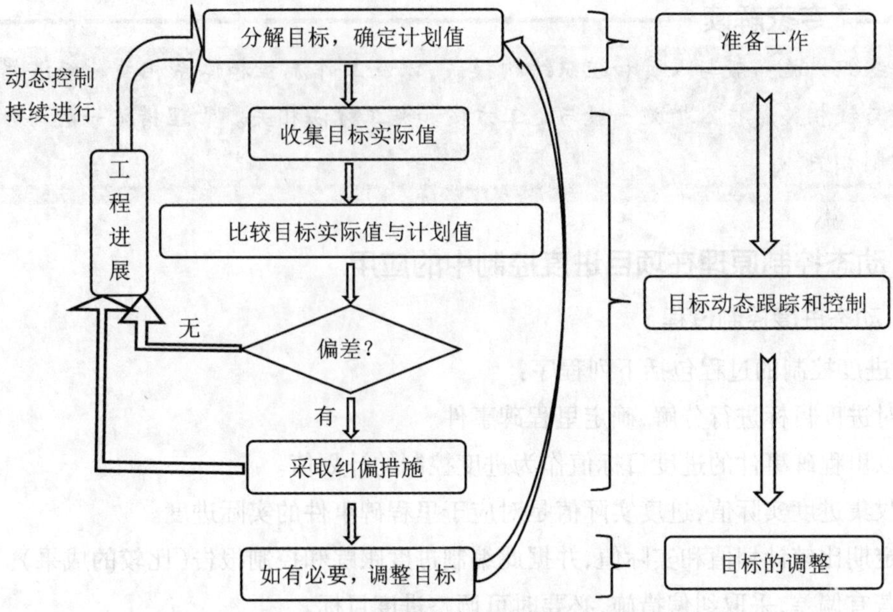

图1-9 项目目标动态控制的工作步骤

专家解读

项目目标动态控制的工作步骤为分、集、比、纠、调。应重视事前的主动控制(如确定目标计划值,同时分析影响目标实现的因素,且针对这些因素采取预防措施),避免项目目标偏离。

项目目标动态控制中的三大要素，如图 1-10 所示。

图 1-10　三大要素

目标动态控制过程中的关键环节（核心）是通过目标计划值和实际值的比较分析，以发现偏差并采取纠偏措施。这种比较是动态的、多层次的，且目标的计划值与实际值是相对的。

项目目标动态控制过程中，可采取的纠偏措施主要有组织措施、管理措施、经济措施、技术措施。其中，组织措施主要包括管理人员、组织结构模式、工作流程组织、职能分工、任务分工等方面的调整；管理措施主要包括调整和优化管理方案、方法和手段，选择合理的合同管理模式等；经济措施主要包括调整资金供给方式、落实相关资金费用，编制与动态控制计划相适应的资源需求计划等；技术措施主要包括优化施工、设计方案，改进施工方法（工艺），调整施工机具等。

专家解读

组织措施一般与人员和组织结构模式，以及工作流程和体系相关。经济措施一般与钱相关。技术措施一般与施工方案和施工方法相关。管理措施一般与合同和控制相关。

三、动态控制原理在项目进度控制中的应用

（一）动态进度控制过程

动态进度控制的过程包括下列程序：

(1) 对进度目标进行分解，确定里程碑事件。

(2) 以里程碑事件的进度目标值作为进度控制的计划值。

(3) 收集进度实际值，进度实际值是对应于里程碑事件的实际进度。

(4) 定期比较计划值和实际值，并据此编制进度跟踪和控制报告（比较的成果）。

(5) 若有偏差，采取纠偏措施，必要时可调整进度目标。

链接

大型建设工程项目进度目标分解的过程为：编制施工总进度规划→编制施工总进度计划→编制项目各子系统进度计划→编制项目各子项目施工进度计划。

（二）进度控制的纠偏措施

纠偏措施是指对项目实施过程中的工作进行修正，使其达到预期效果的活动和指导。

进度控制的纠偏措施主要包括组织措施、管理措施、经济措施和技术措施四个方面,具体内容参考第三章。

四、动态控制原理在项目成本控制中的应用

项目成本目标控制是使该项目的实际总成本不大于该项目的计划成本,要在计划成本的范围内,通过控制的手段,完成工程项目施工任务。

成本控制的基本方法是在项目实施全过程,以动态控制原理为指导,以成本控制的理论方法为手段,进行计划值与实际值的比较,发现偏差,及时采取纠偏措施。

(一)动态成本控制过程

动态成本控制的过程包括下列程序:

(1)确定建设项目成本分解体系,通过施工成本规划进行成本目标的分解。

(2)确定施工成本的计划值(目标值)。

(3)采集、汇总和分析对应施工成本的实际值。

(4)进行成本目标计划值和实际值的比较,并据此编制成本跟踪和控制报告(比较的成果)。

(5)如发现偏差,采取纠偏措施,必要时调整目标计划值。

施工成本的计划值和实际值进行比较时,计划值和实际值是相对的。如相对于实际施工成本而言,施工成本规划的成本值为计划值;相对于工程合同价而言,施工成本规划的成本值与实际施工成本值为实际值;相对于工程合同价而言,投标价为计划值;相对于工程合同价而言,工程款支付属于实际值。

典型例题

【单选题】施工成本动态控制过程中,在施工准备阶段,相对于工程合同价而言,施工成本实际值可以是(　　)。

A. 施工成本规划的成本值

B. 投标价中的相应成本项

C. 招标控制价中的相应成本项

D. 投资估算中的建安工程费用

A。**【解析】**相对于工程合同价而言,施工成本实际值可以是施工成本规划的成本值和工程款支付。

(二)成本控制的纠偏措施

成本控制的纠偏措施主要包括组织措施、合同措施、经济措施和技术措施四个方面,具体内容参考第二章。

五、动态控制原理在项目质量控制中的应用

（一）质量目标的分解

质量目标是在质量方面所追求的目的，施工质量目标包括各分部分项工程的施工质量，以及（半）成品、材料、设备等的质量。

施工质量目标的分解，如图 1-11 所示。

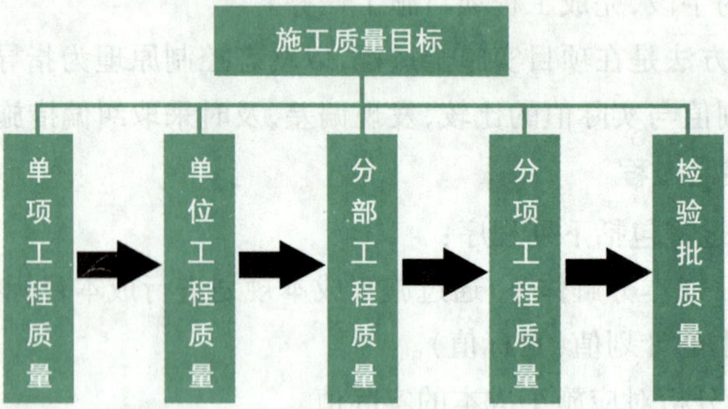

图 1-11　施工质量目标的分解

专家解读

成本目标的分解方式与质量目标的分解方式基本一致，即“单项工程成本→单位工程成本→分部工程成本→分项工程成本”。

（二）动态质量控制的主要工作

根据《建设工程项目管理规范》，质量控制是一个动态的过程，需根据实际情况的变化，采取适当的措施。质量控制需注意有关过程的接口，例如设计与施工的接口，施工总承包与分包的接口及施工与试运行的接口，单位工程、分部分项、检验批的接口等。质量控制需要建立在真实可靠的数据基础上，包括采用适当的统计技术。

动态质量控制的主要工作包括：

（1）确定控制对象应达到的质量要求。

（2）确定所采取的检验方法和检验手段。

（3）进行质量检验。

（4）分析实测数据和标准之间产生偏差的原因。

（5）采取纠偏措施。

（6）编制相关质量控制报告等。

（三）质量控制的纠偏措施

质量控制的纠偏措施主要包括组织措施、管理措施、经济措施和技术措施四个方面。

第五节 施工项目经理的任务和责任

一、施工项目经理在企业中的地位和作用

项目经理是指已取得建造师注册证书和执业印章，由企业法定代表人任命，根据法定代表人授权的范围期限和内容履行管理职责并对项目实施全过程全面管理的项目负责人。其作为企业法定代表人在项目上的代表人，应承担施工安全、质量责任，并对施工承担全面管理的责任。

《建设工程施工合同（示范文本）》中关于项目经理的规定如下。

项目经理应为合同当事人所确认的人选，并在专用合同条款中明确项目经理的姓名、职称、注册执业证书编号、联系方式及授权范围等事项，项目经理经承包人授权后代表承包人负责履行合同。项目经理应是承包人正式聘用的员工，承包人应向发包人提交项目经理与承包人之间的劳动合同，以及承包人为项目经理缴纳社会保险的有效证明。承包人不提交上述文件的，项目经理无权履行职责，发包人有权要求更换项目经理，由此增加的费用和（或）延误的工期由承包人承担。

项目经理应常驻施工现场，且每月在施工现场时间不得少于专用合同条款约定的天数。项目经理不得同时担任其他项目的项目经理。项目经理确需离开施工现场时，应事先通知监理人，并取得发包人的书面同意。项目经理的通知中应当载明临时代行其职责的人员的注册执业资格、管理经验等资料，该人员应具备履行相应职责的能力。

项目经理按合同约定组织工程实施。在紧急情况下为确保施工安全和人员安全，在无法与发包人代表和总监理工程师及时取得联系时，项目经理有权采取必要的措施保证与工程有关的人身、财产和工程的安全，但应在 48 小时内向发包人代表和总监理工程师提交书面报告。

承包人需要更换项目经理的，应提前 14 天书面通知发包人和监理人，并征得发包人书面同意。通知中应当载明继任项目经理的注册执业资格、管理经验等资料，继任项目经理继续履行约定的职责。未经发包人书面同意，承包人不得擅自更换项目经理。承包人擅自更换项目经理的，应按照专用合同条款的约定承担违约责任。

发包人有权书面通知承包人更换其认为不称职的项目经理，通知中应当载明要求更换的理由。承包人应在接到更换通知后 14 天内向发包人提出书面的改进报告。发包人收到改进报告后仍要求更换的，承包人应在接到第二次更换通知的 28 天内进行更换，并将新任命的项目经理的注册执业资格、管理经验等资料书面通知发包人。继任项目经理继续履行约定的职责。承包人无正当理由拒绝更换项目经理的，应按照专用合同条款的约定承担违约责任。

项目经理因特殊情况授权其下属人员履行其某项工作职责的，该下属人员应具备履行相应职责的能力，并应提前7天将上述人员的姓名和授权范围书面通知监理人，并征得发包人书面同意。

专家解读

施工企业项目经理的任务包含项目管理任务和行政管理任务，其中项目管理任务是三控（成本、质量、进度控制）、三管（安全、合同、信息管理）、一协调（组织与协调）。随着项目管理理论的发展，项目经理在工程建设过程中，不仅要负责传统的项目管理工作（如控制进度、质量、费用目标），而且要实现的目标是项目交付价值。

二、项目经理的素质要求

（一）政治素质

项目经理首先应具有较高的政治思想觉悟，能够处理好国家利益、集体利益和职工利益三者之间的关系。项目经理还应具有责任感，敢于承担项目中的风险，实事求是，讲求经济效益。项目经理在施工管理中，应密切联系群众，发扬民主作风，以身作则，言行一致，不谋私利，赏罚公正、严明。

（二）知识素质

项目经理应具有建造师注册证书和执业印章等，需要熟练掌握建筑施工技术知识，以及施工项目管理基本规律和基本知识；应懂得基本经济理论，了解国家的相关方针、政策等。

（三）技能素质

项目经理应具有号召力，即调动下属工作积极性的能力；必须具备足够的交流能力，即有效倾听、劝告和理解他人行为的能力，这样才能与下属、上级进行一个平等而和谐的交流；必须具备灵活应变的能力，才能在各种不利的情况下迅速做出反应，并着手解决问题；应具备管理技能，包括必须制订出一个切实可行的计划对整个项目进行统一管理，要有对项目的整体意识以及相应的组织能力。

（四）身心素质

项目经理应自信、热情，充满着激情与活力，能够调动下属的热情；身体健康、精力充沛，思维敏捷、记忆力良好；具有坚强的毅力和意志等。

三、项目经理的职责、权限和管理

（一）施工项目经理的职责

根据《建设工程项目管理规范》，项目管理机构负责人应履行下列职责：

（1）项目管理目标责任书中规定的职责。

(2)工程质量安全责任承诺书中应履行的职责。

(3)组织或参与编制项目管理规划大纲、项目管理实施规划,对项目目标进行系统管理。

(4)主持制定并落实质量、安全技术措施和专项方案,负责相关的组织协调工作。

(5)对各类资源进行质量监控和动态管理。

(6)对进场的机械、设备、工器具的安全、质量和使用进行监控。

(7)建立各类专业管理制度,并组织实施。

(8)制定有效的安全、文明和环境保护措施并组织实施。

(9)组织或参与评价项目管理绩效。

(10)进行授权范围内的任务分解和利益分配。

(11)按规定完善工程资料,规范工程档案文件,准备工程结算和竣工资料,参与工程竣工验收。

(12)接受审计,处理项目管理机构解体的善后工作。

(13)协助和配合组织进行项目检查、鉴定和评奖申报。

(14)配合组织完善缺陷责任期的相关工作。

以施工单位项目经理为例,其项目管理职责包括:

(1)项目经理需按照经审查合格的施工设计文件和施工技术标准进行工程项目施工,应对因施工导致的工程施工质量、安全事故或问题承担全面责任。

(2)项目经理需负责建立质量安全管理体系,配备专职质量、安全等施工现场管理人员,落实质量安全责任制、质量安全管理规章制度和操作规程。

(3)项目经理需负责施工组织设计、质量安全技术措施、专项施工方案的编制工作,认真组织质量、安全技术交底。

(4)项目经理需加强进入现场的建筑材料、构配件、设备、预拌混凝土等的检验、检测和验证工作,严格执行技术标准规范要求。

(5)项目经理需对进入现场的超重机械、模板、支架等的安装、拆卸及运行使用全过程监督,发现问题,及时整改。

(6)项目经理需加强安全文明施工费用的使用和管理,严格按规定配备安全防护和职业健康用具,按规定组织相关人员的岗位教育,严格特种工作人员岗位管理工作。

提示

若项目经理由于工作失误,致使施工人员死亡并造成重大经济损失,施工企业对该项目经理可以采取的处理方式是追究其经济责任;政府主管部门对该项目经理可以采取的处理方式是追究其法律责任。

(二)施工项目经理的权限

赋予施工项目经理一定的权力是确保项目经理承担相应责任的先决条件。为了履行项目经理的职责,施工项目经理必须具有一定的权限,这些权限应由企业法人代表授予,并用制度具体确定下来。根据《建设工程项目管理规范》，项目管理机构负责人的权限，如图 1-12 所示。

项目管理机构负责人应具有下列权限：

◇参与项目招标、投标和合同签订；
◇参与组建项目管理机构；
◇参与组织对项目各阶段的重大决策；
◇主持项目管理机构工作；
◇决定授权范围内的项目资源使用；
◇在组织制度的框架下制定项目管理机构管理制度；
◇参与选择并直接管理具有相应资质的分包人；
◇参与选择大宗资源的供应单位；
◇在授权范围内与项目相关方进行直接沟通；
◇法定代表人和组织授予的其他权利

图 1-12　项目管理机构负责人的权限

（三）施工项目经理的管理

项目管理机构负责人应接受法定代表人和组织机构的业务管理，组织有权对项目管理机构负责人给予奖励和处罚。

组织需加强对项目管理机构负责人管理行为的监督，在项目正常运行的情况下，不应随意撤换项目管理机构负责人。特殊原因需要撤换，需按相关规定报请相关方同意和认可，并履行工程质量监督备案手续。

项目管理机构负责人需定期或不定期参加建设主管部门和行业协会组织的教育培训活动，及时掌握行业动态，提升自身素质和管理水平。

项目管理机构负责人进行项目管理工作时，需按相关规定签署工程质量终身责任承诺书，对工程建设中应履行的职责、承担的责任做出承诺，并报相关管理机构备案。

项目管理机构负责人需接受相关部门对其履职情况进行的动态监管，如有违规行为，将依照行政处罚规定予以处罚，并记录诚信信息。

链接

项目经理在承担工程项目施工的管理过程中，应当按照建筑施工企业与建设单位签订的工程承包合同，与本企业法定代表人签订项目承包合同，并在企业法定代表人授权范围内，行使以下管理权力：(1)组织项目管理班子。(2)以企业法定代表人的代表身份处理与所承担的工程项目有关的外部关系，受委托签署有关合同。(3)指挥工程项目建设的生产经营活动，调配并管理进入工程项目的人力、资金、物资、机械设备等生产要素。(4)选择施工作业队伍。(5)进行合理的经济分配。(6)企业法定代表人授予的其他管理权力。

四、项目经理与建造师的关系

建造师是以专业技术为依托、以工程项目管理为主业的执业注册人员，是一种专业人士的名称。建造师是懂管理、懂技术、懂经济、懂法规、综合素质较高的复合型人员，既要有理论水平，也要有丰富的实践经验和较强的组织能力。建造师注册受聘后，可以建造师的名义担任建设工程项目施工的项目经理(项目经理是一个工作岗位的名称),从事其他施工活动的管理,从事法律、行政法规或国务院建设行政主管部门规定的其他业务。

在行使项目经理职责时,一级注册建造师可以担任大、中、小型建设工程项目施工的项目经理;二级注册建造师可以担任中、小型建设工程项目施工的项目经理。大、中型工程项目的项目经理必须由取得建造师执业资格的人员担任;但取得建造师执业资格的人员能否担任大、中型工程项目的项目经理,应由建筑业企业自主决定。

建造师与项目经理虽然定位不同,但所从事的都是建设工程的管理工作。在建造师执业资格制度全面实施的同时,也要落实施工项目经理岗位责任制。建造师执业的覆盖面较大,可涉及工程建设项目管理的许多方面,担任项目经理只是建造师执业中的一项;项目经理则限于企业内某一特定工程的项目管理。建造师选择工作的权力相对自主,可在社会市场上有序流动,有较大的活动空间;项目经理岗位则是企业设定的,项目经理是企业法人代表授权或聘用的、一次性的工程项目施工管理者。

第六节　施工风险管理

一、风险概述

风险是指由于可能发生的事件,导致实际结果与主观预测产生差异,并且这种差异可能伴随某种损失的发生。风险具有不确定性,这种不确定性表现在风险事件发生的时间以及造成的后果上,还表现在风险事件本身发生的机会上。

工程风险指工程项目在决策、设计、施工、试生产、移交运行各个阶段可能遭受的风险。因此,风险管理成为项目各参与方保护自身利益,提高项目建设成功率的关键因素之一。对工程项目开展风险管理的目的是通过主动有意识地策划、组织、协调、控制和采取预防措施,避免或减少风险事故发生的机会,尽可能减少风险损失,保证工程项目总体目标的实现。

工程建设必须占据一定的空间并在一定的时期内完成,工程建设不能脱离环境而单独进行,因此环境是工程建设中风险存在的根源。在项目实施过程中,由于环境的不断变化,形成了对项目的外部干扰,这些干扰将会造成项目不能按计划实施,偏离目标,造成目标修改,乃至整个工程项目的失败。这里主要有几个方面的系统要素风险:

(1)项目环境要素风险。最常见的有政治风险、法律风险、经济风险、自然条件、社会风险等。

(2)项目系统结构风险。如以项目单元为分析对象,在实施以及运行的过程中可能遇到的技术问题,人工、材料、机械、费用消耗增加等各种异常情况等。

(3)项目的行为主体产生的风险。如业主和投资者支付能力差,改变投资方向,违约不能完成合同责任等产生的风险;承包商(分包商、供应商)技术及管理能力不足,不能保证安全质量,无法按时交工等产生的风险;项目管理者(监理工程师)的能力、职业道德、公正性差等产生的风险。

(4)其他方面的风险,如外围主体(政府部门、相关单位)等产生的风险。

专家解读

建设工程项目的风险主要分为组织风险(主要涉及各种人员的能力、经验、知识等)、经济与管理风险(主要涉及资金、经济、合同风险,人身、信息安全和事故防范计划,以及防火设施数量、可用性等)、技术风险(主要涉及设计文件、施工方案、物资、机械等)、工程环境风险(主要涉及自然、地质、水文、气象、火灾爆炸因素等)。

二、风险管理的具体要求

所有项目及其生命期中的每一过程与决策都存在风险。因此,在项目进行的每一阶段都应当对风险进行管理,并且风险管理过程应当与项目管理过程以及与产品有关的过程相结合。风险管理需要全员参与。对每一项已被识别的风险都应当实施后继的风险管理活动,如风险评估、风险应对、风险监控。在项目的每一阶段都应当对风险进行管理,项目本身及其产品的风险也应当进行评审。

根据国务院国资委发布的《关于开展对标世界一流管理提升行动的通知》,关于风险管理的要求包括:针对风险防范意识不强、内控体系不完善、合规管理不到位、责任追究力度不够等突出问题,进一步强化风险防控意识,抓好各类风险的监测预警、识别评估和研判处置,坚决守住不发生重大风险的底线;加强内控体系建设,充分发挥内部审计规范运营和管控风险等作用,构建全面、全员、全过程、全体系的风险防控机制;推进法律管理与经营管理深度融合,突出抓好规章制度、经济合同、重大决策的法律审核把关,切实加强案件管理,着力打造法治国企;健全合规管理制度,加强对重点领域、重点环节和重点人员的管理,推进合规管理全面覆盖、有效运行;加强责任追究体系建设,加快形成职责明确、流程清晰、规范有序的工作机制,加大违规经营投资责任追究力度,充分发挥警示惩戒作用。

根据《建设工程项目管理规范》,组织应建立风险管理制度,明确各层次管理人员的风险管理责任,管理各种不确定因素对项目的影响。项目风险管理应包括下列程序:

(1)风险识别。

(2)风险评估。

(3)风险应对。

(4)风险监控。

(一)风险管理计划

项目管理机构应在项目管理策划时确定项目风险管理计划。项目风险管理计划编制依据应包括下列内容:

(1)项目范围说明。

(2)招投标文件与工程合同。

(3)项目工作分解结构。

(4)项目管理策划的结果。

(5)组织的风险管理制度。
(6)其他相关信息和历史资料。
风险管理计划应包括下列内容：
(1)风险管理目标。
(2)风险管理范围。
(3)可使用的风险管理方法、措施、工具和数据。
(4)风险跟踪的要求。
(5)风险管理的责任和权限。
(6)必需的资源和费用预算。
项目风险管理计划应根据风险变化进行调整，并经过授权人批准后实施。

(二)风险识别

1.风险识别的内容

项目管理机构应在项目实施前识别实施过程中的各种风险。项目管理机构应进行下列风险识别：
(1)工程本身条件及约定条件。
(2)自然条件与社会条件。
(3)市场情况。
(4)项目相关方的影响。
(5)项目管理团队的能力。

2.风险识别的程序

识别项目风险应遵循下列程序：
(1)收集与风险有关的信息。
(2)确定风险因素。
(3)编制项目风险识别报告。

3.风险识别报告的内容

项目风险识别报告应由编制人签字确认，并经批准后发布。项目风险识别报告应包括下列内容：
(1)风险源的类型、数量。
(2)风险发生的可能性。
(3)风险可能发生的部位及风险的相关特征。

(三)风险评估

项目管理机构应按下列内容进行风险评估：
(1)风险因素发生的概率。
(2)风险损失量或效益水平的估计。
(3)风险等级评估。

专家解读

风险等级评估指通过风险因素形成风险概率的估计和对发生风险后可能造成的损失量或效益水平的估计。风险损失量或效益水平的估计需包括下列内容：工期损失（工期缩短）的估计；费用损失（利润提升）的估计；对工程的质量、功能、使用效果（质量、安全、环境）方面的影响；其他影响。上述风险损失量或效益水平的估计，主要通过分析已经得到的有关信息，结合管理人员的经验对损失量进行综合判断。通常采用专家预测、趋势外推法预测、敏感性分析和盈亏平衡分析、决策树等方法。“其他影响”如间接影响，机会成本等。

风险评估包括将风险的水平与可容忍性准则相比较并制定处理风险的初始优先顺序。事件风险量的区域如图 1-13 所示。

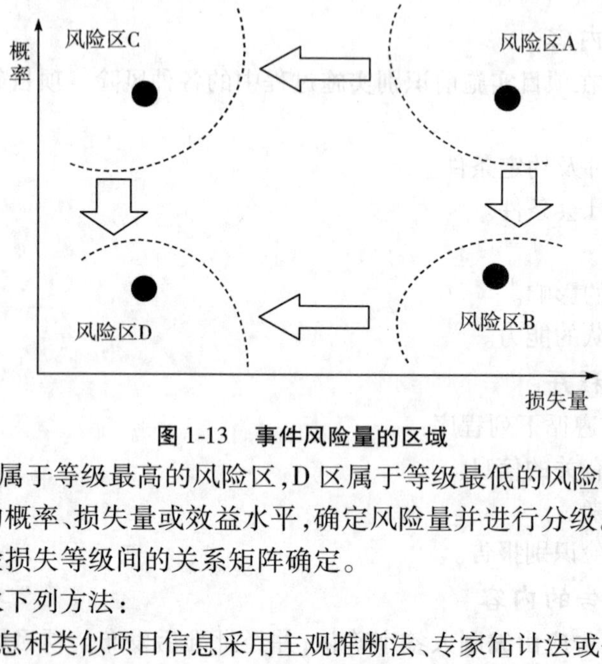

图 1-13　事件风险量的区域

图 1-13 中，A 区属于等级最高的风险区，D 区属于等级最低的风险区。项目管理机构应根据风险因素发生的概率、损失量或效益水平，确定风险量并进行分级。风险等级应由风险发生概率等级和风险损失等级间的关系矩阵确定。

风险评估宜采取下列方法：

（1）根据已有信息和类似项目信息采用主观推断法、专家估计法或会议评审法进行风险发生概率的认定。

（2）根据工期损失、费用损失和对工程质量、功能、使用效果的负面影响进行风险损失量的估计。

（3）根据工期缩短、利润提升和对工程质量、安全、环境的正面影响进行风险效益水平的估计。

项目管理机构应根据风险因素发生的概率、损失量或效益水平，确定风险量并进行分级。

风险评估后应出具风险评估报告。风险评估报告应由评估人签字确认，并经批准后发布。风险评估报告应包括下列内容：

（1）各类风险发生的概率。

（2）可能造成的损失量或效益水平、风险等级确定。

（3）风险相关的条件因素。

典型例题

【单选题】项目风险管理中,风险等级是根据(　　)评估确定的。

A. 风险因素发生的概率和风险管理能力

B. 风险损失量和承受风险损失的能力

C. 风险因素发生的概率和风险损失量(或效益水平)

D. 风险管理能力和风险损失量(或效益水平)

C。【解析】项目管理机构应根据风险因素发生的概率、损失量或效益水平,确定风险量并进行分级。

(四)风险应对

风险应对的过程如图 1-14 所示。

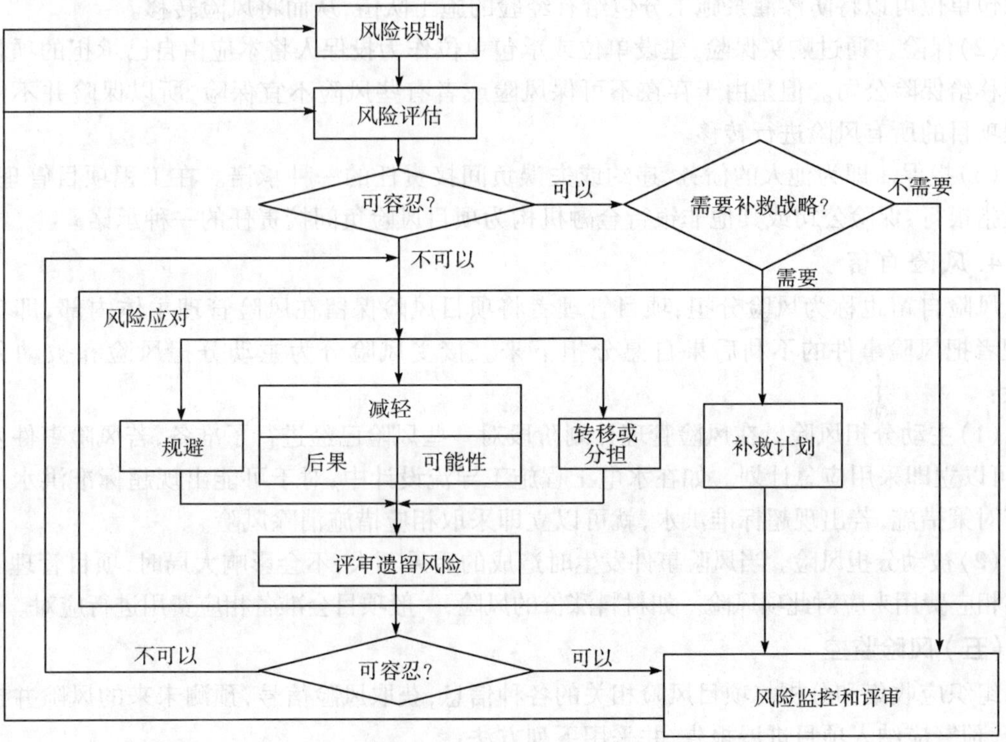

图 1-14　风险应对的过程

1. 风险规避

当工程项目风险潜在威胁发生可能性太大,不利后果也很严重,且无其他策略可以采用时,主动放弃项目或改变项目目标与行动方案,从而规避风险的策略。如承包方投标某一项目时,通过风险评价发现中标的可能性比较小,且即使中标,也会存在亏损的风险,则承包方应该放弃投标,规避亏本的风险。

2. 风险减轻

降低风险发生的可能性或减少后果的不利影响。对于已知的风险,项目管理者可以在很大程度进行控制。如发现工程进度发生滞后的风险,可以采用压缩关键线路上工作的持续时间,改变工作间的逻辑关系等措施来减轻工程项目的风险。对于可预测或不可预测的风险,项目管理者一般难以控制,必须进行深入细致的调查研究,才能减少风险的不确定性及潜在的损失。

3. 风险转移

借用合同等手段,在风险一旦发生时可以将损失的一部分转移到第三方身上。采用风险转移策略时,必须让承担风险者得到相应的回报,对于具体的风险,谁最有管理能力就转移给谁。转移工程项目风险常见的方式包括分包、保险和担保:

(1)分包。即承包单位将其所承包工程的一部分发包出去,通过签订分包合同将项目风险转移给其他人。如某承包单位承包某堤防加固工程,该工程包含护坡、堤身加高(宽)和防渗灌浆,但该承包单位对防渗灌浆施工并不擅长,对工程质量和成本控制有较大的风险。则该承包单位可以将防渗灌浆施工分包给有经验的施工队伍,从而将风险转移。

(2)保险。通过购买保险,建设单位或承包单位作为投保人将本应由自己承担的项目风险转移给保险公司。但是由于存在不可保风险或者有些风险不宜保险,所以保险并不能将工程项目的所有风险进行转移。

(3)担保。即为他人的债务、违约或失误负间接责任的一种承诺。在工程项目管理中,一般指银行、保险公司或其他非银行金融机构为项目风险负间接责任的一种承诺。

4. 风险自留

风险自留也称为风险分担,项目管理者将项目风险保留在风险管理主体内部,即项目管理者把风险事件的不利后果自愿分担下来。接受风险分为主动分担风险和被动分担风险:

(1)主动分担风险。在风险管理计划阶段对一些风险已经进行了准备,若风险事件发生时,可以立即采用应急计划。如在水电工程施工导流设计中,对于可能出现超标准洪水一般会有对策措施,若出现超标准洪水,就可以立即采取相应措施消除风险。

(2)被动分担风险。当风险事件发生时造成的后果不大,不会影响大局时,项目管理者会列出相应费用来应对此项风险。如材料涨价的风险,一般项目会准备相应费用进行应对。

(五)风险监控

组织应收集和分析与项目风险相关的各种信息,获取风险信号,预测未来的风险并提出预警,预警应纳入项目进展报告,并采用下列方法:

(1)通过工期检查、成本跟踪分析、合同履行情况监督、质量监控措施、现场情况报告、定期例会,全面了解工程风险。

(2)对新的环境条件、实施状况和变更,预测风险,修订风险应对措施,持续评价项目风险管理的有效性。

组织应对可能出现的潜在风险因素进行监控,跟踪风险因素的变动趋势。

组织应采取措施控制风险的影响,降低损失,提高效益,防止负面风险的蔓延,确保工程的顺利实施。

第七节 建设工程监理的工作任务和工作方法

建设工程监理是指工程监理单位受建设单位委托，根据法律法规、工程建设标准、勘察设计文件及合同，在施工阶段对建设工程质量、造价、进度进行控制，对合同、信息进行管理，对工程建设相关方的关系进行协调，并履行建设工程安全生产管理法定职责的服务活动。建设工程监理的工作性质包括独立性、公平性、服务性、科学性。建设工程监理的工作步骤一般为：编制监理规划→编制监理实施细则→进行监理→参与竣工预验收，签署监理意见→提交监理档案资料。

链接

建设工程监理是一项具有中国特色的工程建设管理制度。我国推行建设工程监理制度的目的包括确保工程建设质量，提高工程建设水平，充分发挥投资效益。

一、项目监理机构

（一）项目监理机构概述

工程监理单位实施监理时，应在施工现场派驻项目监理机构。项目监理机构的组织形式和规模，可根据建设工程监理合同约定的服务内容、服务期限，以及工程特点、规模、技术复杂程度、环境等因素确定。

项目监理机构的监理人员应由总监理工程师、专业监理工程师和监理员组成，且专业配套、数量应满足建设工程监理工作需要，必要时经书面授权和监理企业法人代表同意可设总监理工程师代表。

工程监理单位在建设工程监理合同签订后，应及时将项目监理机构的组织形式、人员构成及对总监理工程师的任命书面通知建设单位。

工程监理单位调换总监理工程师时，应征得建设单位书面同意；调换专业监理工程师时，总监理工程师应书面通知建设单位。

一名注册监理工程师可担任一项建设工程监理合同的总监理工程师。当需要同时担任多项建设工程监理合同的总监理工程师时，应经建设单位书面同意，且最多不得超过三项。

施工现场监理工作全部完成或建设工程监理合同终止时，项目监理机构可撤离施工现场。

（二）监理人员职责

总监理工程师、专业监理工程师、监理员应履行《建设工程监理规范》中规定的职责。

总监理工程师作为项目监理机构负责人，监理工作中的重要职责不得委托给总监理工程师代表。

专业监理工程师职责为其基本职责，在建设工程监理实施过程中，项目监理机构还应针对建设工程实际情况，明确各岗位专业监理工程师的职责分工，制订具体监理工作计划，并根据实施情况进行必要的调整。

监理员职责为其基本职责，在建设工程监理实施过程中，项目监理机构还应针对建设工程实际情况，明确各岗位监理员的职责分工。

二、监理规划

监理规划应结合工程实际情况，明确项目监理机构的工作目标，确定具体的监理工作制度、内容、程序、方法和措施。

专家解读

监理规划应起到指导项目监理机构实施建设工程监理工作的作用。

监理规划可在签订建设工程监理合同及收到工程设计文件后由总监理工程师组织编制，并应在召开第一次工地会议前报送建设单位。

监理规划编审应遵循下列程序：

(1)总监理工程师组织专业监理工程师编制。

(2)总监理工程师签字后由工程监理单位技术负责人审批。

监理规划应包括下列主要内容：

(1)工程概况。

(2)监理工作的范围、内容、目标。

(3)监理工作依据。

(4)监理组织形式、人员配备及进退场计划、监理人员岗位职责。

(5)监理工作制度。

(6)工程质量控制。

(7)工程造价控制。

(8)工程进度控制。

(9)安全生产管理的监理工作。

(10)合同与信息管理。

(11)组织协调。

(12)监理工作设施。

在监理工作实施过程中，建设工程的实施可能会发生较大变化，如设计方案重大修改、施工方式发生变化、工期和质量要求发生重大变化，或者当原监理规划所确定的程序、方法、措施和制度等需要做重大调整时，总监理工程师应及时组织专业监理工程师修改监理规划，并按原报审程序审核批准后报建设单位。

典型例题

【单选题】项目监理规划编制完成后，其审核批准者为(　　)。

A. 监理单位技术负责人　　B. 业主方驻工地代表

C. 总监理工程师　　D. 政府质量监督人员

A。**【解析】**监理规划编审应遵循下列程序：(1)总监理工程师组织专业监理工程师编制。(2)总监理工程师签字后由工程监理单位技术负责人审批。

三、监理实施细则

监理实施细则应符合监理规划的要求，并应具有可操作性。项目监理机构应结合工程特点、施工环境、施工工艺等编制监理实施细则，明确监理工作要点、监理工作流程和监理工作方法及措施，达到规范和指导监理工作的目的。对工程规模较小、技术较简单且有成熟管理经验和措施的，可不必编制监理实施细则。对专业性较强、危险性较大的分部分项工程，项目监理机构应编制监理实施细则。

监理实施细则应在相应工程施工开始前由专业监理工程师编制，并应报总监理工程师审批。监理实施细则的编制应依据下列资料：

(1)监理规划。

(2)工程建设标准、工程设计文件。

(3)施工组织设计、(专项)施工方案。

监理实施细则应包括下列主要内容：

(1)专业工程特点。

(2)监理工作流程。

(3)监理工作要点。

(4)监理工作方法及措施。

在实施建设工程监理过程中，监理实施细则可根据实际情况进行补充、修改，并应经总监理工程师批准后实施。

专家解读

对中型及中型以上或专业性较强、采用“四新”技术的工程项目，应当编制工程建设监理实施细则。

四、工程质量、造价、进度控制及安全生产管理的监理工作

(一)监理工作的一般要求

项目监理机构应根据建设工程监理合同约定，遵循动态控制原理，坚持预防为主的原则，制定和实施相应的监理措施，采用旁站、巡视和平行检验等方式对建设工程实施监理。

监理人员应熟悉工程设计文件，并应参加建设单位主持的图纸会审和设计交底会议，会议纪要应由总监理工程师签认。

工程开工前，监理人员应参加由建设单位主持召开的第一次工地会议，会议纪要应由项目监理机构负责整理，与会各方代表应会签。

项目监理机构应定期召开监理例会，并组织有关单位研究解决与监理相关的问题。项目监理机构可根据工程需要，主持或参加专题会议，解决监理工作范围内工程专项问题。

监理例会以及由项目监理机构主持召开的专题会议的会议纪要，应由项目监理机构负责整理，与会各方代表应会签。

项目监理机构应审查施工单位报审的施工组织设计，符合要求时，应由总监理工程师签认后报建设单位。项目监理机构应要求施工单位按已批准的施工组织设计组织施工。施工

组织设计需要调整时，项目监理机构应按程序重新审查。

施工组织设计审查应包括的基本内容，如图 1-15 所示。

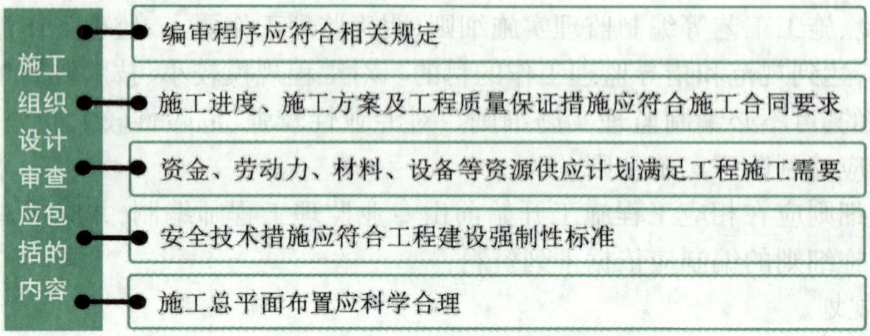

图 1-15　施工组织设计审查应包括的基本内容

总监理工程师应组织专业监理工程师审查施工单位报送的工程开工报审表及相关资料；同时具备下列条件时，应由总监理工程师签署审核意见，并应报建设单位批准后，总监理工程师签发工程开工令：

(1)设计交底和图纸会审已完成。

(2)施工组织设计已由总监理工程师签认。

(3)施工单位现场质量、安全生产管理体系已建立，管理及施工人员已到位，施工机械具备使用条件，主要工程材料已落实。

(4)进场道路及水、电、通信等已满足开工要求。

分包工程开工前，项目监理机构应审核施工单位报送的分包单位资格报审表，专业监理工程师提出审查意见后，应由总监理工程师审核签认。

分包单位资格审核应包括下列基本内容：

(1)营业执照、企业资质等级证书。

(2)安全生产许可文件。

(3)类似工程业绩。

(4)专职管理人员和特种作业人员的资格。

(二)工程质量控制

1. 项目监理机构的工作要求

工程开工前，项目监理机构应审查施工单位现场的质量管理组织机构、管理制度及专职管理人员和特种作业人员的资格。

项目监理机构应审查施工单位报送的用于工程的材料、构配件、设备的质量证明文件，并应按有关规定、建设工程监理合同约定，对用于工程的材料进行见证取样、平行检验。

项目监理机构对已进场经检验不合格的工程材料、构配件、设备，应要求施工单位限期将其撤出施工现场。

项目监理机构应根据工程特点和施工单位报送的施工组织设计，确定旁站的关键部位、关键工序，安排监理人员进行旁站，并应及时记录旁站情况。

链接

《建设工程质量管理条例》规定，工程监理单位应当选派具备相应资格的总监理工程师和监理工程师进驻施工现场。未经监理工程师签字，建筑材料、建筑构配件和设备不得在工程上使用或者安装，施工单位不得进行下一道工序的施工。未经总监理工程师签字，建设单位不拨付工程款，不进行竣工验收。监理工程师应当按照工程监理规范的要求，采取旁站、巡视和平行检验等形式，对建设工程实施监理。

项目监理机构应安排监理人员对工程施工质量进行巡视。巡视应包括下列主要内容：

(1)施工单位是否按工程设计文件、工程建设标准和批准的施工组织设计、(专项)施工方案施工。

(2)使用的工程材料、构配件和设备是否合格。

(3)施工现场管理人员，特别是施工质量管理人员是否到位。

(4)特种作业人员是否持证上岗。

项目监理机构应根据工程特点、专业要求，以及建设工程监理合同约定，对施工质量进行平行检验。

项目监理机构应对施工单位报验的隐蔽工程、检验批、分项工程和分部工程进行验收，对验收合格的应给予签认；对验收不合格的应拒绝签认，同时应要求施工单位在指定的时间内整改并重新报验。

对已同意覆盖的工程隐蔽部位质量有疑问的，或发现施工单位私自覆盖工程隐蔽部位的，项目监理机构应要求施工单位对该隐蔽部位进行钻孔探测、剥离或其他方法进行重新检验。

项目监理机构发现施工存在质量问题的，或施工单位采用不适当的施工工艺，或施工不当，造成工程质量不合格的，应及时签发监理通知单，要求施工单位整改。整改完毕后，项目监理机构应根据施工单位报送的监理通知回复单对整改情况进行复查，提出复查意见。

链接

《中华人民共和国建筑法》规定，工程监理人员认为工程施工不符合工程设计要求、施工技术标准和合同约定的，有权要求建筑施工企业改正。工程监理人员发现工程设计不符合建筑工程质量标准或者合同约定的质量要求的，应当报告建设单位要求设计单位改正。实施建筑工程监理前，建设单位应当将委托的工程监理单位、监理的内容及监理权限，书面通知被监理的建筑施工企业。

对需要返工处理或加固补强的质量缺陷，项目监理机构应要求施工单位报送经设计等相关单位认可的处理方案，并应对质量缺陷的处理过程进行跟踪检查，同时应对处理结果进行验收。

对需要返工处理或加固补强的质量事故，项目监理机构应要求施工单位报送质量事故调查报告和经设计等相关单位认可的处理方案，并应对质量事故的处理过程进行跟踪检查，同时应对处理结果进行验收。

项目监理机构应及时向建设单位提交质量事故书面报告，并应将完整的质量事故处理记录整理归档。

项目监理机构应审查施工单位提交的单位工程竣工验收报审表及竣工资料，组织工程竣工预验收。存在问题的，应要求施工单位及时整改；合格的，总监理工程师应签认单位工程竣工验收报审表。

工程竣工预验收合格后，项目监理机构应编写工程质量评估报告，并应经总监理工程师和工程监理单位技术负责人审核签字后报建设单位。

项目监理机构应参加由建设单位组织的竣工验收，对验收中提出的整改问题，应督促施工单位及时整改。工程质量符合要求的，总监理工程师应在工程竣工验收报告中签署意见。

2. 监理工程师的工作要求

总监理工程师应组织专业监理工程师审查施工单位报审的施工方案，符合要求后应予以签认。

施工方案审查应包括下列基本内容：

(1)编审程序应符合相关规定。

(2)工程质量保证措施应符合有关标准。

专业监理工程师应审查施工单位报送的新材料、新工艺、新技术、新设备的质量认证材料和相关验收标准的适用性，必要时，应要求施工单位组织专题论证，审查合格后报总监理工程师签认。

专业监理工程师应检查、复核施工单位报送的施工控制测量成果及保护措施，签署意见。专业监理工程师应对施工单位在施工过程中报送的施工测量放线成果进行查验。

施工控制测量成果及保护措施的检查、复核，应包括下列内容：

(1)施工单位测量人员的资格证书及测量设备检定证书。

(2)施工平面控制网、高程控制网和临时水准点的测量成果及控制桩的保护措施。

专业监理工程师应检查施工单位为工程提供服务的试验室。

试验室的检查应包括下列内容：

(1)试验室的资质等级及试验范围。

(2)法定计量部门对试验设备出具的计量检定证明。

(3)试验室管理制度。

(4)试验人员资格证书。

专业监理工程师应审查施工单位定期提交影响工程质量的计量设备的检查和检定报告。

(三)工程造价控制

项目监理机构应及时审查施工单位提交的工程款支付申请，进行工程计量，并与建设单位、施工单位沟通协商一致后，由总监理工程师签发工程款支付证书。项目监理机构应按下列程序进行工程计量和付款签证：

(1)专业监理工程师对施工单位在工程款支付报审表中提交的工程量和支付金额进行复核，确定实际完成的工程量，提出到期应支付给施工单位的金额，并提出相应的支持性材料。

(2)总监理工程师对专业监理工程师的审查意见进行审核，签认后报建设单位审批。

(3)总监理工程师根据建设单位的审批意见,向施工单位签发工程款支付证书。

项目监理机构对施工单位提交的进度付款申请应审核以下内容:

(1)截至本次付款周期末已实施工程的合同价款。

(2)增加和扣减的变更金额。

(3)增加和扣减的索赔金额。

(4)支付的预付款和扣减的返还预付款。

(5)扣减的质量保证金。

(6)根据合同应增加和扣减的其他金额。

项目监理机构应从第一个付款周期开始,在施工单位的进度付款中,按专用合同条款的约定扣留质量保证金,直至扣留的质量保证金总额达到专用合同条款约定的金额或比例为止。质量保证金的计算额度不包括预付款的支付、扣回以及价格调整的金额。

项目监理机构应编制月完成工程量统计表,对实际完成量与计划完成量进行比较分析,发现偏差的,应提出调整建议,并应在监理月报中向建设单位报告。

项目监理机构应按下列程序进行竣工结算款审核:

(1)专业监理工程师审查施工单位提交的竣工结算款支付申请,提出审查意见。

(2)总监理工程师对专业监理工程师的审查意见进行审核,签认后报建设单位审批,同时抄送施工单位,并就工程竣工结算事宜与建设单位、施工单位协商;达成一致意见的,根据建设单位审批意见向施工单位签发竣工结算款支付证书;不能达成一致意见的,应按施工合同约定处理。

(四)工程进度控制

项目监理机构应审查施工单位报审的施工总进度计划和阶段性施工进度计划,提出审查意见,并应由总监理工程师审核后报建设单位。

施工进度计划审查应包括下列基本内容:

(1)施工进度计划应符合施工合同中工期的约定。

(2)施工进度计划中主要工程项目无遗漏,应满足分批投入试运、分批动用的需要,阶段性施工进度计划应满足总进度控制目标的要求。

(3)施工顺序的安排应符合施工工艺要求。

(4)施工人员、工程材料、施工机械等资源供应计划应满足施工进度计划的需要。

(5)施工进度计划应符合建设单位提供的资金、施工图纸、施工场地、物资等施工条件。

项目监理机构应检查施工进度计划的实施情况,发现实际进度严重滞后于计划进度且影响合同工期时,应签发监理通知单,要求施工单位采取调整措施加快施工进度。总监理工程师应向建设单位报告工期延误风险。

项目监理机构应比较分析工程施工实际进度与计划进度,预测实际进度对工程总工期的影响,并应在监理月报中向建设单位报告工程实际进展情况。

(五)安全生产管理的监理工作

项目监理机构应根据法律法规、工程建设强制性标准,履行建设工程安全生产管理的监理职责,并应将安全生产管理的监理工作内容、方法和措施纳入监理规划及监理实施细则。

项目监理机构应审查施工单位现场安全生产规章制度的建立和实施情况，并应审查施工单位安全生产许可证及施工单位项目经理、专职安全生产管理人员和特种作业人员的资格，同时应核查施工机械和设施的安全许可验收手续。

项目监理机构应审查施工单位报审的专项施工方案，符合要求的，应由总监理工程师签认后报建设单位。超过一定规模的危险性较大的分部分项工程的专项施工方案，应检查施工单位组织专家进行论证、审查的情况，以及是否附具安全验算结果。项目监理机构应要求施工单位按已批准的专项施工方案组织施工。专项施工方案需要调整时，施工单位应按程序重新提交项目监理机构审查。

链接

《建设工程安全生产管理条例》规定，工程监理单位应当审查施工组织设计中的安全技术措施或者专项施工方案是否符合工程建设强制性标准。工程监理单位在实施监理过程中，发现存在安全事故隐患的，应当要求施工单位整改；情况严重的，应当要求施工单位暂时停止施工，并及时报告建设单位。施工单位拒不整改或者不停止施工的，工程监理单位应当及时向有关主管部门报告。工程监理单位和监理工程师应当按照法律、法规和工程建设强制性标准实施监理，并对建设工程安全生产承担监理责任。

专项施工方案审查应包括下列基本内容：

(1)编审程序应符合相关规定。

(2)安全技术措施应符合工程建设强制性标准。

项目监理机构应巡视检查危险性较大的分部分项工程专项施工方案实施情况。发现未按专项施工方案实施时，应签发监理通知单，要求施工单位按专项施工方案实施。

项目监理机构在实施监理过程中，发现工程存在安全事故隐患时，应签发监理通知单，要求施工单位整改；情况严重时，应签发工程暂停令，并应及时报告建设单位。施工单位拒不整改或不停止施工时，项目监理机构应及时向有关主管部门报送监理报告。

链接

《建设工程安全生产管理条例》规定，违反本条例的规定，工程监理单位有下列行为之一的，责令限期改正；逾期未改正的，责令停业整顿，并处10万元以上30万元以下的罚款；情节严重的，降低资质等级，直至吊销资质证书；造成重大安全事故，构成犯罪的，对直接责任人员，依照刑法有关规定追究刑事责任；造成损失的，依法承担赔偿责任：(1)未对施工组织设计中的安全技术措施或者专项施工方案进行审查的。(2)发现安全事故隐患未及时要求施工单位整改或者暂时停止施工的。(3)施工单位拒不整改或者不停止施工，未及时向有关主管部门报告的。(4)未依照法律、法规和工程建设强制性标准实施监理的。

在项目实施的不同阶段(如设计阶段、招标阶段、材料设备供应阶段、施工准备阶段、施工阶段、竣工验收阶段)，项目监理机构的主要工作任务也不同。下面以典型例题的形式进行讲解。

典型例题

【单选题】项目监理机构在施工阶段进度控制的主要工作是(　　)。

A. 合同执行情况的分析和跟踪管理

B. 定期与施工单位核对签证台账

C. 监督施工单位严格按照合同规定的工期组织施工

D. 审查单位工程施工组织设计

C。【解析】项目监理机构在施工阶段进度控制的主要工作除了选项 C,还包括:审查施工进度计划;建立工程进度台账,以月报、季报、年报等形式向建设单位报告工程实际进展情况及相关问题等。选项 A 属于合同管理方面的工作;选项 B 属于施工阶段投资(造价)控制的工作;选项 D 属于施工准备阶段的工作。

【单选题】根据《建设工程监理规范》,竣工验收阶段建设监理工作的主要任务是(　　)。

A. 负责编制工程管理归档文件并提交给政府主管部门

B. 审查施工单位的竣工验收申请并组织竣工验收

C. 参与工程预验收并编写工程质量评估报告

D. 督促和检查施工单位及时整理竣工文件和验收资料,并提出意见

D。【解析】监理单位负责编制、整理工程管理归档文件并提交给建设单位。故选项 A 错误。监理单位负责审查施工单位的竣工验收申请。监理单位应参与建设单位组织的竣工验收,并签署竣工验收意见。故选项 B 错误。监理单位应组织工程预验收,并编写工程质量评估报告。故选项 C 错误。

五、旁站监理管理办法

历年考试中经常考查旁站监理的相关规定,以下内容参考《房屋建筑工程施工旁站监理管理办法(试行)》进行学习。

(一)基本概念

房屋建筑工程施工旁站监理(以下简称旁站监理),是指监理人员在房屋建筑工程施工阶段监理中,对关键部位、关键工序的施工质量实施全过程现场跟班的监督活动。

房屋建筑工程的关键部位、关键工序,在基础工程方面包括:土方回填,混凝土灌注桩浇筑,地下连续墙、土钉墙、后浇带及其他结构混凝土、防水混凝土浇筑,卷材防水层细部构造处理,钢结构安装;在主体结构工程方面包括:梁柱节点钢筋隐蔽过程,混凝土浇筑,预应力张拉,装配式结构安装,钢结构安装,网架结构安装,索膜安装。

(二)旁站监理方案

监理企业在编制监理规划时,应当制定旁站监理方案,明确旁站监理的范围、内容、程序和旁站监理人员职责等。旁站监理方案应当送建设单位和施工企业各一份,并抄送工程所在地的建设行政主管部门或其委托的工程质量监督机构。

施工企业根据监理企业制定的旁站监理方案,在需要实施旁站监理的关键部位、关键工

序进行施工前24小时,应当书面通知监理企业派驻工地的项目监理机构。项目监理机构应当安排旁站监理人员按照旁站监理方案实施旁站监理。

（三）旁站监理的实施

旁站监理在总监理工程师的指导下,由现场监理人员负责具体实施。

旁站监理人员的主要职责是:

(1)检查施工企业现场质检人员到岗、特殊工种人员持证上岗以及施工机械、建筑材料准备情况。

(2)在现场跟班监督关键部位、关键工序的施工执行施工方案以及工程建设强制性标准情况。

(3)核查进场建筑材料、建筑构配件、设备和商品混凝土的质量检验报告等,并可在现场监督施工企业进行检验或者委托具有资格的第三方进行复验。

(4)做好旁站监理记录和监理日记,保存旁站监理原始资料。

旁站监理人员应当认真履行职责,对需要实施旁站监理的关键部位、关键工序在施工现场跟班监督,及时发现和处理旁站监理过程中出现的质量问题,如实准确地做好旁站监理记录。凡旁站监理人员和施工企业现场质检人员未在旁站监理记录上签字的,不得进行下一道工序施工。

（四）应急措施

旁站监理人员实施旁站监理时,发现施工企业有违反工程建设强制性标准行为的,有权责令施工企业立即整改;发现其施工活动已经或者可能危及工程质量的,应当及时向监理工程师或者总监理工程师报告,由总监理工程师下达局部暂停施工指令或者采取其他应急措施。

（五）旁站监理记录

旁站监理记录是监理工程师或者总监理工程师依法行使有关签字权的重要依据。对于需要旁站监理的关键部位、关键工序施工,凡没有实施旁站监理或者没有旁站监理记录的,监理工程师或者总监理工程师不得在相应文件上签字。在工程竣工验收后,监理企业应当将旁站监理记录存档备查。

（六）监督检查

建设行政主管部门应当加强对旁站监理的监督检查,对于不按照规定实施旁站监理的监理企业和有关监理人员要进行通报,责令整改,并作为不良记录载入该企业和有关人员的信用档案;情节严重的,在资质年检时应定为不合格,并按照下一个资质等级重新核定其资质等级;对于不按照规定实施旁站监理而发生工程质量事故的,除依法对有关责任单位进行处罚外,还要依法追究监理企业和有关监理人员的相应责任。

第二章 施工成本管理

施工成本管理是施工企业管理的核心及关键，直接影响着施工效益以及施工企业盈利。做好施工成本管理工作，对于提高工程施工效率以及质量有着重要作用。尽管我国建筑施工企业在施工成本管理方面积累了丰富的经验，但是在实际的施工成本管理过程中，仍有很多问题存在。总体来说，施工成本管理影响因素主要包括成本管理人员因素、成本管理制度因素、成本管理监督因素、成本管理执行力因素。因此，施工企业可从以下几个方面加强施工成本管理：

(1)提高成本管理人员综合素质。施工企业应加强成本管理人员职业道德建设，提高成本管理人员职业修养，并对成本管理人员进行成本管理知识培训，提高成本管理人员的成本管理知识水平和能力，保证成本管理人员进行成本管理的科学性与有效性。

(2)健全可行性成本管理制度。施工企业应建立成本控制部门与机构，加强对工程成本控制的管理；加强对所有员工成本控制思想的灌输，要求所有人员重视对成本控制的管理；加强施工企业各部门之间的合作与协调，明确各部门成本控制的职责与任务；建立健全成本控制奖惩制度等。

(3)做好施工过程成本管理工作。施工企业应做好施工项目的经济核算工作，科学合理计算出人工、材料等方面的费用；在实际过程中应加强对材料的管理和存储；尽量优化施工工艺，提高施工技术，在保证工程质量的同时加快施工进度；做好对机械的保养及成本控制；把好材料价格关，使材料购买达到最佳性价比。

(4)加强对施工项目资源的管理。施工企业应对施工项目的人力、物力、财力建立统一的资料库，以便于加强对该项目资源的管理。

第一节 建筑安装工程费用项目的组成与计算

一、建筑安装工程费用项目组成（按费用构成要素划分）

建筑安装工程费按照费用构成要素划分：由人工费、材料(包含工程设备，下同)费、施工机具使用费、企业管理费、利润、规费和增值税组成(见图2-1)。其中人工费、材料费、施工机具使用费、企业管理费和利润包含在分部分项工程费、措施项目费、其他项目费中。

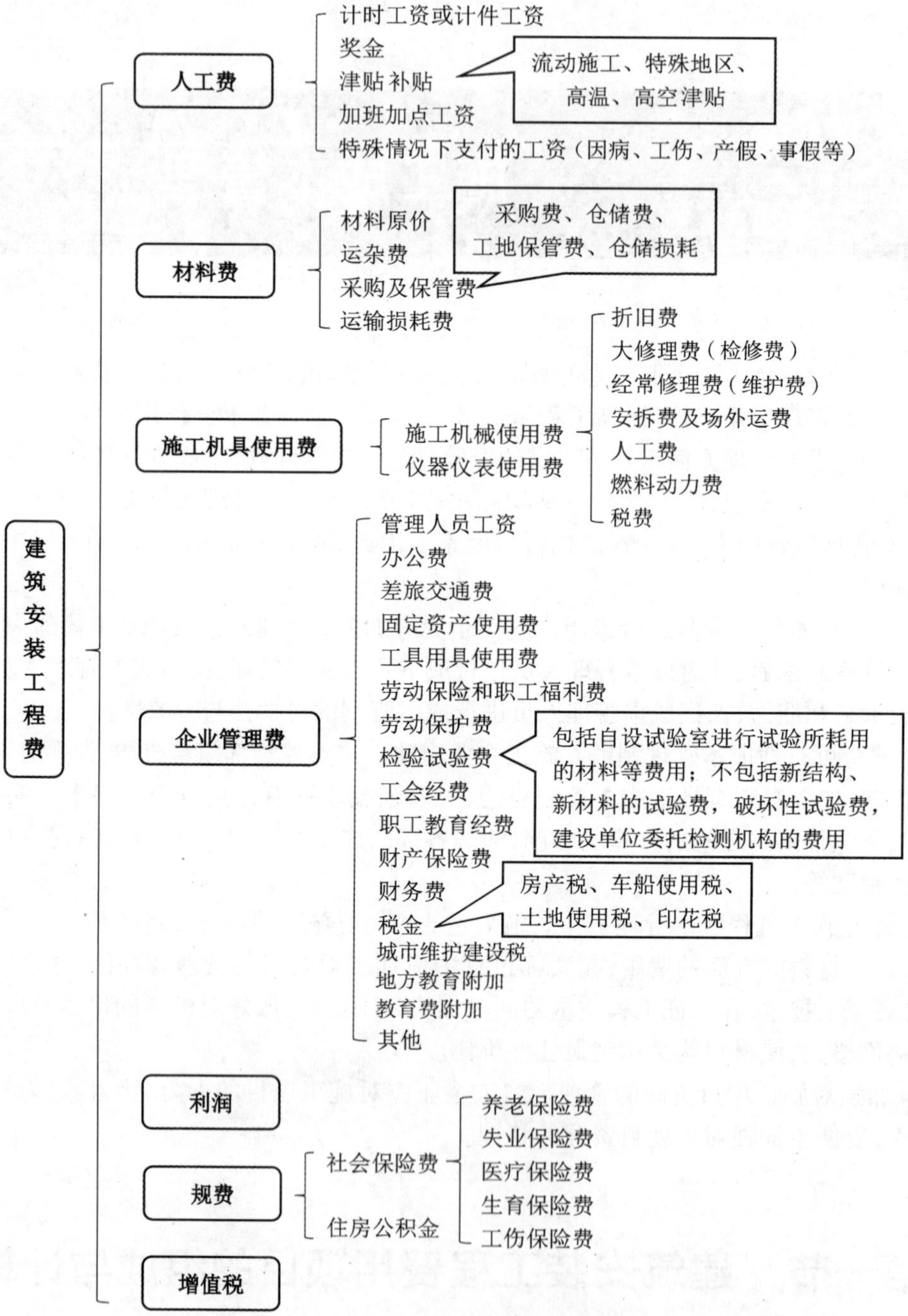

图 2-1　建筑安装工程费用项目组成（按费用构成要素划分）

（一）人工费的概念和组成

人工费是指按工资总额构成规定，支付给从事建筑安装工程施工的生产工人和附属生产单位工人的各项费用。主要包括以下内容。

1. 计时工资或计件工资

计时工资或计件工资是指按计时工资标准和工作时间或对已做工作按计件单价支付给个人的劳动报酬。

2. 奖金

奖金是指对超额劳动和增收节支支付给个人的劳动报酬。如节约奖、劳动竞赛奖等。

3. 津贴补贴

津贴补贴是指为了补偿职工特殊或额外的劳动消耗和因其他特殊原因支付给个人的津贴,以及为了保证职工工资水平不受物价影响支付给个人的物价补贴。如流动施工津贴、特殊地区施工津贴、高温(寒)作业临时津贴、高空津贴等。

4. 加班加点工资

加班加点工资是指按规定支付的在法定节假日工作的加班工资和在法定日工作时间外延时工作的加点工资。

5. 特殊情况下支付的工资

特殊情况下支付的工资是指根据国家法律、法规和政策规定,因病、工伤、产假、计划生育假、婚丧假、事假、探亲假、定期休假、停工学习、执行国家或社会义务等原因按计时工资标准或计时工资标准的一定比例支付的工资。

链接

为了规范农民工工资支付行为,保障农民工按时足额获得工资,根据《中华人民共和国劳动法》及有关法律规定,制定《保障农民工工资支付条例》。条例中明确指出,农民工工资应当以货币形式,通过银行转账或者现金支付给农民工本人,不得以实物或者有价证券等其他形式替代。

(二)材料费的概念和组成

材料费是指施工过程中耗费的原材料、辅助材料、构配件、零件、半成品或成品、工程设备的费用。主要包括以下内容。

1. 材料原价

材料原价是指材料、工程设备的出厂价格或商家供应价格。

2. 运杂费

运杂费是指材料、工程设备自来源地运至工地仓库或指定堆放地点所发生的全部费用。

3. 运输损耗费

运输损耗费是指材料在运输装卸过程中不可避免的损耗。

4. 采购及保管费

采购及保管费是指为组织采购、供应和保管材料、工程设备的过程中所需要的各项费用。包括采购费、仓储费、工地保管费、仓储损耗。

工程设备是指构成或计划构成永久工程一部分的机电设备、金属结构设备、仪器装置及其他类似的设备和装置。

（三）施工机具使用费的概念和组成

施工机具使用费是指施工作业所发生的施工机械、仪器仪表使用费或其租赁费。主要包括以下内容。

1. 施工机械使用费

施工机械使用费是以施工机械台班耗用量乘以施工机械台班单价表示的，施工机械台班单价应由下列七项费用组成：

(1)折旧费。折旧费指施工机械在规定的使用年限内，陆续收回其原值的费用。

(2)大修理费(检修费)。检修费指施工机械在规定的耐用总台班内，按规定的检修间隔进行必要的检修，以恢复其正常功能所需的费用。

(3)经常修理费(维护费)。维护费指施工机械在规定的耐用总台班内，按规定的维护间隔进行各级维护和临时故障排除所需的费用。包括为保障机械正常运转所需替换设备与随机配备工具附具的摊销和维护费用，机械运转中日常保养所需润滑与擦拭的材料费用及机械停滞期间的维护和保养费用等。

(4)安拆费及场外运费。安拆费指施工机械(大型机械除外)在现场进行安装与拆卸所需的人工、材料、机械和试运转费用以及机械辅助设施的折旧、搭设、拆除等费用；场外运费指施工机械整体或分体自停放地点运至施工现场或由一施工地点运至另一施工地点的运输、装卸、辅助材料及架线等费用。

(5)人工费。人工费指机上司机(司炉)和其他操作人员的人工费。

(6)燃料动力费。燃料动力费指施工机械在运转作业中所消耗的各种燃料及水、电等。

(7)税费。税费是指施工机械按照国家规定应缴纳的车船使用税、保险费及年检费等。

2. 仪器仪表使用费

仪器仪表使用费是指工程施工所需使用的仪器仪表的摊销及维修费用。

（四）企业管理费的概念和组成

企业管理费是指建筑安装企业组织施工生产和经营管理所需的费用。主要包括以下内容。

1. 管理人员工资

管理人员工资是指按规定支付给管理人员的计时工资、奖金、津贴补贴、加班加点工资及特殊情况下支付的工资等。

2. 办公费

办公费是指企业管理办公用的文具、纸张、账表、印刷、邮电、书报、办公软件、现场监控、会议、水电、烧水和集体取暖降温(包括现场临时宿舍取暖降温)等费用。

3. 差旅交通费

差旅交通费是指职工因公出差、调动工作的差旅费、住勤补助费，市内交通费和误餐补助费，职工探亲路费，劳动力招募费，职工退休、退职一次性路费，工伤人员就医路费，工地转移费以及管理部门使用的交通工具的油料、燃料等费用。

4. 固定资产使用费

固定资产使用费是指管理和试验部门及附属生产单位使用的属于固定资产的房屋、设备、仪器等的折旧、大修、维修或租赁费。

5. 工具用具使用费

工具用具使用费是指企业施工生产和管理使用的不属于固定资产的工具、器具、家具、交通工具和检验、试验、测绘、消防用具等的购置、维修和摊销费。

6. 劳动保险和职工福利费

劳动保险和职工福利费是指由企业支付的职工退职金、按规定支付给离休干部的经费，集体福利费、夏季防暑降温、冬季取暖补贴、上下班交通补贴等。

7. 劳动保护费

劳动保护费是指企业按规定发放的劳动保护用品的支出。如工作服、手套、防暑降温饮料以及在有碍身体健康的环境中施工的保健费用等。

8. 检验试验费

检验试验费是指施工企业按照有关标准规定，对建筑以及材料、构件和建筑安装物进行一般鉴定、检查所发生的费用，包括自设试验室进行试验所耗用的材料等费用。不包括新结构、新材料的试验费，对构件做破坏性试验及其他特殊要求检验试验的费用和建设单位委托检测机构进行检测的费用，对此类检测发生的费用，由建设单位在工程建设其他费用中列支。但对施工企业提供的具有合格证明的材料进行检测不合格的，该检测费用由施工企业支付。

9. 工会经费

工会经费是指企业按《中华人民共和国工会法》规定的全部职工工资总额比例计提的费用。

10. 职工教育经费

职工教育经费是指按职工工资总额的规定比例计提，企业为职工进行专业技术和职业技能培训，专业技术人员继续教育、职工职业技能鉴定、职业资格认定以及根据需要对职工进行各类文化教育所发生的费用。

11. 财产保险费

财产保险费是指施工管理用财产、车辆等的保险费用。

12. 财务费

财务费是指企业为施工生产筹集资金或提供预付款担保、履约担保、职工工资支付担保等所发生的各种费用。

13. 税金

税金是指企业按规定缴纳的房产税、车船使用税、土地使用税、印花税等。

14. 城市维护建设税

城市维护建设税是指为了加强城市的维护建设、扩大和稳定城市维护建设资金的来源而开征的一种税。

15. 地方教育附加

地方教育附加是指根据国家有关规定，为实施“科教兴省”战略，增加地方教育的资金投入，促进本各省、自治区、直辖市教育事业发展，开征的一项地方政府性基金。该收入主要用于各地方的教育经费的投入补充。

16. 教育费附加

教育费附加是国家为扶持教育事业发展,计征用于教育的政府性基金。

17. 其他

其他费用包括技术转让费、技术开发费、投标费、业务招待费、绿化费、广告费、公证费、法律顾问费、审计费、咨询费、保险费等。

(五)利润的概念

利润是指施工企业完成所承包工程获得的盈利。

(六)规费的概念和组成

规费是指按国家法律、法规规定,由省级政府和省级有关权力部门规定必须缴纳或计取的费用。主要包括以下内容。

1. 社会保险费

社会保险费的内容,如图 2-2 所示。

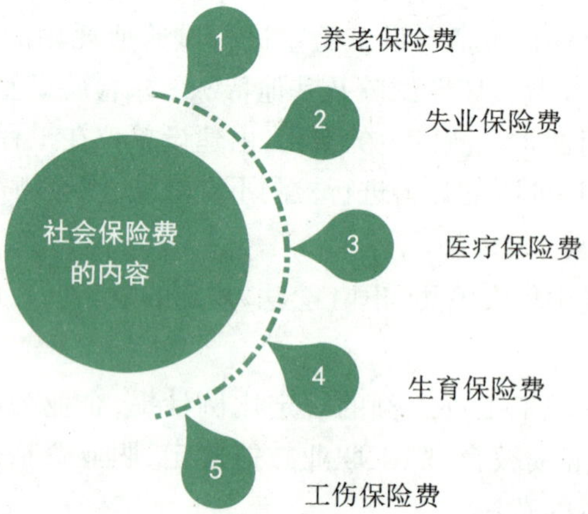

图 2-2　社会保险费的内容

链接

根据《住房和城乡建设部等部门关于加快培育新时代建筑产业工人队伍的指导意见》,用人单位应依法为建筑工人缴纳社会保险。对不能按用人单位参加工伤保险的建筑工人,由施工总承包企业负责按项目参加工伤保险,确保工伤保险覆盖施工现场所有建筑工人。

2. 住房公积金

住房公积金是指企业按规定标准为职工缴纳的住房公积金。

其他应列而未列入的规费,按实际发生计取。

(七)增值税

经国务院批准,自 2016 年 5 月 1 日起,在全国范围内全面推开营业税改征增值税试点,由缴纳营业税改为缴纳增值税。营改增后,建筑安装工程费用的税金(即增值税)是指国家税法规定计入建筑安装工程造价的增值税销项税额。在中华人民共和国境内销售货物或者加工、修理修配劳务,销售服务、无形资产、不动产以及进口货物的单位和个人,为增值税的纳税人,应当缴纳增值税。增值税计税方法,包括一般计税方法和简易计税方法。

专家解读

增值税具体内容可参照《中华人民共和国增值税暂行条例》(国务院令第538号)、《中华人民共和国增值税暂行条例实施细则》(财政部、国家税务总局令第50号)和《关于全面推开营业税改征增值税试点的通知》(财税〔2016〕36号)等规定。根据《财政部税务总局海关总署关于深化增值税改革有关政策的公告》(2019年第39号),自2019年4月1日起,建筑服务行业纳税人发生增值税税率为9%。

二、建筑安装工程费用项目组成（按造价形成划分）

建筑安装工程费按照工程造价形成由分部分项工程费、措施项目费、其他项目费、规费、增值税组成,分部分项工程费、措施项目费、其他项目费包含人工费、材料费、施工机具使用费、企业管理费和利润(见图2-3)。

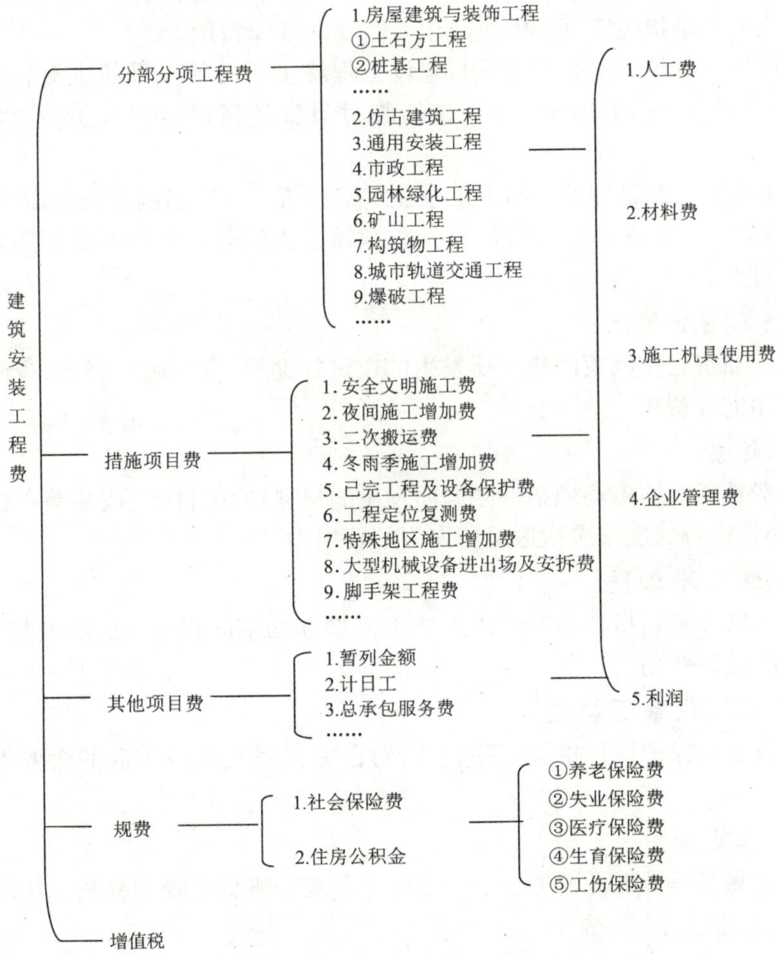

图2-3　建筑安装工程费用项目组成(按造价形成划分)

（一）分部分项工程费的概念和组成

分部分项工程费是指各专业工程的分部分项工程应予列支的各项费用。

专业工程是指按现行国家计量规范划分的房屋建筑与装饰工程、仿古建筑工程、通用安装工程、市政工程、园林绿化工程、矿山工程、构筑物工程、城市轨道交通工程、爆破工程等各类工程。

分部分项工程指按现行国家计量规范对各专业工程划分的项目。如房屋建筑与装饰工程划分的土石方工程、地基处理与桩基工程、砌筑工程、钢筋及钢筋混凝土工程等。

各类专业工程的分部分项工程划分见现行国家或行业计量规范。

（二）措施项目费的概念和组成

措施项目费是指为完成建设工程施工，发生于该工程施工前和施工过程中的技术、生活、安全、环境保护等方面的费用。主要包括以下内容。

1. 安全文明施工费

（1）环境保护费是指施工现场为达到环保部门要求所需要的各项费用。

（2）文明施工费是指施工现场文明施工所需要的各项费用。

（3）安全施工费是指施工现场安全施工所需要的各项费用。

（4）临时设施费是指施工企业为进行建设工程施工所必须搭设的生活和生产用的临时建筑物、构筑物和其他临时设施费用。包括临时设施的搭设、维修、拆除、清理费或摊销费等。

（5）建筑工人实名制管理费是指施工企业实施建筑工人实名制管理所需要的各项费用。根据《建筑工人实名制管理办法（试行）》，实施建筑工人实名制管理所需费用可列入安全文明施工费和管理费。

2. 夜间施工增加费

夜间施工增加费是指因夜间施工所发生的夜班补助费、夜间施工降效、夜间施工照明设备摊销及照明用电等费用。

3. 二次搬运费

二次搬运费是指因施工场地条件限制而发生的材料、构配件、半成品等一次运输不能到达堆放地点，必须进行二次或多次搬运所发生的费用。

4. 冬雨季施工增加费

冬雨季施工增加费是指在冬季或雨季施工需增加的临时设施、防滑、排除雨雪，人工及施工机械效率降低等费用。

5. 已完工程及设备保护费

已完工程及设备保护费是指竣工验收前，对已完工程及设备采取的必要保护措施所发生的费用。

6. 工程定位复测费

工程定位复测费是指工程施工过程中进行全部施工测量放线和复测工作的费用。

7. 特殊地区施工增加费

特殊地区施工增加费是指工程在沙漠或其边缘地区、高海拔、高寒、原始森林等特殊地区施工增加的费用。

8. 大型机械设备进出场及安拆费

大型机械设备进出场及安拆费是指机械整体或分体自停放场地运至施工现场或由一个施工地点运至另一个施工地点，所发生的机械进出场运输及转移费用及机械在施工现场进行安装、拆卸所需的人工费、材料费、机械费、试运转费和安装所需的辅助设施的费用。

9. 脚手架工程费

脚手架工程费是指施工需要的各种脚手架搭、拆、运输费用以及脚手架购置费的摊销(或租赁)费用。

措施项目及其包含的内容详见各类专业工程的现行国家或行业计量规范。

典型例题

【单选题】按造价形成划分，脚手架工程费属于建筑安装工程费用构成中的(　　)。

A. 规费　　B. 其他项目费

C. 措施项目费　　D. 分部分项工程费

C。【解析】措施项目费包括：安全文明施工费；夜间施工增加费；二次搬运费；冬雨季施工增加费；已完工程及设备保护费；工程定位复测费；特殊地区施工增加费；大型机械设备进出场及安拆费；脚手架工程费等。

(三)其他项目费的概念和组成

1. 暂列金额

暂列金额是指建设单位在工程量清单中暂定并包括在工程合同价款中的一笔款项。用于施工合同签订时尚未确定或者不可预见的所需材料、工程设备、服务的采购，施工中可能发生的工程变更、合同约定调整因素出现时的工程价款调整以及发生的索赔、现场签证确认等的费用。

2. 计日工

计日工是指在施工过程中，施工企业完成建设单位提出的施工图纸以外的零星项目或工作所需的费用。

3. 总承包服务费

总承包服务费是指总承包人为配合、协调建设单位进行的专业工程发包，对建设单位自行采购的材料、工程设备等进行保管以及施工现场管理、竣工资料汇总整理等服务所需的费用。

(四)规费

同本节“一、建筑安装工程费用项目组成(按费用构成要素划分)”该知识点内容。

(五)增值税

同本节“一、建筑安装工程费用项目组成(按费用构成要素划分)”该知识点内容。

三、建筑安装工程费用的计算方法

（一）各费用构成要素参考计算方法

1. 人工费

公式1：　　人工费 = ∑（工日消耗量 × 日工资单价）

日工资单价 = [生产工人平均月工资（计时、计件）+ 平均月（资金 + 津贴补贴 + 特殊情况下支付的工资）]/年平均每月法定工作日

公式1主要适用于施工企业投标报价时自主确定人工费，也是工程造价管理机构编制计价定额确定定额人工单价或发布人工成本信息的参考依据。

公式2：　　人工费 = ∑（工程工日消耗量 × 日工资单价）

公式2适用于工程造价管理机构编制计价定额时确定定额人工费，是施工企业投标报价的参考依据。

日工资单价是指施工企业平均技术熟练程度的生产工人在每工作日（国家法定工作时间内）按规定从事施工作业应得的日工资总额。

工程造价管理机构确定日工资单价应通过市场调查，根据工程项目的技术要求，参考实物工程量人工单价综合分析确定，最低日工资单价不得低于工程所在地人力资源和社会保障部门所发布的最低工资标准的：普工1.3倍、一般技工2倍、高级技工3倍。

工程计价定额不可只列一个综合工日单价，应根据工程项目技术要求和工种差别适当划分多种日人工单价，确保各分部工程人工费的合理构成。

2. 材料（包含工程设备）费

（1）材料费。

材料费 = ∑（材料消耗量 × 材料单价）

材料单价 = {（材料原价 + 运杂费）×[1 + 运输损耗率（%）]}×[1 + 采购保管费率（%）]

（2）工程设备费。

工程设备费 = ∑（工程设备量 × 工程设备单价）

工程设备单价 =（设备原价 + 运杂费）×[1 + 采购保管费率（%）]

3. 施工机具使用费

（1）施工机械使用费。

施工机械使用费 = ∑（施工机械台班消耗量 × 机械台班单价）

机械台班单价 = 台班折旧费 + 台班检修费 + 台班维护费 + 台班安拆费及场外运费 + 台班人工费 + 台班燃料动力费 + 台班车船税费

专家解读

工程造价管理机构在确定计价定额中的施工机械使用费时，应根据《建筑施工机械台班费用计算规则》结合市场调查编制施工机械台班单价。施工企业可以参考工程造价管理机构发布的台班单价，自主确定施工机械使用费的报价，如租赁施工机械，公式为：施工机械使用费 = ∑（施工机械台班消耗量 × 机械台班租赁单价）。

(2)仪器仪表使用费:

$$仪器仪表使用费=工程使用的仪器仪表摊销费+维修费$$

4. 企业管理费费率

企业管理费费率的计算基础分为以下三种形式。

(1)以分部分项工程费为计算基础。

$$企业管理费费率(\%)=\frac{生产工人年平均管理费}{年有效施工天数\times人工单价}\times人工费占分部分项工程费比例(\%)$$

(2)以人工费和机械费合计为计算基础。

$$企业管理费费率(\%)=\frac{生产工人平均管理费}{年有效施工天数\times(人工单价+每一工日机械使用费)}\times100\%$$

(3)以人工费为计算基础。

$$企业管理费费率(\%)=\frac{生产工人年平均管理费}{年有效施工天数\times人工单价}\times100\%$$

上述公式适用于施工企业投标报价时自主确定管理费,是工程造价管理机构编制计价定额、确定企业管理费的参考依据。

工程造价管理机构在确定计价定额中企业管理费时,应以定额人工费或(定额人工费+定额机械费)作为计算基数,其费率根据历年工程造价积累的资料,辅以调查数据确定,列入分部分项工程和措施项目中。

链接

根据《中华人民共和国城市维护建设税法》,城市维护建设税税率如下:(1)纳税人所在地在市区的,税率为7%。(2)纳税人所在地在县城、镇的,税率为5%。(3)纳税人所在地不在市区、县城或者镇的,税率为1%。

5. 利润

施工企业根据企业自身需求并结合建筑市场实际自主确定,列入报价中。

工程造价管理机构在确定计价定额中利润时,应以定额人工费或(定额人工费+定额机械费)作为计算基数,其费率根据历年工程造价积累的资料,并结合建筑市场实际确定,以单位(单项)工程测算,利润在税前建筑安装工程费的比重可按不低于5%且不高于7%的费率计算。利润应列入分部分项工程和措施项目中。

6. 规费

社会保险费和住房公积金应以定额人工费为计算基础,根据工程所在地省、自治区、直辖市或行业建设主管部门规定费率计算。

$$社会保险费和住房公积金=\sum(工程定额人工费\times社会保险费和住房公积金费率)$$

式中,社会保险费和住房公积金费率可以每万元发承包价的生产工人人工费和管理人员工资含量与工程所在地规定的缴纳标准综合分析取定。

7. 增值税

增值税计税方法,包括一般计税方法和简易计税方法。

(1)一般计税方法。当采用一般计税方法时,建筑业的增值税税率为9%,计算公式如下:

增值税 = 税前造价 ×9%

建筑安装工程税前工程造价为人工费、材料费、施工机具使用费、企业管理费、利润和规费之和。各费用项目均以不包含增值税可抵扣进项税额的价格计算。

(2)简易计税方法。当采用简易计税方法时,建筑业的增值税征收率为3%,计算公式如下:

增值税 = 税前造价 ×3%

建筑安装工程税前工程造价为人工费、材料费、施工机具使用费、企业管理费、利润和规费之和。各费用项目均以包含增值税进项税额的含税价格计算。

(二)建筑安装工程计价参考公式

1. 分部分项工程费

分部分项工程费 = ∑(分部分项工程量 × 综合单价)

式中,综合单价包括人工费、材料费、施工机具使用费、企业管理费和利润以及一定范围的风险费用(下同)。

2. 措施项目费

国家计量规范规定应予计量的措施项目,其计算公式如下:

措施项目费 = ∑(措施项目工程量 × 综合单价)

可以计算工程量的措施项目中,不同的措施项目工程量的计算单位也不同,如:

(1)脚手架费通常按建筑面积或垂直投影面积以"m^2"计算。

(2)混凝土模板及支架(撑)费通常是按照模板与现浇混凝土构件的接触面积以"m^2"计算。

(3)垂直运输费的计算单位有两种,即按照建筑面积以"m^2"为单位计算;按照施工工期日历天数以"天"为单位计算。

(4)超高施工增加费通常按照建筑物超高部分的建筑面积以"m^2"为单位计算。

(5)大型机械设备进出场及安拆费通常按照机械设备的使用数量以"台次"为单位计算。

国家计量规范规定不宜计量的措施项目计算方法如下:

(1)安全文明施工费。

安全文明施工费 = 计算基数 × 安全文明施工费费率(%)

计算基数应为定额基价(定额分部分项工程费 + 定额中可以计量的措施项目费)、定额人工费或(定额人工费 + 定额机械费),其费率由工程造价管理机构根据各专业工程的特点综合确定。

(2)夜间施工增加费。

夜间施工增加费 = 计算基数 × 夜间施工增加费费率(%)

(3)二次搬运费。

二次搬运费 = 计算基数 × 二次搬运费费率(%)

(4)冬雨季施工增加费。

冬雨季施工增加费 = 计算基数 × 冬雨季施工增加费费率(%)

(5)已完工程及设备保护费。

已完工程及设备保护费 = 计算基数 × 已完工程及设备保护费费率(%)

上述(2)~(5)项措施项目的计费基数应为定额人工费或(定额人工费+定额机械费),其费率由工程造价管理机构根据各专业工程特点和调查资料综合分析后确定。

链接

工程量清单计价模式中,措施项目费的计算方法有综合单价法、参数法、分包法等。如脚手架、混凝土模板、垂直运输等项目措施费用的计算宜采用综合单价法;夜间施工增加费、二次搬运费、冬雨季施工增加费等费用的计算宜采用参数法;室内污染测试费等费用的计算宜采用分包法。

3. 其他项目费

(1)暂列金额。暂列金额由建设单位根据工程特点,按有关计价规定估算,施工过程中由建设单位掌握使用、扣除合同价款调整后如有余额,归建设单位。

(2)计日工。计日工由建设单位和施工企业按施工过程中的签证计价。

(3)总承包服务费。总承包服务费由建设单位在招标控制价中根据总包服务范围和有关计价规定编制,施工企业投标时自主报价,施工过程中按签约合同价执行。

4. 规费和增值税

建设单位和施工企业均应按照省、自治区、直辖市或行业建设主管部门发布标准计算规费和增值税,不得作为竞争性费用。

第二节 建设工程定额

一、建设工程定额概述

(一)建设工程定额的概念

建设工程定额是指在正常的施工条件下,完成一定计量单位的合格产品所必需的劳动力、材料、机械台班和资金消耗的标准数量。

(二)建设工程定额的本质和作用

工程定额的本质是调控资金分配资源的一种技术依据,是在建设市场上寻求合作伙伴进行公平交易的经济指标,是处理经济技术纠纷和维护社会公正的评判标准,也是衡量劳动生产率高低、技术先进与否的社会标准。

统一对建设工程定额的认识,明确建设工程定额的地位与作用,这对于强化经济管理的手段,推进改革的健康发展,提高工程管理的技术含量和投资效益,都有着十分重要的现实意义。它的作用主要包括以下几个方面:

(1)建设工程定额是编制工程计划、组织和管理施工的重要依据。

(2)建设工程定额是明确建筑工程造价的依据。

(3)建设工程定额是加强企业管理的工具。

(4)建设工程定额是总结先进生产方法的手段。

（三）建设工程定额的特性

1. 科学性

建设工程定额的科学性首先表现在用科学的态度制定定额，按照客观实际，力求定额水平合理；其次表现在制定定额的技术方法上，利用现代科学管理的成就，形成一套系统的、完整的，在实践中行之有效的方法；再次表现在定额制定和贯彻的一体化。

2. 系统性

建设工程定额的系统性是由工程建设的特点决定的。建设工程具有庞大的系统性，类别多、层次多，要求有与之相适应的多种性、多层性的定额。

3. 统一性

建设工程定额的统一性，主要是由国家对经济发展的有计划的宏观调控职能决定的。国民经济的发展，需要借助某些标准、定额、参数等，对工程进行规划、组织、调节、控制，所以要求这些标准、定额、参数等在一定范围内具有统一的尺度，才能实现上述职能，才能利用它对项目的决策、设计方案、投标报价、成本控制进行比选和评价。

4. 权威性

建设工程定额的权威性在一些情况下具有经济法规性质。权威性反映统一的意志和统一的要求、信誉和信赖程度，以及定额的严肃性。建设工程定额的权威性的客观基础是定额的科学性。只有科学的定额才具有权威性。

5. 稳定性和实效性

建设工程定额反映的是一定时期的生产力水平，一旦与生产力发展不相适应时就必须修改。从一段时间来看，定额是稳定的，从长期来看，定额是变动的。

（四）建设工程定额的分类

工程定额是一个综合概念，是工程建设中各类定额的总称。工程定额的内容和形式，是由运用它的需要决定的。因此定额种类的划分也是多样化的。

1. 按生产要素划分

(1)劳动定额。劳动定额也称工时定额或人工定额，是指在合理的劳动组织条件下，工人以社会平均熟练程度和劳动强度在单位时间内生产合格产品的数量。它反映建筑安装工人劳动生产率的社会平均先进水平。劳动定额有两种基本表示形式：时间定额和产量定额。

(2)材料消耗定额。材料消耗定额是指在生产（施工）组织和生产（施工）技术条件正常，材料供应符合技术要求，合理使用材料的条件下，完成单位合格产品，所需一定品种规格的建筑或构、配件消耗量的标准数量。其包括净用在产品中的数量和在施工过程中发生的自然和工艺性质的损耗量。

(3)机械台班使用定额。机械台班使用定额也称机械台班消耗定额，是指施工机械在正常的生产（施工）和合理的人机组合条件下，由熟悉机械性能、熟练技术的工人或工人小组操纵机械时，该机械在单位时间内的生产效率或产品数量。也可以表述为该机械完成单位合格产品或某项工作所必需的工作时间。机械台班使用定额有两种表现形式:机械台班产量定额和机械时间定额。

劳动定额、材料消耗定额、机械台班使用定额反映了社会平均必需消耗的水平,它们是制定各种实用性定额的基础,因此也称为基础定额。

2. 按定额的测定对象和用途划分

(1)施工定额。施工定额是以同一性质的施工过程(工序)为测定对象,表示某一施工过程中的人工、主要材料和机械消耗量。它属于企业定额的性质,在施工企业中,用来编制施工企业班组作业计划、签发工程任务单、限额领料卡,以及结算计件工资或超额奖励,材料节约奖等。施工定额是企业内部经济核算的依据,也是编制预算定额的基础。

(2)预算定额。预算定额是以工程中的分部分项工程,即在施工图纸上和工程实体上都可以区分开的产品为测定对象,其内容包括人工、材料和机械台班使用量等三个部分。经过计价后,可编制单位估价表。它是编制施工图预算(设计预算)的依据,也是编制概算定额、概算指标的基础。

(3)概算定额。概算定额是预算定额的合并与归纳,用于在初步设计深度条件下,编制设计概算,控制设计项目总造价,评定投资效果和优化设计方案。它是编制扩大初步设计概算、确定建设项目投资额的依据。

(4)概算指标。概算指标是以整个建筑物为测定对象编制的定额,是比概算定额更加综合的指标。其指标一般以建筑面积或体积或万元造价为计量单位表示各种资源(人工、材料、机械台班及其资金等)的消耗数量标准。概算指标数据是以预算定额、概算定额和已竣工工程的预(决)算资料为依据确定的。

(5)投资估算指标。投资估算指标是在编制项目建议书、可行性研究报告和编制设计任务书阶段进行投资估算、计算投资需要量时使用的一种定额。它具有较强的综合性、概括性,往往以独立的单项工程或完整的工程项目为计算对象。它的概略程度与可行性研究阶段相适应。它的主要作用是为项目决策和投资控制提供依据,是一种扩大的技术经济指标。

各种定额间的关系比较如表 2-1 所示。

表 2-1　各种定额间的关系比较

<table>
<tr><th>定额分类</th><th>对象</th><th>用途</th><th>项目划分</th><th>定额水平</th><th>定额性质</th></tr>
<tr><td>施工定额</td><td>工序</td><td>编制施工预算</td><td>最细(子目最多)</td><td>平均先进</td><td>生产性定额</td></tr>
<tr><td>预算定额</td><td>分部分项工程</td><td>编制施工图预算</td><td>细</td><td rowspan="4">社会平均</td><td rowspan="4">计价性定额</td></tr>
<tr><td>概算定额</td><td>扩大的分部分项工程</td><td>编制扩大初步设计概算</td><td>较粗</td></tr>
<tr><td>概算指标</td><td>整个建筑物或构筑物</td><td>编制设计概算(设计单位编制)、年度投资计划(建设单位编制)</td><td>粗</td></tr>
<tr><td>投资估算指标</td><td>独立的单项工程或完整的工程项目</td><td>编制投资估算</td><td>最粗</td></tr>
</table>

3. 按制定单位和执行范围划分

（1）全国统一定额。全国统一定额是由国务院有关部门制定和颁发的定额。它不分地区，全国适用。

（2）地区定额。地区定额是由各省、自治区、直辖市在国家统一指导下，结合本地区特点编制的定额，只在本地区范围内执行。

（3）行业定额。行业定额是由各行业结合本行业特点，在国家统一指导下编制的具有较强行业或专业特点的定额，一般只在本行业内部使用。

（4）企业定额。企业定额是由企业自行编制，只限于本企业内部使用的定额，如施工企业及附属的加工厂、车间编制的用于企业内部管理、成本核算、投标报价的定额，以及对外实行独立经济核算的单位，如预制混凝土和金属结构厂、大型机械化施工公司、机械租赁站等编制的不纳入建筑安装工程定额系列之内的定额标准、出厂价格、机械台班租赁价格等。

（5）临时定额。临时定额也称一次性定额，它是因上述定额中缺项而又实际发生的新项目而编制的。一般由施工企业提出测定资料，与建设单位或设计单位协商议定，只作为一次使用，并同时报主管部门备查，以后陆续遇到此类项目时，经过总结和分析，往往成为补充或修订正式统一定额的基本资料。

4. 按构成工程造价性质划分

按照构成工程造价性质，可将建设工程定额划分为建筑工程定额、设备安装工程定额、工（器）具定额、建筑安装工程费用定额、工程建设其他费用定额等。

（五）常见定额的作用

1. 施工定额

施工定额是施工企业（建筑安装企业）为组织生产和加强管理在企业内部使用的一种定额，属于企业生产定额的性质。它是建筑安装工人在合理的劳动组织或工人小组在正常施工条件下，为完成单位合格产品，所需劳动、机械、材料消耗的数量标准。它由劳动定额、机械定额和材料定额三个相对独立的部分组成。施工定额是施工企业内部经济核算的依据，也是编制预算定额的基础。

施工定额的基础作用，如图 2-4 所示。

施工定额的基础作用包括：

◇施工定额是施工单位编制施工组织设计和施工作业计划的依据；
◇施工定额是组织和指挥施工生产的有效工具；
◇施工定额是计算工人劳动报酬的依据；
◇施工定额是企业激励工人的目标条件；
◇施工定额有利于推广先进技术；
◇施工定额是编制施工预算，加强企业成本管理和经济核算的基础；
◇施工定额是编制工程建设定额体系的基础

图 2-4　施工定额的基础作用

2. 预算定额

预算定额是在编制施工图预算时，计算工程造价和计算工程劳动力（工日）、机械（台班)、材料需要量而使用的一种定额。它以工程中的分项工程,即在施工图纸上和工程实体上都可以区别开的产品为测定对象,其内容包括人工、材料和机械台班使用量三个部分,经过计价后编制成为建筑安装工程单位估价表(手册)。它是编制施工图预算(设计预算)的依据,也是编制概算定额、概算指标的基础。

预算定额在施工企业内部被广泛用于编制施工组织计划,编制工程材料预算,确定工程价款,考核企业内部各类经济指标等方面。因此,预算定额是用途最广的一种定额。预算定额主要以施工定额中的劳动定额部分为基础,经汇列、综合、归并而成。

预算定额的主要作用有:

(1)预算定额是编制施工图预算、确定和控制项目投资、建筑安装工程造价的基础。

(2)预算定额是对设计方案进行技术经济比较,进行技术经济分析的依据。

(3)预算定额是编制施工组织设计的依据。

(4)预算定额是工程结算的依据。

(5)预算定额是施工企业进行经济活动分析的依据。

(6)预算定额是编制概算定额和估算指标的基础。

(7)预算定额是合理编制标底、投标报价的基础。

3. 概算定额

概算定额是国家或其授权机关规定的生产一定计量单位建筑工程扩大分部分项工程(或单位扩大结构构件)所需人工、材料和施工机械台班消耗量的一种标准。它是在预算定额的基础上,以主体结构分部为主,合并其相关部分,进行综合、扩大,因此也叫扩大结构定额。

概算定额的主要作用有:

(1)概算定额是初步设计阶段编制建设项目概算和技术设计阶段编制修正概算的依据。

(2)概算定额是设计方案比较的依据。所谓设计方案比较,目的是选择出技术先进可靠、经济合理的方案,在满足使用功能的条件下,达到降低造价和资源消耗的目的。

(3)概算定额是编制主要材料需要量的计算基础。根据概算定额所列出的材料消耗量指标计算工程用料数量,可在施工图设计之前提出供应计划,为材料的采购、供应做好准备。

(4)概算定额是编制概算指标和投资估算指标的依据。

(5)概算定额是编制招标控制价(最高投标限价)和投标报价的依据。

4. 概算指标

概算指标是指国家或其授权机关规定的生产一定的扩大计量单位建筑工程的造价和工料消耗量的标准。它比建筑工程概算定额更为综合、扩大。

概算指标的主要作用有:

(1)概算指标是设计单位在方案设计阶段编制投资估算、设计概算、选择设计方案的依据。

(2)概算指标是建设单位编制年度投资计划和估算主要材料需用量的依据。

(3)概算指标是施工单位编制施工计划、确定施工方案和进行经济核算的依据。

典型例题

【单选题】建设单位编制年度投资计划时,通常所依据的建设工程定额是(　　)。

A. 概算指标　　B. 预算定额

C. 劳动定额　　D. 投资估算指标

A。【解析】概算指标是建设单位编制年度投资计划、设计单位编制设计概算的依据,也是估算指标编制的基础。

5. 投资估算指标

投资估算指标是国家或其授权机关根据现行的技术经济政策、典型的工程设计、相应的概算定额、概算指标和竣工决算资料等,确定建设项目单位综合生产能力或使用效益所需费用标准的文件。

工程建设投资估算指标是编制建设项目建议书、可行性研究报告等前期工作阶段投资估算的依据,也可以作为编制固定资产长远规划投资额的参考。投资估算指标为完成项目建设的投资估算提供依据和手段,它在固定资产的形成过程中起着投资预测、投资控制、投资效益分析的作用,是合理确定项目投资的基础。投资估算指标中的主要材料消耗量也是一种扩大材料消耗量指标,可以作为计算建设项目主要材料消耗量的基础。估算指标的正确制定对于提高投资估算的准确度、对建设项目的合理评估和正确决策具有重要意义。

二、劳动定额(人工定额)

(一)劳动定额的表现形式和计算方法

劳动定额也称为人工定额,按其表现形式有时间定额和产量定额两种。

1. 时间定额

时间定额是指某种专业的工人班组或个人,在正常施工条件下,完成一定计量单位质量合格产品所需消耗的工作时间。时间定额以工日为单位,即单位产品的工日。每一个工日按8小时计算。其计算方法为:单位产品时间定额(工日)=小组成员工日数总和/小组台班产量,小组成员工日数即为小组成员数。

2. 产量定额

产量定额是指某种专业的工人班组或个人,在正常施工条件下,单位时间(一个工日)完成合格产品的数量。产量定额以产品数量为计量单位。其计算方法为:每一个工日的产量定额=产品数量/消耗的总工日数;小组台班产量=小组成员数/单位产品时间定额。

3. 时间定额和产量定额的关系

时间定额和产量定额互为倒数,只要确定了时间定额就能直接求得产量定额。即:时间定额×产量定额=1;时间定额=1/产量定额;产量定额=1/时间定额。

(二)劳动定额的制定

1. 划分施工过程

首先要将施工过程按以下形式划分:

(1)工序。工序指一个工人(班组)在一个工作地点对同一劳动对象连续进行的生产活动。特点是工人工具和材料均不变。如钢筋制作是一个施工过程,若分别由不同的小组(个人)分别完成搬运、调直、切断和弯曲,则钢筋制作的施工过程就分为搬运、调直、切断、弯曲四道工序。

(2)工作过程。工作过程是由同一工人(班组)完成的,在技术操作上互相联系的几道工序的组合。如钢筋制作的施工过程,若由同一小组(个人)依次完成搬运、调直、切断和弯曲,则钢筋制作的施工过程就是一个工作过程。

(3)综合工作过程。综合工作过程是指在工艺或操作上直接相关,最终为共同完成同一产品而同时进行的几个工作过程的综合。如墙面抹灰的施工过程,就是由搅拌砂浆、运砂浆、抹灰等几个同时或交叉进行的施工过程综合而成的一个复合工作过程。

2. 拟定定额时间

工人在工作班内消耗的工作时间,分为两大类,即定额时间(必须消耗的时间)和非定额时间(损失时间)。

定额时间的编制是在拟定基本工作时间、辅助工作时间、准备与结束时间、不可避免的中断时间和休息时间的基础上进行的。

提示

拟定定额时间前,应先拟定正常施工条件,即:拟定施工作业地点的组织;施工作业人员的组织;施工作业的内容和方法等。

3. 劳动定额制定的方法

劳动定额制定的方法通常有以下四种:

(1)经验估计法。就是根据生产实践经验,依照有关技术文件或实物,并考虑现有条件,分析估算定额。其优点是简便易行,工作量小,制定定额快;其缺点是受工作人员主观因素的影响很大,定额准确性差。它通常在临时定额制定中使用,主要应用于多品种小批量生产、单件生产、新产品试制、临时性生产的情况。

(2)统计分析法。它是根据以往生产相同或相似产品工序工时的统计资料,经过整理、分析计算确定定额的方法。其优点是比经验估计法更能反映实际情况,其缺点是定额水平不够先进合理。一般应用在生产比较正常、产品比较稳定、条件变化不大、品种较少、工序重复量大的情况下。

(3)技术测定法。技术测定法是根据先进合理的生产技术、操作工艺、合理的劳动组织和正常的生产条件,对施工过程中的具体活动进行实地观察,详细记录施工的工人和机械的工作时间消耗、完成产品的数量及有关影响因素,将记录的结果加以整理,客观分析各种因素对产品的工作时间消耗的影响,据此进行取舍,以获得各个项目的时间消耗资料,从而制定劳动定额的方法。技术测定法通常包括测时法、写实记录法、工作日写实法、简易测定法。

(4)比较类推法。它是以典型零件、工序的工时定额为依据,经过对比分析推算出同类零件或工序定额的方法。其优点是能保持定额水平的平衡性和准确性;其缺点是制定典型零件或工序的定额标准时,工作量较大,若典型代表件选择不准,会影响工时定额的可靠性。

新产品试制、单件小批量生产以及同类型产品规格多、工作量小、工序重复的施工过程多采用这种方法。

4. 劳动定额的计算

时间定额 = 基本工作时间/(1 - 规范时间%)

其中:规范时间%为准备与结束时间、休息时间、不可避免的中断时间占定额时间的百分比之和。

产量定额 = 1/时间定额

(三)劳动定额的使用

时间定额和产量定额虽是同一劳动定额的两种表现形式,但作用不同。时间定额以工日为单位,便于统计总工日数、核算工人工资、编制进度计划。产量定额以产品数量的计量单位为单位,便于施工小组分配任务,签发施工任务单,考核工人的劳动生产率。

三、材料消耗定额

材料消耗定额是指在合理的施工条件下,生产一定质量合格的单位产品所必须消耗的一定品种规格的材料。建筑工程材料分为实体消耗材料和周转性材料,材料消耗定额指标同样包括这两大部分。

(一)实体消耗材料

实体消耗材料是指直接构成工程实体所消耗的材料,包括主要材料、辅助材料和零星材料。建筑工程实体消耗材料用量由材料净用量和损耗量组成。表示为:

材料的消耗量 = 材料的净用量 + 材料的损耗量 = 材料的净用量 ×(1 + 材料的损耗率)

材料的损耗率 = 材料的损耗量/材料的净用量 ×100%

确定实体消耗材料的净用量定额和材料损耗定额的计算数据,可通过现场技术测定法(也称为观测法)、实验室试验法、现场统计法、理论计算法、图纸计算法、经验法等方法获得。

(二)周转性材料

周转性材料是指在施工中多次使用而逐渐消耗的工具性材料,它不构成工程实体。例如脚手架、模板、挡土板等。

周转性材料在施工中不是一次性消耗完,而是随着周转次数的增加,逐渐消耗,不断补充。因此,周转性材料的定额消耗量,应按多次使用、分次摊销的方法计算,且考虑回收因素。摊销量是指周转性材料使用一次在单位产品上的消耗量,即应分摊到每一单位分项工程或结构构件上的周转性材料消耗量。周转性材料消耗量指标用一次性使用量(供施工企业组织施工用)和摊销量(供施工企业成本核算或投标报价用)2 个指标表示。周转性材料消耗定额一般与下列 4 个因素有关:

(1)一次使用量。一次使用量是指第一次投入使用时的材料数量。根据构件施工图与施工验收规范计算。一次使用量供建设单位和施工单位申请备料和编制施工作业计划使用。

(2)损耗率或每周转一次的损耗量。损耗率是指在第二次和以后各次周转中,每周转一次因损坏不能复用,必须另作补充的数量占一次使用量的百分比,又称平均每次周转补损率。用统计法和观测法来确定。

(3)周转使用次数。周转使用次数按施工情况和过去经验确定。

(4)最终回收及回收折价。最终回收材料的数量应从摊销量中扣除。

典型例题

【单选题】编制周转性材料消耗定额时,周转性材料的消耗除考虑材料的一次使用量和每周转一次的损耗量外,还应考虑( )。

A. 周转使用次数、周转材料的最终回收及回收折价

B. 周转使用次数、周转的方式

C. 周转材料的最终回收、回收折价以及操作人员的水平

D. 周转的方式、周转材料的最终回收及回收折价

A。【解析】周转性材料的消耗除考虑材料的一次使用量和每周转一次的损耗量外,还应考虑周转使用次数、周转材料的最终回收及回收折价。

四、机械台班消耗定额

机械台班消耗定额指在合理的劳动组织和合理使用施工机械的正常施工条件下,完成一定计量单位质量合格产品所需消耗的机械工作时间,或者是机械工作一定的时间所产生的合理产品数量。机械台班消耗定额以一台机械工作 8 小时工作班为计量单位。

(一)机械台班消耗定额的表现形式

机械台班消耗定额的表现形式有机械时间定额和机械台班产量定额。其中:

机械时间定额(单位为台班)=1/机械台班产量定额

机械台班产量定额(单位为产品数量的计量单位)=1/机械时间定额

机械时间定额×机械台班产量定额=1

机械作业必须由人工配合,所以还会延伸出机械台班人工配合定额。

单位产品人工的时间定额(单位为工日)=小组成员工日数总和/机械台班产量

(二)机械工作时间

机械工作时间的消耗分为两大类,即定额时间(必须消耗的时间)和非定额时间(损失时间)。

定额时间包括有效工作时间(正常负荷下和降低负荷下的工作时间)、不可避免的无负荷工作时间和不可避免的中断时间。

(三)机械台班消耗定额的制定

1. 拟定正常施工条件

主要是拟定工作地点的合理组织和合理的工人编制。

2. 确定机械 1 小时纯工作正常生产率

在正常施工组织条件下,具有必要的专业知识和技能的技术工人操作机械 1 小时的生产率,也可称为机械净工作生产率。

3. 确定机械正常时间利用系数

正常时间利用系数是指机械在施工作业班内对作业时间的利用率,是考虑了在生产中

各种不可避免的停歇时间（如加燃料、换班、中间休息等）、不可避免的无负荷工作时间之后实际台班工作时间与机械工作班时间的比值。即：机械正常时间利用系数 = 工作班内的纯工作时间/机械工作班时间。

4. 计算施工机械台班定额

施工机械台班产量定额 = 机械 1 小时纯工作正常生产率 × 工作班延续时间 × 机械利用系数

施工机械时间定额 = 1/施工机械台班产量定额

5. 拟定工人定额时间

指配合施工机械作业的工人小组的工作时间的总和。

工人小组定额时间 = 施工机械时间定额 × 工人小组的人数

第三节　工程量清单计价

一、工程量清单

工程量清单是载明建设工程分部分项工程项目、措施项目、其他项目的名称和相应数量以及规费、增值税项目等内容的明细清单。

（一）编制工程量清单应遵循的原则

编制工程量清单应遵循的原则主要有：

（1）要满足编制招标控制价（最高投标限价）、投标报价和工程施工的需要，力求实现合理确定、有效控制工程造价的目的。

（2）要严格执行编制工程量清单的五个统一（项目编码、项目名称、项目特征、计量单位、工程量计算规则统一）。

（3）要保证编制质量，不漏项、不错项、不重项，准确计算工程量。

（二）编制招标工程量清单的依据

编制招标工程量清单的依据主要有：

（1）《建设工程工程量清单计价规范》和相关工程的国家计量规范。

（2）国家或省级、行业建设主管部门颁发的计价定额和办法。

（3）建设工程设计文件及相关资料。

（4）与建设工程项目有关的标准、规范、技术资料。

（5）拟定的招标文件。

（6）施工现场情况、地质水文资料、工程特点及常规施工方案。

（7）其他相关资料。

（三）工程量清单的组成

工程量清单的组成，如图 2-5 所示。

- 工程量清单的组成
  - 分部分项工程量清单
    - 1.项目编码：分部分项工程量清单项目编码以五级编码设置，用十二位阿拉伯数字表示。一、二、三、四级编码为全国统一；第五级编码应根据拟建工程的工程量清单项目名称设置
    - 2.项目名称：按《建设工程工程量清单计价规范》的项目名称结合拟建工程的实际确定
    - 3.项目特征：按照《建设工程工程量清单计价规范》中规定的项目特征，结合技术规范、标准图集、施工图纸，按照工程结构、使用材质及规格或安装位置等，予以详细而准确的表述和说明
    - 4.计量单位：除各专业另有特殊规定外，计量单位应采用基本单位。当计量单位有两个或两个以上时，应根据所编工程量清单项目的特征要求，选择最适宜表现该项目特征并方便计量的单位
    - 5.工程量：按《建设工程工程量清单计价规范》附录中各分部工程量清单项目及计算规则计算
  - 措施项目清单
    - 是为完成工程项目施工，发生于该工程施工准备和施工过程中技术、安全文明、环境保护等方面的项目清单。措施项目分单价措施项目和总价措施项目
  - 其他项目清单
    - 其他项目清单的具体内容一般有：暂列金额；暂估价，包括材料（工程设备）暂估价和专业工程暂估价；计日工；总承包服务费
  - 规费、增值税项目清单
    - 1.规费项目清单内容列项：社会保险费（养老保险费、失业保险费、医疗保险费、生育保险费、工伤保险费）；住房公积金
    - 2.规费、增值税必须按国家或省级、行业建设主管部门的规定计算，不得作为竞争性费用

图 2-5　工程量清单的组成

二、工程量清单计价方式

（一）一般规定

根据《建设工程工程量清单计价规范》，计价方式应符合下列规定：

（1）使用国有资金投资的建设工程发承包，必须采用工程量清单计价。

（2）非国有资金投资的建设工程，宜采用工程量清单计价。

（3）不采用工程量清单计价的建设工程，应执行《建设工程工程量清单计价规范》除工程量清单等专门性规定外的其他规定。

（4）工程量清单应采用综合单价计价。

（5）措施项目中的安全文明施工费必须按国家或省级、行业建设主管部门的规定计算，不得作为竞争性费用。

（6）规费和税金必须按国家或省级、行业建设主管部门的规定计算，不得作为竞争性费用。

链接

工程单价包括工料单价和综合单价。工料单价仅包括人工、材料、施工机具使用费，计算公式为：工料单价 = ∑(人材机消耗量 × 人材机单价)。综合单价根据我国现行有关规定，又可以分为清单综合单价(不完全综合单价)与全费用综合单价(完全综合单价)。其中，清单综合单价中除包括人工、材料、施工机具使用费外，还包括企业管理费、利润和风险因素；全费用综合单价中除包括人工、材料、施工机具使用费外，还包括企业管理费、利润、规费和增值税。

(二)具体要求

实行工程量清单计价方式的单位工程报价如下：

单位工程报价 = 分部分项工程费 + 措施项目费 + 其他项目费 + 规费 + 增值税

1. 分部分项工程费

分部分项工程费的计算公式如下：

分部分项工程费 = ∑(分部分项工程量 × 分部分项工程综合单价)

(1)分部分项工程量的确定。招标文件的工程量清单中显示的工程量是编制人员按施工图图示尺寸和清单工程量计算规则计算得到的工程净量，它是招标人编制招标控制价(最高投标限价)和投标人投标报价的共同基础。

(2)综合单价的确定。根据《建设工程工程量清单计价规范》，综合单价是指完成一个规定清单项目所需的人工费、材料和工程设备费、施工机具使用费和企业管理费、利润以及一定范围内的风险费用。

综合单价 =(人工费 + 材料费 + 施工机具使用费 + 企业管理费 + 利润)/清单工程量

提示

历年考试中会考查综合单价的计算程序，即：确定组合定额子目→计算定额子目工程量→测算人、料、机消耗量→确定人、料、机单价→计算人、料、机费用→计算管理费、利润→计算综合单价。此外，需注意：一个清单项目可以对应多个定额子目。人、料、机的消耗量一般参照政府颁发的消耗量定额，可以调整。人、料、机的单价参考市场价格，也可以调整。清单项目的工程量和定额子目的工程量可能不一致。清单项目与定额子目的工程量计算规则有差异，故清单工程量不能直接用于合同施工过程中的计价。

2. 措施项目费

对可以计算工程量的措施项目，应按分部分项工程量清单的方式采用综合单价计价；其余的措施项目可以“项”为单位的方式计价，应包括除规费、增值税外的全部费用。公式如下：

措施项目费 = ∑(措施项目工程量 × 措施项目综合单价) + ∑单项措施费

措施项目费中的安全文明施工费为非竞争性报价，其他措施项目费为自由报价。

3. 其他项目费

其他项目费由暂列金额、暂估价、计日工、总承包服务费组成，其中，暂列金额应根据工程特点按有关计价规定估算。暂估价中的材料、工程设备暂估单价应根据工程造价信息或参照市场价格估算,列出明细表;专业工程暂估价应分不同专业,按有关计价规定估算,列出明细表。计日工应列出项目名称、计量单位和暂估数量。总承包服务费应列出服务项目及其内容等。出现上述未列的项目,应根据工程实际情况补充。

三、招标控制价(最高投标限价)

(一)招标控制价的编制

招标控制价亦称“拦标价”或“预算控制价”,是招标人根据国家或省级、行业建设主管部门颁发的有关计价依据和办法,以及拟定的招标文件和招标工程量清单,结合工程具体情况编制的招标工程的最高投标限价。具体规定如下:

(1)国有资金投资的建设工程招标,招标人必须编制招标控制价。

(2)招标控制价应由具有编制能力的招标人或受其委托具有相应资质的工程造价咨询人编制和复核。

(3)工程造价咨询人接受招标人委托编制招标控制价,不得再就同一工程接受投标人委托编制投标报价。

(4)招标控制价应按照《建设工程工程量清单计价规范》的规定编制,不应上调或下浮。

(5)当招标控制价超过批准的概算时,招标人应将其报原概算审批部门审核。

(6)招标人应在发布招标文件时公布招标控制价,同时应将招标控制价及有关资料报送工程所在地或有该工程管辖权的行业管理部门工程造价管理机构备查。

(二)招标控制价的设置

招标控制价设置的注意事项包括:

(1)计算口径要一致。计算工程量时,根据施工图列出的分项工程口径与定额中相应分项工程的口径要一致。

(2)识读图纸要准确。在正式计算工程量之前,必须反复识读施工图纸,熟悉施工图中的细部构造、文字说明及标准图中的详细内容。

(3)严格执行、准确理解工程量计算规范。计算工程量时,计算规范中的规则要准确理解、反复推敲、严格执行。

(4)计算必须准确。计算工程量时,计算底稿要整洁,计算数据要清晰,项目部位要注明,计算精度要一致。

(5)计算工程量要做到不重不漏。在计算工程量前,为防止工程量漏项、重项,一般把一个专业工程划分为若干个分部工程,如房屋建筑与装饰工程就划分为土石方工程、地基处理与边坡支护工程、桩基工程、砌筑工程、混凝土及钢筋混凝土工程、措施项目等17个分部工程,在此基础上又划分为若干分项工程分别计算,这样便可以减少重项和漏项,提高准确度。

四、投标报价

(一)投标报价的一般规定

投标报价(投标价)是在工程招标发包过程中,由投标人按照招标文件的要求,根据工程特点,并结合自身的施工技术、装备和管理水平,依据有关计价规定自主确定的工程造价,是投标人希望达成工程承包交易的期望价格。投标价不能高于招标人设定的招标控制价。具体规定如下：

（1）投标价应由投标人或受其委托具有相应资质的工程造价咨询人编制。

（2）投标人应依据《建设工程工程量清单计价规范》的规定自主确定投标报价。

（3）投标报价不得低于工程成本。

（4）投标人必须按招标工程量清单填报价格。项目编码、项目名称、项目特征、计量单位、工程量必须与招标工程量清单一致。

（5）投标人的投标报价高于招标控制价的应否决其投标。

（二）投标报价的编制和复核

投标报价编制和复核的依据，如图 2-6 所示。

投标报价应根据下列文件编制和复核：

◇《建设工程工程量清单计价规范》；
◇国家或省级、行业建设主管部门颁发的计价办法；
◇企业定额，国家或省级、行业建设主管部门颁发的计价定额和计价办法；
◇招标文件、招标工程量清单及其补充通知、答疑纪要；
◇建设工程设计文件及相关资料；
◇施工现场情况、工程特点及投标时拟定的施工组织设计或施工方案；
◇与建设项目相关的标准、规范等技术资料；
◇市场价格信息或工程造价管理机构发布的工程造价信息；
◇其他的相关资料

图 2-6　投标报价编制和复核的依据

提示

上述投标报价编制和复核的依据来源于《建设工程工程量清单计价规范》，除上述内容外，投标报价编制的依据还包括：专业工程量计算规范；招标文件的异议澄清或修正；工程造价数据；投标人调查的价格信息等。

综合单价中应包括招标文件中划分的应由投标人承担的风险范围及其费用，招标文件中没有明确的，应提请招标人明确。

分部分项工程和措施项目中的单价项目，应根据招标文件和招标工程量清单项目中的特征描述确定综合单价计算。

专家解读

投标人进行投标报价时，发现某招标工程量清单项目特征描述与设计图纸不符，则投标人在确定综合单价时，应以招标工程量清单项目的特征描述为报价依据。

措施项目中的总价项目金额应根据招标文件及投标时拟定的施工组织设计或施工方案，按《建设工程工程量清单计价规范》的规定自主确定。其中安全文明施工费为不可竞争性费用。

其他项目应按下列规定报价：

（1）暂列金额应按招标工程量清单中列出的金额填写。

（2）材料、工程设备暂估价应按招标工程量清单中列出的单价计入综合单价。

(3)专业工程暂估价应按招标工程量清单中列出的金额填写。

(4)计日工应按招标工程量清单中列出的项目和数量,自主确定综合单价并计算计日工金额。

(5)总承包服务费应根据招标工程量清单中列出的内容和提出的要求自主确定。

规费和增值税为不可竞争性费用,应按《建设工程工程量清单计价规范》的规定确定。

招标工程量清单与计价表中列明的所有需要填写单价和合价的项目,投标人均应填写且只允许有一个报价。未填写单价和合价的项目,可视为此项费用已包含在已标价工程量清单中其他项目的单价和合价之中。当竣工结算时,此项目不得重新组价予以调整。

专家解读

实行工程量清单招标,投标人的投标总价应当与组成工程量清单的分部分项工程费、措施项目费、其他项目费和规费、税金的合计金额一致,即投标人在投标报价时,不能进行投标总价优惠(或降价、让利),投标人对招标人的任何优惠(或降价、让利)均应反映在相应清单项目的综合单价中。

第四节　计量与支付

一、工程计量

工程计量是指发承包双方根据设计图纸、技术规范以及施工合同约定的计量方式和计算方法,对承包人已经完成的质量合格的工程实体数量进行测量与计算,并以物理计量单位或自然计量单位进行标识、确认的过程。工程计量的依据包括设计图纸、技术规范、《建设工程工程量清单计价规范》、质量合格证书、有关计量的补充协议、工程量清单及说明、合同条件等。

根据《建设工程工程量清单计价规范》,工程量必须按照相关工程现行国家计量规范规定的工程量计算规则计算。工程计量可选择按月或按工程形象进度分段计量,具体计量周期应在合同中约定。因承包人原因造成的超出合同工程范围施工或返工的工程量,发包人不予计量。单价合同计量时,工程量必须以承包人完成合同工程应予计量的工程量确定。施工中进行工程计量,当发现招标工程量清单中出现缺项、工程量偏差,或因工程变更引起工程量增减时,应按承包人在履行合同义务中完成的工程量计算。

专家解读

招标工程量清单所列的工程量是一个预计工程量,一方面是各投标人进行投标报价的共同基础,另一方面也是对各投标人的投标报价进行评审的共同平台,体现了招投标活动中的公开、公平、公正和诚实信用原则。发承包双方竣工结算的工程量应以承包人按照现行国家计量规范规定的工程量计算规则计算的实际完成应予计量的工程量确定,而非招标工程量清单所列的工程量。

总价合同约定的项目计量应以合同工程经审定批准的施工图纸为依据，发承包双方应在合同中约定工程计量的形象目标或时间节点进行计量。

提示

《建设工程施工合同(示范文本)》中单价合同和总价合同的计量，详见本书中第六章第三节的“二、施工合同计量”内容。

二、合同价款约定

(一)合同价款约定的一般规定

根据《建设工程工程量清单计价规范》，合同价款应符合下列规定：

(1)实行招标的工程合同价款应在中标通知书发出之日起30天内，由发承包双方依据招标文件和中标人的投标文件在书面合同中约定。合同约定不得违背招标、投标文件中关于工期、造价、质量等方面的实质性内容。招标文件与中标人投标文件不一致的地方，应以投标文件为准。

(2)不实行招标的工程合同价款，应在发承包双方认可的工程价款基础上，由发承包双方在合同中约定。

(3)实行工程量清单计价的工程，应采用单价合同；建设规模较小，技术难度较低，工期较短，且施工图设计已审查批准的建设工程可采用总价合同；紧急抢险、救灾以及施工技术特别复杂的建设工程可采用成本加酬金合同。

(二)合同价款约定的内容

发承包双方应在合同条款中对下列事项进行约定：

(1)预付工程款的数额、支付时间及抵扣方式。

(2)安全文明施工措施的支付计划、使用要求等。

(3)工程计量与支付工程进度款的方式、数额及时间。

(4)工程价款的调整因素、方法、程序、支付及时间。

(5)施工索赔与现场签证的程序、金额确认与支付时间。

(6)承担计价风险的内容、范围以及超出约定内容、范围的调整办法。

(7)工程竣工价款结算编制与核对、支付及时间。

(8)工程质量保证金的数额、预留方式及时间。

(9)违约责任以及发生合同价款争议的解决方法及时间。

(10)与履行合同、支付价款有关的其他事项等。

专家解读

合同中没有按照上述要求约定或约定不明的，若发承包双方在合同履行中发生争议由双方协商确定；当协商不能达成一致时，应按《建设工程工程量清单计价规范》规定的执行。

链接

《关于完善建设工程价款结算有关办法的通知》中的相关规定:(1)提高建设工程进度款支付比例。政府机关、事业单位、国有企业建设工程进度款支付应不低于已完成工程价款的80%;同时,在确保不超出工程总概(预)算以及工程决(结)算工作顺利开展的前提下,除按合同约定保留不超过工程价款总额3%的质量保证金外,进度款支付比例可由发承包双方根据项目实际情况自行确定。在结算过程中,若发生进度款支付超出实际已完成工程价款的情况,承包单位应按规定在结算后30日内向发包单位返还多收到的工程进度款。(2)当年开工、当年不能竣工的新开工项目可以推行过程结算。发承包双方通过合同约定,将施工过程按时间或进度节点划分施工周期,对周期内已完成且无争议的工程量(含变更、签证、索赔等)进行价款计算、确认和支付,支付金额不得超出已完工部分对应的批复概(预)算。经双方确认的过程结算文件作为竣工结算文件的组成部分,竣工后原则上不再重复审核。

三、合同价款调整

以下内容主要参考《建设工程工程量清单计价规范》和《建设工程施工合同(示范文本)》的相关规定。

(一)一般规定

下列事项(但不限于)发生,发承包双方应当按照合同约定调整合同价款:法律法规变化;工程变更;项目特征不符;工程量清单缺项;工程量偏差;计日工;物价变化(市场价格波动);暂估价;不可抗力;提前竣工(赶工补偿);误期赔偿;索赔;现场签证;暂列金额;发承包双方约定的其他调整事项。

出现合同价款调增事项(不含工程量偏差、计日工、现场签证、索赔)后的14天内,承包人应向发包人提交合同价款调增报告并附上相关资料;承包人在14天内未提交合同价款调增报告的,应视为承包人对该事项不存在调整价款请求。

出现合同价款调减事项(不含工程量偏差、索赔)后的14天内,发包人应向承包人提交合同价款调减报告并附相关资料;发包人在14天内未提交合同价款调减报告的,应视为发包人对该事项不存在调整价款请求。

发(承)包人应在收到承(发)包人合同价款调增(减)报告及相关资料之日起14天内对其核实,予以确认的应书面通知承(发)包人。当有疑问时,应向承(发)包人提出协商意见。发(承)包人在收到合同价款调增(减)报告之日起14天内未确认也未提出协商意见的,应视为承(发)包人提交的合同价款调增(减)报告已被发(承)包人认可。发(承)包人提出协商意见的,承(发)包人应在收到协商意见后的14天内对其核实,予以确认的应书面通知发(承)包人。承(发)包人在收到发(承)包人的协商意见后14天内既不确认也未提出不同意见的,应视为发(承)包人提出的意见已被承(发)包人认可。

发包人与承包人对合同价款调整的不同意见不能达成一致的,只要对发承包双方履约不产生实质影响,双方应继续履行合同义务,直到其按照合同约定的争议解决方式得到处理。

经发承包双方确认调整的合同价款,作为追加(减)合同价款,应与工程进度款或结算款同期支付。

（二）法律法规变化

招标工程以投标截止日前28天、非招标工程以合同签订前28天为基准日，其后因国家的法律、法规、规章和政策发生变化引起工程造价增减变化的，发承包双方应按照省级或行业建设主管部门或其授权的工程造价管理机构据此发布的规定调整合同价款。

因承包人原因导致工期延误的，按上述规定的调整时间，在合同工程原定竣工时间之后，合同价款调增的不予调整，合同价款调减的予以调整。

链接

根据《建设工程施工合同（示范文本）》，基准日期后，法律变化导致承包人在合同履行过程中所需要的费用发生除“市场价格波动引起的调整”约定以外的增加时，由发包人承担由此增加的费用；减少时，应从合同价格中予以扣减。基准日期后，因法律变化造成工期延误时，工期应予以顺延。因法律变化引起的合同价格和工期调整，合同当事人无法达成一致的，由总监理工程师按“商定或确定”的约定处理。因承包人原因造成工期延误，在工期延误期间出现法律变化的，由此增加的费用和（或）延误的工期由承包人承担。

（三）工程变更

因工程变更引起已标价工程量清单项目或其工程数量发生变化时，应按照下列规定调整：

（1）已标价工程量清单中有适用于变更工程项目的，应采用该项目的单价；但当工程变更导致该清单项目的工程数量发生变化，且工程量偏差超过15%时，该项目单价应按照工程量偏差的有关规定进行调整。

（2）已标价工程量清单中没有适用但有类似于变更工程项目的，可在合理范围内参照类似项目的单价。

（3）已标价工程量清单中没有适用也没有类似于变更工程项目的，应由承包人根据变更工程资料、计量规则和计价办法、工程造价管理机构发布的信息价格和承包人报价浮动率提出变更工程项目的单价，并应报发包人确认后调整。承包人报价浮动率可按下列公式计算：

对于招标工程：

$$\text{承包人报价浮动率 } L = (1 - \text{中标价}/\text{招标控制价}) \times 100\%$$

对于非招标工程：

$$\text{承包人报价浮动率 } L = (1 - \text{报价}/\text{施工图预算}) \times 100\%$$

（4）已标价工程量清单中没有适用也没有类似于变更工程项目，且工程造价管理机构发布的信息价格缺价的，应由承包人根据变更工程资料、计量规则、计价办法和通过市场调查等取得有合法依据的市场价格提出变更工程项目的单价，并应报发包人确认后调整。

工程变更引起施工方案改变并使措施项目发生变化时，承包人提出调整措施项目费的，应事先将拟实施的方案提交发包人确认，并应详细说明与原方案措施项目相比的变化情况。拟实施的方案经发承包双方确认后执行，并应按照下列规定调整措施项目费：

（1）安全文明施工费应按照实际发生变化的措施项目，按国家或省级、行业建设主管部门的规定计算，不得作为竞争性费用。

(2)采用单价计算的措施项目费,应按照实际发生变化的措施项目,并按相关规定确定单价。

(3)按总价(或系数)计算的措施项目费,按照实际发生变化的措施项目调整,但应考虑承包人报价浮动因素,即调整金额按照实际调整金额乘以规定的承包人报价浮动率计算。

如果承包人未事先将拟实施的方案提交给发包人确认,则应视为工程变更不引起措施项目费的调整或承包人放弃调整措施项目费的权利。

当发包人提出的工程变更因非承包人原因删减了合同中的某项原定工作或工程,致使承包人发生的费用或(和)得到的收益不能被包括在其他已支付或应支付的项目中,也未被包含在任何替代的工作或工程中时,承包人有权提出并应得到合理的费用及利润补偿。

(四)项目特征不符

发包人在招标工程量清单中对项目特征的描述,应被认为是准确的和全面的,并且与实际施工要求相符合。承包人应按照发包人提供的招标工程量清单,根据项目特征描述的内容及有关要求实施合同工程,直到项目被改变为止。

承包人应按照发包人提供的设计图纸实施合同工程,若在合同履行期间出现设计图纸(含设计变更)与招标工程量清单任一项目的特征描述不符,且该变化引起该项目工程造价增减变化的,应按照实际施工的项目特征,按工程变更相关条款的规定重新确定相应工程量清单项目的综合单价,并调整合同价款。

(五)工程量清单缺项

合同履行期间,由于招标工程量清单中缺项,新增分部分项工程清单项目的,应按照"因工程变更引起已标价工程量清单项目或其工程数量发生变化时"的规定确定单价,并调整合同价款。

新增分部分项工程清单项目后,引起措施项目发生变化的,应按照"工程变更引起施工方案改变并使措施项目发生变化时"的规定,在承包人提交的实施方案被发包人批准后调整合同价款。

由于招标工程量清单中措施项目缺项,承包人应将新增措施项目实施方案提交发包人批准后,按照工程变更的规定调整合同价款。

(六)工程量偏差

合同履行期间,当应予计算的实际工程量与招标工程量清单出现偏差,且符合下列规定的,发承包双方应调整合同价款:

(1)对于任一招标工程量清单项目,当因工程量偏差和工程变更等原因导致工程量偏差超过15%时,可进行调整。当工程量增加15%以上时,增加部分的工程量的综合单价应予调低;当工程量减少15%以上时,减少后剩余部分的工程量的综合单价应予调高。

(2)当工程量出现第(1)条的变化,且该变化引起相关措施项目相应发生变化时,按系数或单一总价方式计价的,工程量增加的措施项目费调增,工程量减少的措施项目费调减。

(七)计日工

计日工是指在施工过程中,承包人完成发包人提出的工程合同范围以外的零星项目或工作，按合同中约定的单价计价的一种方式。

发包人通知承包人以计日工方式实施的零星工作，承包人应予执行。

采用计日工计价的任何一项变更工作，在该项变更的实施过程中，承包人应按合同约定提交如图 2-7 所示的报表和有关凭证送发包人复核。

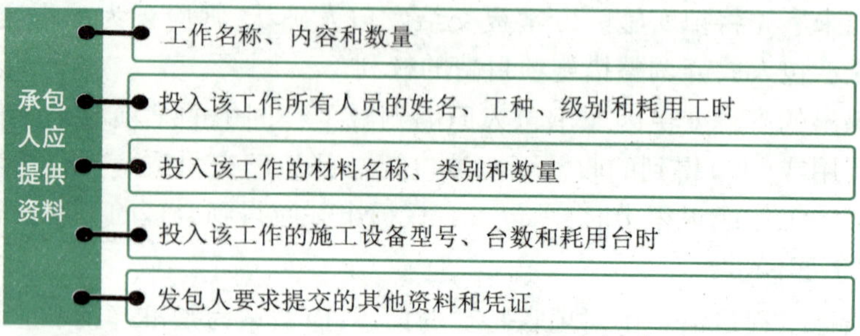

图 2-7　承包人应提供资料

任一计日工项目持续进行时，承包人应在该项工作实施结束后的 24 小时内向发包人提交有计日工记录汇总的现场签证报告一式三份。发包人在收到承包人提交现场签证报告后的 2 天内予以确认并将其中一份返还给承包人，作为计日工计价和支付的依据。发包人逾期未确认也未提出修改意见的，应视为承包人提交的现场签证报告已被发包人认可。

任一计日工项目实施结束后，承包人应按照确认的计日工现场签证报告核实该类项目的工程数量，并应根据核实的工程数量和承包人已标价工程量清单中的计日工单价计算，提出应付价款；已标价工程量清单中没有该类计日工单价的，由发承包双方按工程变更的规定商定计日工单价计算。

每个支付期末，承包人应按照规定向发包人提交本期间所有计日工记录的签证汇总表，并应说明本期间自己认为有权得到的计日工金额，调整合同价款，列入进度款支付。

（八）物价变化（市场价格波动）

合同履行期间，因人工、材料、工程设备、机械台班价格波动影响合同价款时，应根据合同约定，按下列方法之一调整合同价款。以下内容参考《建设工程施工合同（示范文本）》。

1. 采用价格指数调整价格

（1）价格调整公式。因人工、材料和设备等价格波动影响合同价格时，根据专用合同条款中约定的数据，按下式计算差额并调整合同价格：

$$\Delta P = P_0\left[A + \left(B_1 \times \frac{F_{t1}}{F_{01}} + B_2 \times \frac{F_{t2}}{F_{02}} + B_3 \times \frac{F_{t3}}{F_{03}} + \cdots + B_n \times \frac{F_{tn}}{F_{0n}}\right) - 1\right]$$

式中，ΔP——需调整的价格差额；

P_0——约定的付款证书中承包人应得到的已完成工程量的金额，此项金额应不包括价格调整、不计质量保证金的扣留和支付、预付款的支付和扣回，约定的变更及其他金额已按现行价格计价的，也不计在内；

A——定值权重（即不调部分的权重）；

B_1、B_2、B_3、…、B_n——各可调因子的变值权重（即可调部分的权重），为各可调因子在签约合同价中所占的比例；

F_{t1}、F_{t2}、F_{t3}、…、F_{tn}——各可调因子的现行价格指数，指约定的付款证书相关周期最后一天的前42天的各可调因子的价格指数；

F_{01}、F_{02}、F_{03}、…、F_{0n}——各可调因子的基本价格指数，指基准日期的各可调因子的价格指数。

以上价格调整公式中的各可调因子、定值和变值权重，以及基本价格指数及其来源在投标函附录价格指数和权重表中约定，非招标订立的合同，由合同当事人在专用合同条款中约定。价格指数应首先采用工程造价管理机构发布的价格指数，无上述价格指数时，可采用工程造价管理机构发布的价格代替。

(2)暂时确定调整差额。在计算调整差额时无现行价格指数的，合同当事人同意暂用前次价格指数计算。实际价格指数有调整的，合同当事人进行相应调整。

(3)权重的调整。因变更导致合同约定的权重不合理时，按照相关约定执行。

(4)因承包人原因工期延误后的价格调整。因承包人原因未按期竣工的，对合同约定的竣工日期后继续施工的工程，在使用价格调整公式时，应采用计划竣工日期与实际竣工日期的两个价格指数中较低的一个作为现行价格指数。

2. 采用造价信息调整价格

合同履行期间，因人工、材料、工程设备和机械台班价格波动影响合同价格时，人工、机械使用费按照国家或省、自治区、直辖市建设行政管理部门、行业建设管理部门或其授权的工程造价管理机构发布的人工、机械使用费系数进行调整；需要进行价格调整的材料，其单价和采购数量应由发包人审批，发包人确认需调整的材料单价及数量，作为调整合同价格的依据。

人工单价发生变化且符合省级或行业建设主管部门发布的人工费调整规定，合同当事人应按省级或行业建设主管部门或其授权的工程造价管理机构发布的人工费等文件调整合同价格，但承包人对人工费或人工单价的报价高于发布价格的除外。

材料、工程设备价格变化的价款调整按照发包人提供的基准价格，按以下风险范围规定执行：

(1)承包人在已标价工程量清单或预算书中载明材料单价低于基准价格的：除专用合同条款另有约定外，合同履行期间材料单价涨幅以基准价格为基础超过5%时，或材料单价跌幅以在已标价工程量清单或预算书中载明材料单价为基础超过5%时，其超过部分据实调整。

(2)承包人在已标价工程量清单或预算书中载明材料单价高于基准价格的：除专用合同条款另有约定外，合同履行期间材料单价跌幅以基准价格为基础超过5%时，材料单价涨幅以在已标价工程量清单或预算书中载明材料单价为基础超过5%时，其超过部分据实调整。

(3)承包人在已标价工程量清单或预算书中载明材料单价等于基准价格的：除专用合同条款另有约定外，合同履行期间材料单价涨跌幅以基准价格为基础超过±5%时，其超过部分据实调整。

(4)承包人应在采购材料前将采购数量和新的材料单价报发包人核对,发包人确认用于工程时,发包人应确认采购材料的数量和单价。发包人在收到承包人报送的确认资料后5天内不予答复的视为认可,作为调整合同价格的依据。未经发包人事先核对,承包人自行采购材料的,发包人有权不予调整合同价格。发包人同意的,可以调整合同价格。

前述基准价格是指由发包人在招标文件或专用合同条款中给定的材料、工程设备的价格,该价格原则上应当按照省级或行业建设主管部门或其授权的工程造价管理机构发布的信息价编制。

施工机械台班单价或施工机械使用费发生变化超过省级或行业建设主管部门或其授权的工程造价管理机构规定的范围时,按规定调整合同价格。

(九)暂估价

暂估价的具体内容,参考本书中第六章第二节的"一、《建设工程施工合同(示范文本)》中的相关内容"中"(七)变更"关于"暂估价"的内容。

(十)不可抗力

不可抗力的具体内容,参考本书中第六章第二节的"一、《建设工程施工合同(示范文本)》中的相关内容"中"(十三)不可抗力"的内容。

(十一)提前竣工(赶工补偿)

招标人应依据相关工程的工期定额合理计算工期,压缩的工期天数不得超过定额工期的20%,超过者,应在招标文件中明示增加赶工费用。

发包人要求合同工程提前竣工的,应征得承包人同意后与承包人商定采取加快工程进度的措施,并应修订合同工程进度计划。发包人应承担承包人由此增加的提前竣工(赶工补偿)费用。

发承包双方应在合同中约定提前竣工每日历天应补偿额度,此项费用应作为增加合同价款列入竣工结算文件中,应与结算款一并支付。

(十二)误期赔偿

承包人未按照合同约定施工,导致实际进度迟于计划进度的,承包人应加快进度,实现合同工期。合同工程发生误期,承包人应赔偿发包人由此造成的损失,并应按照合同约定向发包人支付误期赔偿费。即使承包人支付误期赔偿费,也不能免除承包人按照合同约定应承担的任何责任和应履行的任何义务。

发承包双方应在合同中约定误期赔偿费,并应明确每日历天应赔额度。误期赔偿费应列入竣工结算文件中,并应在结算款中扣除。

在工程竣工之前,合同工程内的某单项(位)工程已通过了竣工验收,且该单项(位)工程接收证书中表明的竣工日期并未延误,而是合同工程的其他部分产生了工期延误时,误期赔偿费应按照已颁发工程接收证书的单项(位)工程造价占合同价款的比例幅度予以扣减。

(十三)索赔

当合同一方向另一方提出索赔时,应有正当的索赔理由和有效证据,并应符合合同的相关约定。

承包人要求赔偿时，可以选择如图 2-8 所示中的一项或几项方式获得赔偿。

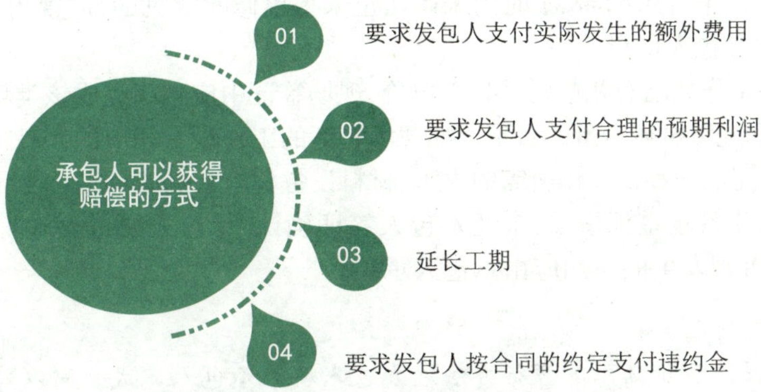

图 2-8　承包人可以获得赔偿的方式

当承包人的费用索赔与工期索赔要求相关联时，发包人在作出费用索赔的批准决定时，应结合工程延期，综合作出费用赔偿和工程延期的决定。

发承包双方在按合同约定办理了竣工结算后，应被认为承包人已无权再提出竣工结算前所发生的任何索赔。承包人在提交的最终结清申请中，只限于提出竣工结算后的索赔，提出索赔的期限应自发承包双方最终结清时终止。

根据合同约定，发包人认为由于承包人的原因造成发包人的损失，宜按承包人索赔的程序进行索赔。

发包人要求赔偿时，可以选择如图 2-9 所示中一项或几项方式获得赔偿。

图 2-9　发包人可获得赔偿的方式

承包人应付给发包人的索赔金额可从拟支付给承包人的合同价款中扣除，或由承包人以其他方式支付给发包人。

（十四）现场签证

现场签证是发包人现场代表（或其授权的监理人、工程造价咨询人）与承包人现场代表就施工过程中涉及的责任事件所作的签认证明。

提示

现场签证也有其他称谓，如工程签证、施工签证、技术核定单等。如何处理现场签证，是一个工程管理水平高低的衡量标准，是有效减少合同纠纷的手段。

承包人应发包人要求完成合同以外的零星项目、非承包人责任事件等工作的，发包人应及时以书面形式向承包人发出指令，并应提供所需的相关资料；承包人在收到指令后，应及时向发包人提出现场签证要求。

承包人应在收到发包人指令后的 7 天内向发包人提交现场签证报告，发包人应在收到现场签证报告后的48小时内对报告内容进行核实，予以确认或提出修改意见。发包人在收到承包人现场签证报告后的48小时内未确认也未提出修改意见的，应视为承包人提交的现场签证报告已被发包人认可。

现场签证的工作如已有相应的计日工单价，现场签证中应列明完成该类项目所需的人工、材料、工程设备和施工机械台班的数量。如现场签证的工作没有相应的计日工单价，应在现场签证报告中列明完成该签证工作所需的人工、材料设备和施工机械台班的数量及单价。

合同工程发生现场签证事项，未经发包人签证确认，承包人便擅自施工的，除非征得发包人书面同意，否则发生的费用应由承包人承担。

链接

根据《建设工程价款结算暂行办法》，发包人要求承包人完成合同以外零星项目，承包人应在接受发包人要求的7天内就用工数量和单价、机械台班数量和单价、使用材料和金额等向发包人提出施工签证，发包人签证后施工，如发包人未签证，承包人施工后发生争议的，责任由承包人自负。

现场签证工作完成后的7天内，承包人应按照现场签证内容计算价款，报送发包人确认后，作为增加合同价款，与进度款同期支付。

在施工过程中，当发现合同工程内容因场地条件、地质水文、发包人要求等不一致时，承包人应提供所需的相关资料，并提交发包人签证认可，作为合同价款调整的依据。

历年考试中考查过现场签证的范围，下面以典型例题的形式进行讲解。

典型例题

【多选题】下列事项中，属于现场签证范围的有（　　）。

A. 确认修改施工方案引起的工程量增减

B. 施工过程中发生变更后需要现场确认的工程量

C. 施工合同范围内的工程量确认

D. 承包人原因导致的人工窝工及有关损失

E. 工程变更导致的措施费用增减

ABE。【解析】现场签证范围除了包括选项A，B，E外，还包括：非承包人原因引起的工程量（或费用）增减，以及产生人员窝工、设备窝工等损失；合同范围外零星工程的确认。

（十五）暂列金额

暂列金额是指用于工程合同签订时尚未确定或者不可预见的所需材料、工程设备、服务的采购，施工中可能发生的工程变更、合同约定调整因素出现时的合同价款调整以及发生的索赔、现场签证确认等的费用。

已签约合同价中的暂列金额只能按照发包人的指示使用。暂列金额虽然列入合同价款，但并不属于承包人所有，也不必然发生。只有按照合同约定实际发生后，才能成为承包人的应得金额，纳入工程合同结算价款中，扣除发包人按规定的相关费用所作支付后，暂列金额余额（如有）仍归发包人所有。

四、合同价款期中支付

（一）预付款

1. 预付款的支付

根据《建设工程工程量清单计价规范》，承包人应将预付款专用于合同工程。包工包料工程的预付款的支付比例不得低于签约合同价（扣除暂列金额）的 10%，不宜高于签约合同价（扣除暂列金额）的 30%。

根据《建设工程施工合同（示范文本）》，预付款的支付按照专用合同条款约定执行，但至迟应在开工通知载明的开工日期 7 天前支付。预付款应当用于材料、工程设备、施工设备的采购及修建临时工程、组织施工队伍进场等。

除专用合同条款另有约定外，预付款在进度付款中同比例扣回。在颁发工程接收证书前，提前解除合同的，尚未扣完的预付款应与合同价款一并结算。

发包人逾期支付预付款超过 7 天的，承包人有权向发包人发出要求预付的催告通知，发包人收到通知后 7 天内仍未支付的，承包人有权暂停施工，并按“发包人违约的情形”执行。

2. 预付款担保

发包人要求承包人提供预付款担保的，承包人应在发包人支付预付款 7 天前提供预付款担保，专用合同条款另有约定除外。预付款担保可采用银行保函、担保公司担保等形式，具体由合同当事人在专用合同条款中约定。在预付款完全扣回之前，承包人应保证预付款担保持续有效。

发包人在工程款中逐期扣回预付款后，预付款担保额度应相应减少，但剩余的预付款担保金额不得低于未被扣回的预付款金额。

典型例题

【单选题】根据《建设工程施工合同（示范文本）》，担保金额在担保有效期内随着工程款支付可以逐月减少的担保是（　　）。

A. 投标担保　　B. 履约担保

C. 预付款担保　　D. 支付担保

C。**【解析】**发包人在工程款中逐期扣回预付款后，预付款担保额度应相应减少，但剩余的预付款担保金额不得低于未被扣回的预付款金额。

（二）安全文明施工费

安全文明施工费是指在合同履行过程中，承包人按照国家法律、法规、标准等规定，为保证安全施工、文明施工，保护现场内外环境和搭拆临时设施等所采用的措施而发生的费用。以下内容参考《建设工程施工合同（示范文本）》。

安全文明施工费由发包人承担，发包人不得以任何形式扣减该部分费用。因基准日期后合同所适用的法律或政府有关规定发生变化，增加的安全文明施工费由发包人承担。

承包人经发包人同意采取合同约定以外的安全措施所产生的费用，由发包人承担。未经发包人同意的，如果该措施避免了发包人的损失，则发包人在避免损失的额度内承担该措施费。如果该措施避免了承包人的损失，由承包人承担该措施费。

除专用合同条款另有约定外，发包人应在开工后28天内预付安全文明施工费总额的50%，其余部分与进度款同期支付。发包人逾期支付安全文明施工费超过7天的，承包人有权向发包人发出要求预付的催告通知，发包人收到通知后7天内仍未支付的，承包人有权暂停施工，并按"发包人违约的情形"执行。

承包人对安全文明施工费应专款专用，承包人应在财务账目中单独列项备查，不得挪作他用，否则发包人有权责令其限期改正；逾期未改正的，可以责令其暂停施工，由此增加的费用和(或)延误的工期由承包人承担。

(三)进度款

发承包双方应按照合同约定的时间、程序和方法，根据工程计量结果，办理期中价款结算，支付进度款。以下内容参考《建设工程施工合同(示范文本)》。

1. 付款周期

除专用合同条款另有约定外，付款周期应按照"计量周期"的约定与计量周期保持一致。

2. 进度付款申请单的编制

除专用合同条款另有约定外，进度付款申请单应包括下列内容：

(1)截至本次付款周期已完成工作对应的金额。

(2)应增加和扣减的变更金额。

(3)应支付的预付款和扣减的返还预付款。

(4)应扣减的质量保证金。

(5)应增加和扣减的索赔金额。

(6)对已签发的进度款支付证书中出现错误的修正，应在本次进度付款中支付或扣除的金额。

(7)根据合同约定应增加和扣减的其他金额。

3. 进度付款申请单的提交

(1)单价合同进度付款申请单的提交。单价合同的进度付款申请单，按照"单价合同的计量"约定的时间按月向监理人提交，并附上已完成工程量报表和有关资料。单价合同中的总价项目按月进行支付分解，并汇总列入当期进度付款申请单。

(2)总价合同进度付款申请单的提交。总价合同按月计量支付的，承包人按照"总价合同的计量"约定的时间按月向监理人提交进度付款申请单，并附上已完成工程量报表和有关资料。

总价合同按支付分解表支付的，承包人应按照"支付分解表"及"进度付款申请单的编制"的约定向监理人提交进度付款申请单。

(3)其他价格形式合同的进度付款申请单的提交。合同当事人可在专用合同条款中约定其他价格形式合同的进度付款申请单的编制和提交程序。

4. 进度款审核和支付

(1)除专用合同条款另有约定外，监理人应在收到承包人进度付款申请单以及相关资料后7天内完成审查并报送发包人，发包人应在收到后7天内完成审批并签发进度款支付证书。发包人逾期未完成审批且未提出异议的，视为已签发进度款支付证书。

发包人和监理人对承包人的进度付款申请单有异议的，有权要求承包人修正和提供补充资料，承包人应提交修正后的进度付款申请单。监理人应在收到承包人修正后的进度付款申请单及相关资料后 7 天内完成审查并报送发包人，发包人应在收到监理人报送的进度付款申请单及相关资料后 7 天内，向承包人签发无异议部分的临时进度款支付证书。存在争议的部分，按照“争议解决”的约定处理。

(2)除专用合同条款另有约定外，发包人应在进度款支付证书或临时进度款支付证书签发后 14 天内完成支付，发包人逾期支付进度款的，应按照中国人民银行发布的同期同类贷款基准利率支付违约金。

(3)发包人签发进度款支付证书或临时进度款支付证书，不表明发包人已同意、批准或接受了承包人完成的相应部分的工作。

5. 进度付款的修正

在对已签发的进度款支付证书进行阶段汇总和复核中发现错误、遗漏或重复的，发包人和承包人均有权提出修正申请。经发包人和承包人同意的修正，应在下期进度付款中支付或扣除。

6. 支付分解表

(1)支付分解表的编制要求。

①支付分解表中所列的每期付款金额，应为“进度付款申请单的编制”第(1)条的估算金额。

②实际进度与施工进度计划不一致的，合同当事人可按照“商定或确定”修改支付分解表。

③不采用支付分解表的，承包人应向发包人和监理人提交按季度编制的支付估算分解表，用于支付参考。

(2)总价合同支付分解表的编制与审批。

①除专用合同条款另有约定外，承包人应根据“施工进度计划”约定的施工进度计划、签约合同价和工程量等因素对总价合同按月进行分解，编制支付分解表。承包人应当在收到监理人和发包人批准的施工进度计划后 7 天内，将支付分解表及编制支付分解表的支持性资料报送监理人。

②监理人应在收到支付分解表后 7 天内完成审核并报送发包人。发包人应在收到经监理人审核的支付分解表后 7 天内完成审批，经发包人批准的支付分解表为有约束力的支付分解表。

③发包人逾期未完成支付分解表审批的，也未及时要求承包人进行修正和提供补充资料的，则承包人提交的支付分解表视为已经获得发包人批准。

(3)单价合同的总价项目支付分解表的编制与审批。

除专用合同条款另有约定外，单价合同的总价项目，由承包人根据施工进度计划和总价项目的总价构成、费用性质、计划发生时间和相应工程量等因素按月进行分解，形成支付分解表，其编制与审批参照总价合同支付分解表的编制与审批执行。

(四)相关款项支付规定

1.《保障中小企业款项支付条例》的相关规定

机关、事业单位和大型企业采购货物、工程、服务支付中小企业款项，应当遵守《保障中小企业款项支付条例》。

机关、事业单位和大型企业不得要求中小企业接受不合理的付款期限、方式、条件和违约责任等交易条件，不得违约拖欠中小企业的货物、工程、服务款项。中小企业应当依法经营,诚实守信,按照合同约定提供合格的货物、工程和服务。

机关、事业单位使用财政资金从中小企业采购货物、工程、服务,应当严格按照批准的预算执行,不得无预算、超预算开展采购。政府投资项目所需资金应当按照国家有关规定确保落实到位,不得由施工单位垫资建设。

机关、事业单位从中小企业采购货物、工程、服务,应当自货物、工程、服务交付之日起 30 日内支付款项;合同另有约定的,付款期限最长不得超过 60 日。大型企业从中小企业采购货物、工程、服务,应当按照行业规范、交易习惯合理约定付款期限并及时支付款项。合同约定采取履行进度结算、定期结算等结算方式的,付款期限应当自双方确认结算金额之日起算。

机关、事业单位和大型企业与中小企业约定以货物、工程、服务交付后经检验或者验收合格作为支付中小企业款项条件的,付款期限应当自检验或者验收合格之日起算。

机关、事业单位和大型企业使用商业汇票等非现金支付方式支付中小企业款项的,应当在合同中作出明确、合理约定,不得强制中小企业接受商业汇票等非现金支付方式,不得利用商业汇票等非现金支付方式变相延长付款期限。

机关、事业单位和国有大型企业不得强制要求以审计机关的审计结果作为结算依据,但合同另有约定或者法律、行政法规另有规定的除外。

除依法设立的投标保证金、履约保证金、工程质量保证金、农民工工资保证金外,工程建设中不得收取其他保证金。保证金的收取比例应当符合国家有关规定。机关、事业单位和大型企业不得将保证金限定为现金。中小企业以金融机构保函提供保证的,机关、事业单位和大型企业应当接受。机关、事业单位和大型企业应当按照合同约定,在保证期限届满后及时与中小企业对收取的保证金进行核实和结算。

机关、事业单位和大型企业不得以法定代表人或者主要负责人变更,履行内部付款流程,或者在合同未作约定的情况下以等待竣工验收批复、决算审计等为由,拒绝或者迟延支付中小企业款项。

中小企业以应收账款担保融资的,机关、事业单位和大型企业应当自中小企业提出确权请求之日起 30 日内确认债权债务关系,支持中小企业融资。

机关、事业单位和大型企业迟延支付中小企业款项的,应当支付逾期利息。双方对逾期利息的利率有约定的,约定利率不得低于合同订立时 1 年期贷款市场报价利率;未作约定的,按照每日利率万分之五支付逾期利息。

机关、事业单位应当于每年 3 月 31 日前将上一年度逾期尚未支付中小企业款项的合同数量、金额等信息通过网站、报刊等便于公众知晓的方式公开。

2.《保障农民工工资支付条例》的相关规定

农民工有按时足额获得工资的权利。任何单位和个人不得拖欠农民工工资。

(1)工资支付形式与周期。

农民工工资应当以货币形式,通过银行转账或者现金支付给农民工本人,不得以实物或者有价证券等其他形式替代。

用人单位应当按照与农民工书面约定或者依法制定的规章制度规定的工资支付周期和具体支付日期足额支付工资。

实行月、周、日、小时工资制的，按照月、周、日、小时为周期支付工资；实行计件工资制的，工资支付周期由双方依法约定。

用人单位与农民工书面约定或者依法制定的规章制度规定的具体支付日期，可以在农民工提供劳动的当期或者次期。具体支付日期遇法定节假日或者休息日的，应当在法定节假日或者休息日前支付。用人单位因不可抗力未能在支付日期支付工资的，应当在不可抗力消除后及时支付。

用人单位应当按照工资支付周期编制书面工资支付台账，并至少保存3年。书面工资支付台账应当包括用人单位名称，支付周期，支付日期，支付对象姓名、身份证号码、联系方式，工作时间，应发工资项目及数额，代扣、代缴、扣除项目和数额，实发工资数额，银行代发工资凭证或者农民工签字等内容。用人单位向农民工支付工资时，应当提供农民工本人的工资清单。

（2）工资清偿。

用人单位拖欠农民工工资的，应当依法予以清偿。

用工单位使用个人、不具备合法经营资格的单位或者未依法取得劳务派遣许可证的单位派遣的农民工，拖欠农民工工资的，由用工单位清偿，并可以依法进行追偿。

（3）工程建设领域特别规定。

建设单位应当向施工单位提供工程款支付担保。建设单位与施工总承包单位依法订立书面工程施工合同，应当约定工程款计量周期、工程款进度结算办法以及人工费用拨付周期，并按照保障农民工工资按时足额支付的要求约定人工费用。人工费用拨付周期不得超过1个月。建设单位与施工总承包单位应当将工程施工合同保存备查。

施工总承包单位与分包单位依法订立书面分包合同，应当约定工程款计量周期、工程款进度结算办法。

施工总承包单位或者分包单位应当依法与所招用的农民工订立劳动合同并进行用工实名登记，具备条件的行业应当通过相应的管理服务信息平台进行用工实名登记、管理。未与施工总承包单位或者分包单位订立劳动合同并进行用工实名登记的人员，不得进入项目现场施工。施工总承包单位应当在工程项目部配备劳资专管员，对分包单位劳动用工实施监督管理，掌握施工现场用工、考勤、工资支付等情况，审核分包单位编制的农民工工资支付表，分包单位应当予以配合。施工总承包单位、分包单位应当建立用工管理台账，并保存至工程完工且工资全部结清后至少3年。

建设单位应当按照合同约定及时拨付工程款，并将人工费用及时足额拨付至农民工工资专用账户，加强对施工总承包单位按时足额支付农民工工资的监督。

分包单位对所招用农民工的实名制管理和工资支付负直接责任。施工总承包单位对分包单位劳动用工和工资发放等情况进行监督。分包单位拖欠农民工工资的，由施工总承包单位先行清偿，再依法进行追偿。工程建设项目转包，拖欠农民工工资的，由施工总承包单位先行清偿，再依法进行追偿。

工程建设领域推行分包单位农民工工资委托施工总承包单位代发制度。分包单位应当按月考核农民工工作量并编制工资支付表，经农民工本人签字确认后，与当月工程进度等情况一并交施工总承包单位。施工总承包单位根据分包单位编制的工资支付表，通过农民工工资专用账户直接将工资支付到农民工本人的银行账户，并向分包单位提供代发工资凭证。

用于支付农民工工资的银行账户所绑定的农民工本人社会保障卡或者银行卡,用人单位或者其他人员不得以任何理由扣押或者变相扣押。

施工总承包单位应当按照有关规定存储工资保证金,专项用于支付为所承包工程提供劳动的农民工被拖欠的工资。

五、竣工结算与支付

根据《建设工程工程量清单计价规范》,工程完工后,发承包双方必须在合同约定时间内办理工程竣工结算。工程竣工结算应由承包人或受其委托具有相应资质的工程造价咨询人编制,并应由发包人或受其委托具有相应资质的工程造价咨询人核对。当发承包双方或一方对工程造价咨询人出具的竣工结算文件有异议时,可向工程造价管理机构投诉,申请对其进行执业质量鉴定。

(一)编制和复核

工程竣工结算应根据下列依据编制和复核:

(1)《建设工程工程量清单计价规范》。

(2)工程合同(包括补充协议)。

(3)发承包双方实施过程中已确认的工程量及其结算的合同价款。

(4)发承包双方实施过程中已确认调整后追加(减)的合同价款。

(5)建设工程设计文件及相关资料。

(6)投标文件。

(7)其他依据。

提示

上述竣工结算编制和复核的依据来源于《建设工程工程量清单计价规范》,除上述内容外,竣工结算编制的依据还包括:工程招标文件;发承包双方已确认的施工过程结算价款。

分部分项工程和措施项目中的单价项目应依据发承包双方确认的工程量与已标价工程量清单的综合单价计算;发生调整的,应以发承包双方确认调整的综合单价计算。

措施项目中的总价项目应依据已标价工程量清单的项目和金额计算;发生调整的,应以发承包双方确认调整的金额计算,其中安全文明施工费应按规定计算。

其他项目应按下列规定计价:

(1)计日工应按发包人实际签证确认的事项计算。

(2)暂估价应按规定计算。

(3)总承包服务费应依据已标价工程量清单金额计算;发生调整的,应以发承包双方确认调整的金额计算。

(4)索赔费用应依据发承包双方确认的索赔事项和金额计算。

(5)现场签证费用应依据发承包双方签证资料确认的金额计算。

(6)暂列金额应减去合同价款调整(包括索赔、现场签证)金额计算,如有余额归发包人。

规费和增值税应按规定计算。发承包双方在合同工程实施过程中已经确认的工程计量结果和合同价款，在竣工结算办理中应直接进入结算。

（二）竣工结算与支付的其他要求

竣工结算与支付的其他要求，参考本书中第六章第二节的“一、《建设工程施工合同（示范文本）》中的相关内容”中“（十）竣工结算”的内容。

第五节 施工成本管理的任务、程序和措施

一、成本管理的任务和程序

工程项目成本管理就是在完成一个工程项目的过程中，对所发生的成本费用支出，有组织、有系统地进行预测、计划、控制、核算、分析、考核等一系列科学管理工作的总称。

工程项目成本管理是以正确反映工程项目施工生产的经济成果，不断降低工程项目成本为宗旨的一项综合性管理工作。

组织应建立项目全面成本管理制度，明确职责分工和业务关系，把管理目标分解到各项技术和管理过程。建立成本管理责任体系是成本管理最重要的基础工作。

成本管理应符合下列规定：

（1）组织管理层，应负责项目成本管理的决策，确定项目的成本控制重点、难点，确定项目成本目标，并对项目管理机构进行过程和结果的考核。

（2）项目管理机构，应负责项目成本管理，遵守组织管理层的决策，实现项目管理的成本目标。

成本管理的任务主要包括成本计划、成本控制、成本核算、成本分析、成本考核五个方面的内容。

成本管理应遵循下列程序：

（1）掌握生产要素的价格信息。

（2）确定项目合同价。

（3）编制成本计划，确定成本实施目标。

（4）进行成本控制。

（5）进行项目过程成本分析。

（6）进行项目过程成本考核。

（7）编制项目成本报告。

（8）项目成本管理资料归档。

二、成本管理的措施

成本管理的措施主要分为组织措施、合同措施、技术措施、经济措施。

(一)组织措施

组织措施一般是指分析由于组织的因素而影响成本管理目标实现的问题，并采取相应的措施，主要包括：组织机构和人员的组建；各级成本管理人员任务和责任的明确；成本控制计划的编制；工作流程的确定；施工任务单、施工定额管理和施工调度方面的加强；施工采购计划的制定；规章制度的完善等。

(二)合同措施

合同措施一般是指分析由于合同的因素而影响成本管理目标实现的问题，并采取相应的措施，主要包括：合同结构模式的选择；变更合同内容；签订补充协议；采取索赔手段等。

(三)技术措施

技术措施一般是指分析由于技术(包括设计和施工的技术)的因素而影响成本管理目标实现的问题，并采取相应的措施，主要包括：确定施工机械和设备的使用方案；应用先进技术和设备；运用新材料；进行技术经济分析以选择最佳方案；比选材料，并通过优化配合比、使用外加剂或代用等方法降低材料消耗费用。

(四)经济措施

经济措施一般是指分析由于经济的因素而影响成本管理目标实现的问题，并采取相应的措施，主要包括：增加资金投入；编制资金使用计划；采取经济激励措施；成本管理目标的确定、分解及风险分析，针对风险制定防范措施；严格控制开支费用；及时进行变更的增减账工作；业主签证的落实；工程结算款的及时支付；通过偏差分析找出超支潜在问题等。

第六节　施工成本计划和成本控制

一、成本计划

成本计划是以货币形式规定企业在计划期内产品生产耗费和各种产品的成本水平以及相应的成本降低水平和为此采取的主要措施的书面方案。成本计划属于成本的事前管理，是企业生产经营管理的重要组成部分，是施工企业建立施工项目成本管理责任制、开展施工成本控制和核算的基础。

(一)成本计划的编制

1. 编制依据

成本计划编制的依据如下：

(1)合同文件。

(2)项目管理实施规划。

(3)相关设计文件。

(4)价格信息。

(5)相关定额。

(6)类似项目的成本资料。

专家解读

施工成本计划编制依据的是施工企业自己的文件、资料,不能依据业主方的文件、资料。

2. 编制要求

成本计划编制的要求如下:

(1)由项目管理机构负责组织编制。

(2)项目成本计划对项目成本控制具有指导性。

(3)各成本项目指标和降低成本指标明确。

3. 编制程序

成本计划编制的程序如下:

(1)预测项目成本。

(2)确定项目总体成本目标。

(3)编制项目总体成本计划。

(4)项目管理机构与组织的职能部门根据其责任成本范围,分别确定自己的成本目标,并编制相应的成本计划。

(5)针对成本计划制定相应的控制措施。

(6)由项目管理机构与组织的职能部门负责人分别审批相应的成本计划。

4. 编制原则

成本计划编制的原则,下面以典型例题的形式进行讲解。

典型例题

【多选题】编制施工成本计划应遵循的原则有(　　)。

A. 应与生产进度计划相结合　　B. 应以先进的技术经济指标为依据编制

C. 编制工作应统一领导、分级管理　　D. 成本降低率既要积极可靠又要切实可行

E. 应具有绝对的刚性

ABCD。【解析】编制施工成本计划的原则除了选项 A,B,C,D 外,还包括成本计划应具有一定的弹性。

5. 编制方法

项目管理机构应根据项目成本控制要求编制、确定项目成本计划。其中项目施工成本计划一般由施工单位编制。施工单位应围绕施工组织设计或相关文件进行编制,以确保对施工项目成本控制的适宜性和有效性。具体可按成本组成(如直接费、间接费、其他费用等,或者人工费、材料费、施工机具使用费和企业管理费等)、项目结构(如各单位工程或单项工程)和工程实施阶段(如基础、主体、安装、装修等或月、季、年等)进行编制,也可以将几种方法结合使用。

提示

按工程实施阶段编制成本计划时，通常可在控制施工进度的网络图基础上进一步扩充得到施工成本计划。施工成本按时间进行分解时，分解程度应适宜，不是越细越好。按项目结构编制成本计划时，首先要将总成本分解到单项工程和单位工程中，再进一步分解到分部工程和分项工程中。

按工程实施阶段编制成本计划时，可采用按月编制的成本计划直方图和时间—成本累积曲线（S 形曲线）。下面以典型例题的形式进行讲解。

典型例题

【多选题】某工程按月编制成本计划如下图所示，若 6 月、7 月实际完成的成本为 700 万元和 1 000 万元，其余月份的实际成本与计划相同，则关于成本偏差的说法，正确的有（　　）。

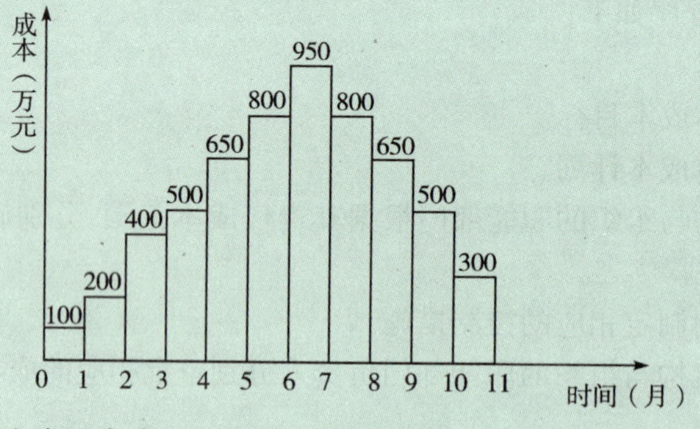

A. 第 7 个月末的计划成本累计值为 3 500 万元

B. 第 6 个月末的实际成本累计值为 2 550 万元

C. 第 6 个月末的计划成本累计值为 2 650 万元

D. 若绘制 S 形曲线，全部工作必须按照最早开工时间计算

E. 第 7 个月末的实际成本累计值为 3 550 万元

BCE。【解析】第 7 个月末的计划成本累计值为 3 600 万元。故选项 A 错误。S 形曲线包络在由全部工作都按最早开始时间开始和最迟开始时间开始的曲线组成的“香蕉图”内。故选项 D 错误。

【单选题】关于利用时间—成本累积曲线编制施工成本计划的说法，正确的是（　　）。

A. 所有工作都按最迟开始时间，对节约资金不利

B. 所有工作都按最早开始时间，对节约资金不利

C. 项目经理通过调整关键工作的最早开始时间，将成本控制在计划范围之内

D. 所有工作都按最迟开始时间，降低了项目按期竣工的保证率

D。【解析】所有工作都按最迟开始时间，有利于节约资金贷款利息，但会降低项目按期竣工的保证率。项目经理可以通过调整非关键工作的最早开始时间或最迟开始时间，将成本控制在计划范围之内。

6. 编制内容

项目成本计划是建设工程项目十分重要的一项管理文件,其中施工成本计划内容需包括:

(1)通过标价分离,测算项目成本。

(2)确定项目施工总体成本目标。

(3)编制施工项目总体成本计划。

(4)根据项目管理机构与企业职能部门的责任成本范围,分别确定其具体成本目标,分解相关成本要求。

(5)编制相应的专门成本计划,包括单位工程、分部分项成本计划等。

(6)针对以上成本计划,制定相应的控制方法,包括确保落实成本计划的施工组织措施、施工方案等。

(7)编制施工项目管理目标责任书和企业职能部门管理目标。

(8)配备相应的施工管理与实施资源,明确成本管理责任与权限。

按照上述要求形成的项目施工成本计划应经过施工企业授权人批准后实施。

(二)成本计划的类型

根据施工项目所处的阶段不同,可划分的类型如表 2-2 所示。

表 2-2 成本计划的类型

类型	竞争性成本计划	指导性成本计划	实施性成本计划
依据	招标文件中的合同条件、工程量清单等	合同价	项目实施方案、施工预算(主要)
编制时间	工程项目投标及签订合同阶段	选派项目经理阶段	项目施工准备阶段
所属类别	估算成本计划(较粗略)	预算成本计划	预算成本计划

历年考试中经常考查施工预算与施工图预算的区别,具体内容如表 2-3 所示。

表 2-3 施工预算与施工图预算的区别

区别	施工预算	施工图预算
编制依据	施工定额(更为详细、具体)	预算定额
适用范围	施工企业内部文件,与建设单位无直接关系	建设单位与施工单位
发挥作用	施工企业进行一系列生产经营活动的依据	投标报价的主要依据

提示

施工图预算可由施工企业或受其委托的工程造价咨询企业进行编制。

(三)成本计划的指标

施工成本计划指标包括数量指标、质量指标和效益指标。其中,数量指标有工程项目计划总成本指标、单位工程(或子项目)计划成本指标、各主要生产要素计划成本指标;质量指标有设计预算总成本计划降低率和责任目标总成本计划降低率;效益指标有设计预算总成本计划降低额和责任目标总成本计划降低额。

提示

数量指标的关键词是"××指标"，质量指标的关键词是"××降低率"，效益指标的关键词是"××降低额"。

二、成本控制

成本控制是从工程投标报价开始，直至项目竣工结算完成(甚至到保证金退还)为止，贯穿于项目实施的全过程。在施工中通过对人工费、材料费和施工机械使用费及工程分包费用进行控制。

施工成本控制就是要在保证工期和质量满足要求的前提下，在施工过程中对影响成本的因素加强管理，采取相应的管理措施，包括组织措施、经济措施、技术措施、合同措施，保证消耗和支出不超过成本计划，把成本控制在计划范围内，并进一步寻求最大程度的成本节约。

施工成本控制可分为事先控制、事中控制(过程控制)和事后控制。在项目的施工过程中，需按动态控制原理对实际施工成本的发生过程进行有效控制。

(一)成本控制的依据

根据《建设工程项目管理规范》，项目管理机构成本控制的依据如图 2-10 所示。

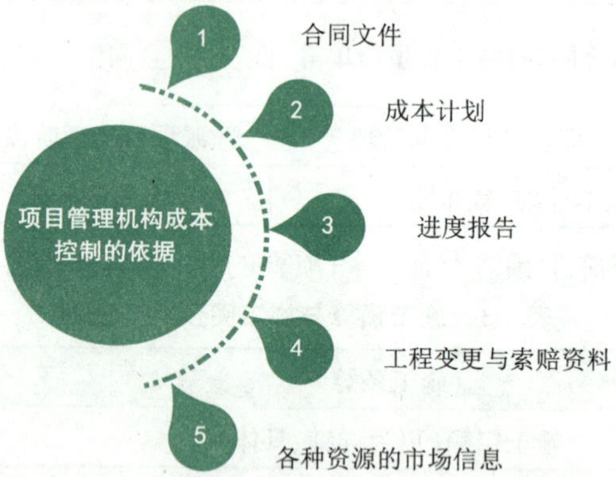

图 2-10　项目管理机构成本控制的依据

(二)成本控制的程序

根据《建设工程项目管理规范》，项目成本控制应遵循下列程序：

(1)确定项目成本管理分层次目标。

(2)采集成本数据，监测成本形成过程。

(3)找出偏差，分析原因。

(4)制定对策，纠正偏差。

(5)调整改进成本管理方法。

成本控制中的"找出偏差，分析原因"和"制定对策，纠正偏差"过程宜运用价值工程和赢得值法。施工成本偏差的控制，其核心工作是纠正偏差，关键工作是成本分析。

提示

成本控制程序包括指标控制程序(成本全过程控制的重点)和管理行为控制程序(成本全过程控制的基础)。上述程序属于成本指标控制程序。管理行为控制程序主要包括:建立成本管理体系及其运行的评审组织和评审程序;目标考核并定期检查;制定对策,纠正偏差。这两个程序之间既相互独立又相互联系,既相互制约又相互补充。

(三)成本的过程控制

投标阶段是施工企业获取工程项目的源头,是开源阶段。在该阶段成本控制工作是编制竞争力强的投标报价,通过对工程项目事前的目标成本预测控制,确定工程项目的成本期望值,考虑适当的利润确定投标报价。

工程中标后,在施工准备阶段必须做好施工组织设计工作和目标责任成本分解工作。

施工阶段是控制建设工程项目成本发生的主要阶段,它通过确定成本目标并按计划成本进行施工、资源配置,对施工现场发生的各种成本费用进行有效控制。

工程项目竣工验收后,进入工程结算阶段,在结算时,工程造价人员计算出各分部分项工程的直接成本并与调整的目标计划成本对比,对项目经理部进行考核,项目经理部对班组进行考核,按照制定的规章制度进行奖罚。

(四)成本控制的方法

1. 价值工程(VE)

价值工程是通过各相关领域的协作,对所研究对象的功能与费用进行系统分析,不断创新,旨在提高所研究对象价值的思想方法和管理技术。其目的是以研究对象的最低寿命周期成本可靠地实现使用者所需功能,以获取最佳的综合效益。价值工程涉及价值、功能和寿命周期成本等三个基本要素。价值工程把“价值”定义为:“对象所具有的功能与获得该功能的全部费用之比”,公式为:

$$V = F/C$$

式中,V——价值;

F——产品功能;

C——全寿命周期成本。

提高价值的途径有:功能不变,成本降低,价值提高;成本不变,功能提高,价值提高;功能提高的幅度高于成本增加的幅度;功能降低的幅度小于成本增加的幅度;功能提高,成本降低,价值大大提高。

2. 赢得值法

赢得值法(EVM)是一种能全面衡量工程进度、成本状况的整体方法,其基本要素是用货币量代替工程量来测量工程的进度,它不以投入资金的多少来反映工程的进展,而是以资金已经转化为工程成果的量来衡量,可定量判断进度、费用的执行效果,克服进度、费用分开控制的缺点,是实现成本、进度一体化管理的有效方法。

赢得值法的三个基本参数如下:

(1)计划工作预算费用(BCWS),BCWS = 计划工作量 × 预算单价。

(2)已完工作预算费用(BCWP),BCWP=已完成的工作量×预算单价。

(3)已完工作实际费用(ACWP),ACWP=已完成的工作量×实际单价。

赢得值法的四个评价指标如表2-4所示。

表2-4 赢得值法的四个评价指标

指标	公式	代表内容
费用偏差(CV)	CV=BCWP−ACWP	CV<0:执行效果不佳,即实际费用超过预算费用
		CV>0:实际费用低于预算费用,表示有节余或效率高
		CV=0,表示项目按计划执行
进度偏差(SV)	SV=BCWP−BCWS	SV<0:进度延误,即实际进度比计划进度拖后
		SV>0:进度提前,即实际进度比计划进度快
		SV=0,表明进度按计划执行
费用绩效指数(CPI)	CPI=BCWP/ACWP	CPI<1时,超支,即实际费用高于预算费用
		CPI>1时,节支,即实际费用低于预算费用
		CPI=1时,实际费用与预算费用吻合,表明项目费用按计划进行
进度绩效指数(SPI)	SPI=BCWP/BCWS	SPI<1时,进度延误,即实际进度比计划进度拖后
		SPI>1时,进度提前,即实际进度比计划进度快
		SPI=1时,表明进度按计划执行

提示

费用偏差和进度偏差属于绝对偏差,只能用于同一项目的偏差分析;费用绩效指数和进度绩效指数属于相对偏差,可以用于同一项目和不同项目的偏差分析。

典型例题

【单选题】某清单项目计划工程量为300 m^3,预算单价为600元,已完工程量为350 m^3,实际单价为650元。采用赢得值法分析该项目成本正确的是(　　)。

A. 费用节约,进度延误　　B. 费用节约,进度提前

C. 费用超支,进度延误　　D. 费用超支,进度提前

D。【解析】费用偏差(CV)=已完工作预算费用(BCWP)−已完工作实际费用(ACWP)=350×600−350×650=−1.75(万元)<0,表示费用超支。进度偏差(SV)=已完工作预算费用(BCWP)−计划工作预算费用(BCWS)=350×600−300×600=3(万元)>0,表示进度提前。

第七节　施工成本核算、成本分析和成本考核

一、成本核算

施工成本包括施工直接成本和施工间接成本。其中,施工直接成本包括构成工程实体或有助于工程实体形成的人工费、材料费以及施工机具使用费等;施工间接成本包括施工现场管理人员工资、组织施工生产必要的差旅交通费、办公费等不直接用于工程实体或无法直接计入工程对象的费用支出。

成本的核算过程,实际上也是各项成本项目的归集和分配过程。成本的归集是指通过一定的会计制度以有序的方式进行成本数据的收集和汇总,而成本的分配是指将归集的间接成本分配给成本对象的过程,也称间接成本的分摊或分派。

项目管理机构应根据项目成本管理制度明确项目成本核算的原则、范围、程序、方法、内容、责任及要求,健全项目核算台账。

成本核算的对象一般为单位工程,也可根据要求灵活划分成本核算对象。成本核算包括两个基本环节,即:计算实际成本额;计算总成本额和单位成本额。

项目管理机构应按规定的会计周期进行项目成本核算。项目成本核算应坚持形象进度、产值统计、成本归集同步的原则(即三者所依据的工程量是相同的数值)。项目管理机构应编制项目成本报告。

竣工工程现场成本应由项目管理机构进行分析,目的是考核管理绩效;竣工工程完全成本应由企业财务部进行分析,目的是考核企业经营效益。

《企业产品成本核算制度(试行)》中的相关规定:

第二条规定,本制度适用于大中型企业,包括制造业、农业、批发零售业、建筑业、房地产业、采矿业、交通运输业、信息传输业、软件及信息技术服务业、文化业以及其他行业的企业。其他未明确规定的行业比照以上类似行业的规定执行。

本制度不适用于金融保险业的企业。

第三条规定,本制度所称的产品,是指企业日常生产经营活动中持有以备出售的产成品、商品、提供的劳务或服务。

本制度所称的产品成本,是指企业在生产产品过程中所发生的材料费用、职工薪酬等,以及不能直接计入而按一定标准分配计入的各种间接费用。

第七条规定,企业一般应当按月编制产品成本报表,全面反映企业生产成本、成本计划执行情况、产品成本及其变动情况等。

第十二条规定,建筑企业一般按照订立的单项合同确定成本核算对象。单项合同包括建造多项资产的,企业应当按照企业会计准则规定的合同分立原则,确定建造合同的成本核算对象。为建造一项或数项资产而签订一组合同的,按合同合并的原则,确定建造合同的成本核算对象。

第二十五条规定,建筑企业一般设置直接人工、直接材料、机械使用费、其他直接费用和间接费用等成本项目。建筑企业将部分工程分包的,还可以设置分包成本项目。

直接人工,是指按照国家规定支付给施工过程中直接从事建筑安装工程施工的工人以及在施工现场直接为工程制作构件和运料、配料等工人的职工薪酬。

直接材料,是指在施工过程中所耗用的、构成工程实体的材料、结构件、机械配件和有助于工程形成的其他材料以及周转材料的租赁费和摊销等。

机械使用费,是指施工过程中使用自有施工机械所发生的机械使用费,使用外单位施工机械的租赁费,以及按照规定支付的施工机械进出场费等。

其他直接费用,是指施工过程中发生的材料搬运费、材料装卸保管费、燃料动力费、临时设施摊销、生产工具用具使用费、检验试验费、工程定位复测费、工程点交费、场地清理费,以及能够单独区分和可靠计量的为订立建造承包合同而发生的差旅费、投标费等费用。

间接费用,是指企业各施工单位为组织和管理工程施工所发生的费用。

分包成本,是指按照国家规定开展分包,支付给分包单位的工程价款。

链接

根据《企业会计准则第15号——建造合同》,合同成本应当包括从合同签订开始至合同完成止所发生的、与执行合同有关的直接费用和间接费用。合同的直接费用应当包括下列内容:耗用的材料费用;耗用的人工费用;耗用的机械使用费;其他直接费用,指其他可以直接计入合同成本的费用。间接费用是企业下属的施工单位或生产单位为组织和管理施工生产活动所发生的费用。

第四十二条规定,建筑企业发生的有关费用,由某一成本核算对象负担的,应当直接计入成本核算对象成本;由几个成本核算对象共同负担的,应当选择直接费用比例、定额比例和职工薪酬比例等合理的分配标准,分配计入成本核算对象成本。

项目成本核算中,一般综合使用表格核算法和会计核算法两种核算方法,表格核算法主要核算责任成本;会计核算法主要核算项目成本。

二、成本分析

(一)成本分析的依据及内容

1. 成本分析的依据

项目成本分析依据应包括下列内容:

(1)项目成本计划。

(2)项目成本核算资料。

(3)项目的会计核算、统计核算和业务核算的资料。

①会计核算。它以原始会计凭证为基础,借助一定的会计科目,运用货币形式,连续、系统、全面地反映和监督工程项目成本的形成过程及结果。成本核算主要是价值核算。成本核算中的很多综合性数据资料都是由会计核算提供的,而且会计核算有着严格的凭证与审批程序。因此,会计核算在成本核算中,有着很重要的地位。

②统计核算。它是根据大量的调查资料,通过统计、分析和整理,反映和监督工程项目

成本的方法。统计核算中的数据资料可以用货币计量，也可以用实物量、劳动量等计量。它不仅可以反映当前工程项目成本的实际水平、比例关系，而且可以对于未来的发展趋势做出预测。因此，统计核算在成本核算中具有重要意义。

③业务核算。它是通过简单、迅速地提供某项业务活动所需的各种资料，以反映该项业务活动水平的一种方法。例如，某个作业班组的工日、材料、能源的消耗情况等。相比于会计核算和统计核算（一般核算已经发生的经济活动），业务核算的范围更广，不仅可以反映已经发生的情况，而且可以对于尚未或正在发生的事项进行核算，预计其未来的水平。

2. 成本分析的内容

成本分析是利用成本核算资料，对于成本的形成过程及影响成本升降的因素进行系统地分析，以寻找降低成本的有效途径。

根据《建设工程项目管理规范》，成本分析宜包括下列内容：

（1）时间节点成本分析。

（2）工作任务分解单元成本分析。

（3）组织单元成本分析。

（4）单项指标成本分析。

（5）综合项目成本分析。

成本分析是成本核算的延续，其具体内容一般包括以下几个方面：

（1）按项目施工进展进行的成本分析。

①分部分项工程成本分析。它针对已完的分部分项工程，从开工到竣工进行系统的成本分析，是项目成本分析的基础。分析的方法是进行“三算”（预算成本、目标成本、实际成本）对比，预算成本的资料来源是投标报价，目标成本的资料来源是施工预算，实际成本的资料来源是实际工程量、实耗人工、实耗材料。

②月（季）度成本分析。它通过定期的、经常性的过程（中间）成本分析，及时发现问题、解决问题，保证项目成本目标的实现。

③年度成本分析。它可以满足施工企业年度结算、编制年度成本报表的需要，而且可以总结过去、指出未来的管理措施。年度成本分析的具体要求，下面以典型例题的形式进行讲解。

④竣工成本分析。它以项目施工的全过程作为结算期，汇总该工程项目所包含的各个单位工程，并应考虑项目管理机构的经营效益。

典型例题

【单选题】关于施工企业年度成本分析的说法，正确的是（　　）。

A. 一般一年结算一次，可将本年度成本转入下一年

B. 分析的依据是年度成本报表

C. 分析应以本年度开工建设的项目为对象，不含以前年度开工的项目

D. 分析应以本年年度竣工验收的项目为对象，不含本年度未完成的项目

B。【解析】施工企业成本一般一年结算一次，不得将本年度成本转入下一年。年度成本分析的依据是年度成本报表。年度成本分析的内容包括月（季）度成本分析内容，并重点针对下一年度施工进展状况制定成本管理措施，从而保证成本目标的实现。

(2)按项目成本构成进行的成本分析。

①人工费分析。应在执行劳务承包合同的基础上,考虑因工程量增减、奖励等原因引起的其他人工费开支。

②材料费分析。它着重分析主要材料与结构件费用(受消耗数量和价格影响)、周转材料使用费(受材料周转率和损耗率影响)、采购保管费(受材料采购数量影响)、材料储备资金(受材料单价、日平均用量、储备天数影响)等内容。

③机械使用费分析。主要针对项目施工中使用的机械设备,尤其是按使用时间计算费用的设备,分析其完好率、利用率,以实现机械设备的平衡调度。

④其他直接费分析。主要将实际发生数额与预算或计划目标进行比较。

⑤间接费分析。主要将实际发生数额与预算或计划目标进行比较。

(3)按特定事项进行的成本分析。

①成本盈亏异常分析。按照施工形象进度、施工产值统计、实际成本归集"三同步"的原则,彻底查明造成项目成本异常的原因,并采取措施加以纠正。

②工期成本分析。在求出固定费用的基础上,将计划工期内应消耗的计划成本与实际工期内所消耗的实际成本进行对比分析,并分析各种因素变动对于工期成本的影响。

③资金成本分析。一般通过成本支出率,反映成本支出占工程(款)收入的比重,加强资金管理,控制成本支出,并联系储备金和结存资金的比重,分析资金使用的合理性。

④技术组织措施节约效果分析。紧密结合工程项目特点,分析采取措施前后的成本变化,并对影响较大、效果较好的措施进行专题分析。

⑤其他有利因素和不利因素对成本影响的分析。它包括工程结构的复杂性和施工技术的难度,施工现场的自然地理环境,物资供应渠道和技术装备水平等。

(二)成本分析的步骤

成本分析应遵循下列步骤:

(1)选择成本分析方法。

(2)收集成本信息。

(3)进行成本数据处理。

(4)分析成本形成原因。

(5)确定成本结果。

(三)成本分析的方法

成本分析的方法主要包括:

(1)对比法。对比法又称比较法,就是对各经济指标进行对比,检查工程的进度,对进度偏差进行分析,找出产生差异的原因,找到更合理的完成目标的方法。一般采用实际指标与目标指标的对比,本期实际指标和上期实际指标的对比,本项目管理水平与本行业平均水平、先进水平的对比的方法。

(2)连环替代法。连环替代法又称因素分析法或连环置换法。主要用来分析施工中的各种因素对成本的影响。应用连环替代法进行分析时,每次均考虑单一因素变动,然后逐个替换、比较结果。下面以典型例题的形式进行讲解。

典型例题

【单选题】某单位产品1月份成本相关参数如下表所示，用因素分析法计算，单位产品人工消耗量变动对成本的影响是(　　)元。

项目	单位	计划值	实际值
产品产量	件	180	200
单位产品人工消耗量	工日/件	12	11
人工单价	元/工日	100	110

A. -20 000　　B. -18 000

C. -19 800　　D. -22 000

A。【解析】采用因素分析法的具体分析过程见下表，分析时替代顺序应先实物量、后价值量，先绝对值、后相对值。

项目	产量/件	人工消耗量/（工日/件）	人工单价/（元/工日）	成本/元	偏差/元	原因分析
计划值	180	12	100	180×12×100=216 000	—	—
第一次替代	200	12	100	200×12×100=240 000	24 000	由于产量增加20件，成本增加24 000元
第二次替代	200	11	100	200×11×100=220 000	-20 000	由于人工消耗量降低1工日/件，成本减少20 000元
第三次替代	200	11	110	200×11×110=242 000	22 000	由于人工单价增加10元/工日，成本增加22 000元

(3)差额计算法。差额计算法也称绝对分析法，是连环替代法的特殊形式，是利用各个因素的比较值与基准值之间的差额，来计算各因素对分析指标的影响。

(4)比率法。比率法是指用两个以上的指标的比例进行分析的方法。比率法包括动态比率法、相关比率法和构成比率法。其中，动态比率法可以用于分析某项成本指标发展方向和发展速度，可采用环比指数法和基期指数法进行计算；相关比率法可以用于考察项目经营成果的好坏；构成比率法可以通过计算材料成本及其占总成本的比重以判定材料成本的合理性。

(四)成本偏差分析的方法

1. 赢得值曲线法

根据《建设项目工程总承包管理规范》，采用赢得值管理技术对项目的费用、进度综合控制，可以克服过去费用、进度分开控制的缺点：即当费用超支时，很难判断是由于费用超出预算，还是由于进度提前；当费用低于预算时，很难判断是由于费用节省，还是由于进度拖延。引入赢得值管理技术即可定量地判断进度、费用的执行效果。

在项目实施过程中，BCWS、BCWP、ACWP三个参数可以形成三条曲线，即BCWS、BCWP、ACWP曲线，如图2-11所示。

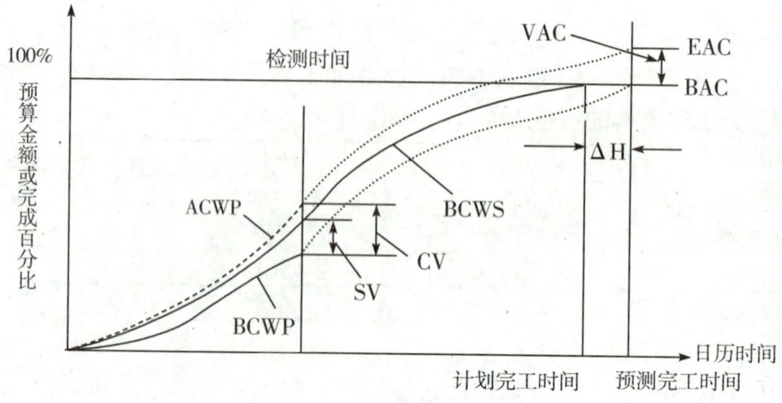

图 2-11　赢得值曲线

图 2-11 中：CV = BCWP - ACWP，由于两项参数均以已完工作为计算基准，所以两项参数之差，反映项目进展的费用偏差。CV = 0，表示实际消耗费用与预算费用相符；CV > 0，表示实际消耗费用低于预算费用；CV < 0，表示实际消耗费用高于预算费用，即超预算。

SV = BCWP - BCWS，由于两项参数均以预算值作为计算基准，所以两者之差，反映项目进展的进度偏差。SV = 0，表示实际进度符合计划进度；SV > 0，表示实际进度比计划进度提前；SV < 0，表示实际进度比计划进度拖后。

采用赢得值管理技术进行费用、进度综合控制，还可以根据当前的进度、费用偏差情况，通过原因分析，对趋势进行预测，预测项目结束时的进度、费用情况。

BAC（budget at completion）为项目完工预算；EAC（estimate at completion）为预测的项目完工估算；VAC（variance at completion）为预测项目完工时的费用偏差。

VAC = BAC - EAC。

链接

费用偏差产生的原因有很多，包括业主原因、设计原因、施工原因、物价上涨以及一些客观原因等。其中，业主原因包括施工场地提供不及时、相关手续办理不及时、投资规划欠妥当、组织协调能力差、工作内容增加等；设计原因包括图纸提供不及时、设计标准变化以及设计出现漏项、错误等；施工原因包括施工工期受阻、施工方案不合理、施工材料使用不合理、加快进度等；物价上涨包括人、材、机以及利率的变化；客观原因包括气候等自然因素、国家法律法规政策的变化、地基基础的处理、社会动荡等社会原因。

2. 表格法

表格法是指充分利用各类办公软件的表格功能，将成本项目编码、费用指标和偏差数值汇总到表格中，对各项数据进行运算对比，进行偏差分析的一种常用方法。其反映的信息量大，可利用计算机进行表格处理，使用较方便、灵活，且适用性强。

3. 横道图法

横道图法比较简单、直观、形象，其反映的信息比较少，主要反映局部偏差和累计偏差，因此具有一定的局限性，通常应用在项目的较高管理层。但其可以准确表达出费用的绝对偏差，可以直观表达出偏差的严重性。

三、成本考核

根据《建设工程项目管理规范》，组织应根据项目成本管理制度，确定项目成本考核目的、时间、范围、对象、方式、依据、指标、组织领导、评价与奖惩原则。

组织应以项目成本降低额、项目成本降低率作为对项目管理机构成本考核主要指标。组织应对项目管理机构的成本和效益进行全面评价、考核与奖惩。项目管理机构应根据项目管理成本考核结果对相关人员进行奖惩。

链接

根据《住房和城乡建设部办公厅关于印发工程造价改革工作方案的通知》，工程造价改革工作方案的总体思路中，应坚持市场在资源配置中起决定性作用，正确处理政府与市场的关系，通过改进工程计量和计价规则、完善工程计价依据发布机制、加强工程造价数据积累、强化建设单位造价管控责任、严格施工合同履约管理等措施，推行清单计量、市场询价、自主报价、竞争定价的工程计价方式，进一步完善工程造价市场形成机制。工作造价改革工作的主要任务包括：改进工程计量和计价规则；完善工程计价依据发布机制；加强工程造价数据积累；强化建设单位造价管控责任；严格施工合同履约管理。

第三章 施工进度管理

第一节 建设工程项目进度控制的目标和任务

一、进度管理概述

进度管理是指为实现项目的进度目标而进行的计划、组织、指挥、协调和控制等活动。

(一)进度管理的主要任务

项目进度管理的主要任务包括以下几个方面:

(1)建立专门的工程项目进度管理组织,负责工程项目进度管理工作。

(2)制定、完善工程项目进度管理制度。

(3)编制工程实施进度计划,保证工程建设进度目标的实现。

(4)工程项目建设的进度控制,经常检查实际进度是否符合工程实施进度计划的要求。

(5)工程项目进度管理的工作总结,为今后的工程项目进度管理工作积累经验,不断提高工程项目管理团队的管理水平。

(二)进度管理的程序

组织应建立项目进度管理制度,明确进度管理程序,规定进度管理职责及工作要求。项目进度管理应遵循的程序为:编制进度计划→进度计划交底,落实管理责任→实施进度计划→进行进度控制和变更管理。

1.进度计划

项目进度计划编制依据应包括下列主要内容:

(1)合同文件和相关要求。

(2)项目管理规划文件。

(3)资源条件、内部与外部约束条件。

组织应提出项目控制性进度计划。项目管理机构应根据组织的控制性进度计划,编制项目的作业性进度计划。各类进度计划应包括编制说明、进度安排、资源需求计划、进度保证措施。

项目进度计划应按有关规定经批准后实施。项目进度计划实施前,应由负责人向执行者交底、落实进度责任;进度计划执行者应制定实施计划的措施。

2. 进度控制

项目进度控制应遵循下列步骤：

(1)熟悉进度计划的目标、顺序、步骤、数量、时间和技术要求。

(2)实施跟踪检查，进行数据记录与统计。

(3)将实际数据与计划目标对照，分析计划执行情况。

(4)采取纠偏措施，确保各项计划目标实现。

项目管理机构应按规定的统计周期，检查进度计划并保存相关记录。进度计划检查后，项目管理机构应编制进度管理报告并向相关方发布。

建设工程项目各参与方的进度控制任务均不同。对于业主而言，其任务主要是控制整个项目实施阶段(如设计准备阶段、设计阶段、施工阶段、物资采购阶段、项目动用前准备阶段)的进度；对于施工方而言，其任务主要是根据施工任务委托合同进行施工工作进度的控制；对于设计方而言，其任务主要是根据设计任务委托合同进行设计工作进度的控制(设计进度计划主要是确定各设计阶段的出图计划)；对于供货方而言，其任务主要是根据供货合同进行供货工作进度的控制。

3. 进度变更管理

项目管理机构应根据进度管理报告提供的信息，纠正进度计划执行中的偏差，对进度计划进行变更调整。当采取措施后仍不能实现原目标时，项目管理机构应变更进度计划，并报原计划审批部门批准。

进度计划变更可包括下列内容：

(1)工程量或工作量。

(2)工作的起止时间。

(3)工作关系。

(4)资源供应。

项目管理机构进度计划的变更控制应符合下列规定：

(1)调整相关资源供应计划，并与相关方进行沟通。

(2)变更计划的实施应与组织管理规定及相关合同要求一致。

二、项目总进度目标

项目总进度目标指的是整个建设工程项目的进度目标。项目总进度目标在决策阶段确定，在实施阶段进行控制，控制责任者是业主方(建设项目总承包模式——建设项目总承包方协助业主方)。

项目总进度目标控制前，应先分析、论证目标实现的可能性，若不能实现，需提出调整建议，请决策者审议。项目总进度目标论证的核心工作是通过编制总进度纲要论证总进度目标实现的可能性。

项目总进度的内容，按项目时间阶段进行划分，如表 3-1 所示。

表 3-1　项目总进度的内容

项目	内容
项目总进度的内容	设计前准备阶段的工作进度
	设计阶段的工作进度
	招标阶段的工作进度
	施工前准备阶段的工作进度
	施工、设备安装阶段的工作进度
	物资采购阶段的工作进度
	动用前准备阶段的工作进度

专家解读

项目总进度的划分阶段应与实施阶段的五小阶段进行区分，无保修阶段。

项目总进度纲要的主要内容，如表 3-2 所示。

表 3-2　项目总进度纲要的主要内容

项目	内容
项目总进度纲要的主要内容	项目实施总体部署
	项目总进度规划
	项目各子系统进度规划
	里程碑事件计划进度目标的确定
	实现总进度目标的条件和措施

专家解读

项目总进度纲要的主要内容可概括为“3 总 +1 子 +1 里程碑”，主要是整个项目进度原则性规定，不包括设计、施工具体工作安排。

总进度目标的论证不仅仅需要编制总进度规划，还包含工程实施中的条件分析和策划等方面的内容。总进度目标的论证步骤如下：

(1) 调查研究、收集资料。

(2) 分析项目结构。

(3) 分析进度计划系统结构。

(4) 确定工作编码。

(5) 编制各层进度计划。

(6) 协调各层关系、编制总进度计划。

(7) 调整不符合项目的进度目标。

(8)无法实现目标,报告决策者。

专家解读

上述重要五大步,即核心步骤分别是(2)(3)(4)(5)(6),它们具体是:2个结构分析、1个编码和2个进度计划。它们基本遵循如下原则:先项目后进度、先分析后编码、先各层后总体。

链接

调查研究、收集资料包括如下工作:了解和收集项目决策阶段有关项目进度目标确定的情况和资料;收集与进度有关的该项目组织、管理、经济和技术资料;收集类似项目的进度资料;了解和调查该项目的总体部署;了解和调查该项目实施的主客观条件等。

三、项目进度计划系统

项目进度计划系统是一个逐步形成的过程,是进度控制的依据。项目进度计划系统的建立和完善是逐步形成的过程,而不是在某阶段前必须形成的。业主方和项目各参与方可根据需要和用途编制多个不同的进度计划系统。代表不同方利益的进度控制任务,其目标和时间范畴不同。

进度计划系统由多个不同、但相互关联的进度计划组成,具体分类如表3-3所示。

表3-3 进度计划系统的分类

分类	内容	内部关系
不同深度	(1)准备工作计划。 (2)总进度计划。 (3)子系统进度计划。 (4)单项工程进度计划	联系与协调
不同功能	(1)控制性进度计划。 (2)指导性进度计划。 (3)实施性(操作性)进度计划	联系与协调
不同项目参与方	(1)(业主方)项目总进度计划。 (2)设计进度计划。 (3)监理进度计划。 (4)施工和设备安装进度计划。 (5)采购和供货进度计划	联系与协调
不同周期	(1)长期建设进度计划。 (2)年度计划。 (3)季度计划。 (4)月度计划。 (5)旬计划	联系与协调

第二节　施工进度计划的类型及其作用

一、施工企业的施工生产计划和建设工程项目施工进度计划的比较

施工企业的施工生产计划和建设工程项目施工进度计划的比较，如表 3-4 所示。

表 3-4　施工企业的施工生产计划和建设工程项目施工进度计划的比较

类型	施工企业的施工生产计划	建设工程项目施工进度计划
系统	以施工企业为系统	以建设工程项目的施工为系统
范畴	企业计划的范畴	工程项目管理的范畴
编制计划	编年、季、月、旬生产计划	总进度方案、总进度规划、总进度计划（小型项目）
		子项目施工进度计划、单体工程施工进度计划
		项目年、季、月度施工计划和项目旬作业计划
二者的关系	紧密相关	

二、建设工程项目施工进度计划按功能不同进行划分

（一）控制性施工进度计划

控制性施工进度计划是整个项目施工进度控制的纲领性文件。控制性施工进度计划作为进度控制的依据，主要是通过编制进度计划，对施工合同中约定的施工进度目标进行再论证，然后分解进度目标，确定施工的总体部署，并确定施工控制节点的进度目标（或里程碑事件的进度目标），从而实现施工进度目标。

控制性施工进度计划的类型有项目总进度计划、项目总进度规划等。控制性施工进度计划的主要作用有：论证、分解施工总进度目标；确定施工的总体部署及里程碑事件的进度目标；作为进度控制、实施性进度计划及其他进度计划编制的依据。

典型例题

【多选题】编制控制性施工进度计划的目的有（　　）。

A. 对施工进度目标进行再论证　　B. 确定施工的总体部署

C. 对进度目标进行分解　　D. 确定控制节点的进度目标

E. 确定施工机械的需求

ABCD。【解析】编制控制性施工进度计划的主要目的是对施工合同中约定的施工进度目标进行再论证，然后分解施工进度目标，确定施工的总体部署，并确定施工控制节点的进度目标（或里程碑事件的进度目标），从而实现施工进度目标。

（二）指导性施工进度计划

指导性施工进度计划与控制性施工进度计划的界限不是很明确。两种施工进度计划中，一般大型、特大型建设工程项目会编制控制性施工进度计划和指导性施工进度计划；小型建设工程项目一般只编制控制性施工进度计划。

（三）实施性施工进度计划

实施性施工进度计划属于具体施工组织作业文件，用于直接组织施工作业，如某构件制作计划、月度施工计划、旬施工作业计划等。实施性施工进度计划的作用是明确施工作业的具体安排，并确定相应时间段内人、材、机及资金的需求。

第三节　施工进度计划的编制方法

一、横道图

横道图（又称甘特图）是一种图和表相结合的进度计划表现形式，工程活动的时间用表格形式在图的上方呈横向排列，工程活动的具体内容则用表格形式在图的左侧纵向排列（排列顺序可按项目对象、时间先后、责任、同类资源等进行），图的主体部分以横道（进度线）表示工程活动从开始到结束的时间，横道所对应的位置与时间坐标相对应，横道的长短表示工程活动持续时间的长短。目前在建设工程领域中，横道图的应用非常普遍。横道图的示例如图 3-1 所示。

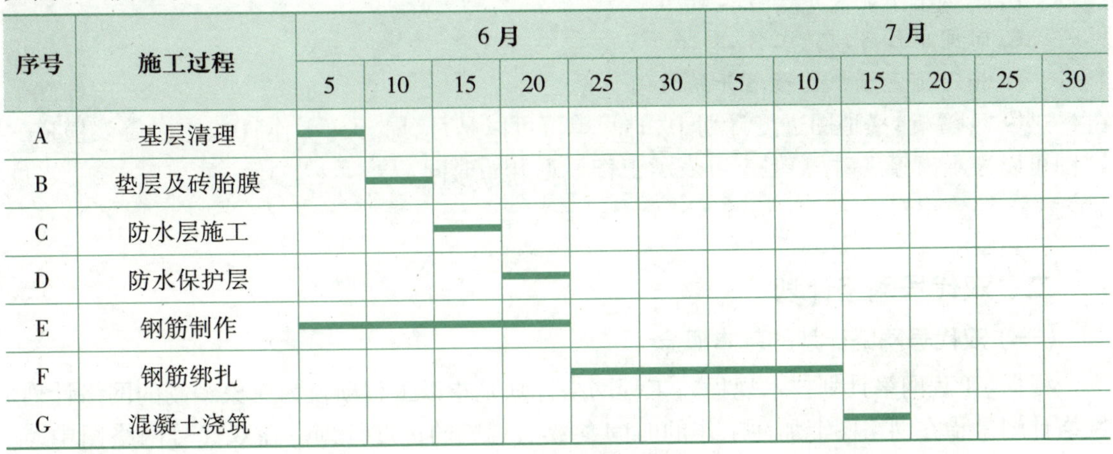

图 3-1　横道图的示例

（一）横道图的编制程序

横道图的编制程序如下：

（1）将构成整个工程的全部分项工程纵向排列并填入表中。

（2）用横轴表示可能需要的工期。分别计算所有分项工程施工所需要的时间，时间单位可以是月、周、天（工作日）、小时等。

(3)如果在工期内完成整个工程，则将第(2)步所计算出来的各分项工程所需工期安排在图表上，编排出日程表。

(二)横道图的特点

横道图的特点包括：最简单并运用最广，可直接用于一些简单的、小规模的项目；可以将工作的简要说明放在横道上，一行可表达多项工作；可用于项目初期计划。

(三)横道图的优缺点

横道图的优缺点，如表 3-5 所示。

表 3-5　横道图的优缺点

优点	缺点
(1)表达较直观、简单、易懂。 (2)制作简单，使用方便，各个层次的人员均可掌握并运用。 (3)能清楚地表示工程施工的开始时间、持续时间和结束时间。 (4)不仅可以表示进度计划，还可以与劳动力计划、物资计划、资金计划等结合使用	(1)不易表达清楚工作间的逻辑关系。 (2)所表达的信息量较少，不能反映工作的机动时间，也不能确定关键线路、关键工作。 (3)由于需要手工进行编制、调整，对于较大的进度计划较难实现。 (4)不能用计算机处理

典型例题

【单选题】关于横道图进度计划中有关时间表示的说法，正确的是(　　)。

A. 最小的时间单位是天

B. 横道图不能表示出停工时间

C. 时间单位可以是工作日

D. 横道可表示工作最迟开始时间

C。【解析】横道图进度计划中，时间单位可以是月、周、天(工作日)、小时等。横道图可以表示出停工时间，但不可表示工作最迟开始时间。

二、双代号网络计划

(一)双代号网络计划的基本概念

根据《工程网络计划技术规程》，工程网络计划是指以工程项目为对象编制的网络计划。网络计划是指在网络图上加注工作的时间参数而编成的进度计划。在双代号网络图中，工作用一根箭线及其两端节点的编号来表示。工作的名称写在箭线的上面，完成工作所需要的时间写在箭线的下面，箭尾表示工作开始，箭头表示工作结束。圆圈中的两个号码用来代表这项工作的开始和完成，如图 3-2 所示。

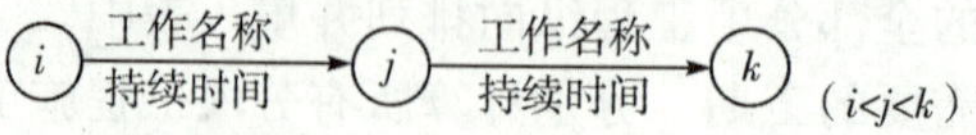

图 3-2

（二）双代号网络图的组成要素

双代号网络图是以箭线及其两端节点的编号表示工作的网络图，如图 3-3 所示。

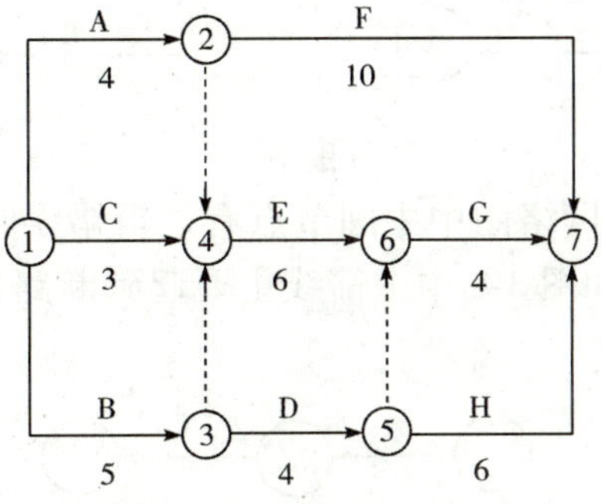

图 3-3　双代号网络图

1. 箭线

箭线指网络图中一端带箭头的实线或虚线，包括实箭线和虚箭线。箭线应画成水平直线、垂直直线或折线，水平直线投影的方向应自左向右。

（1）实箭线：代表实工作（如图 3-4 所示），既占用时间，多数又消耗资源。

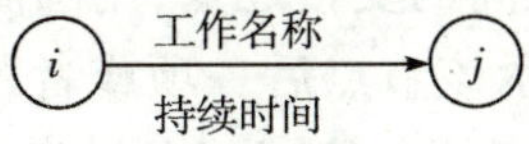

图 3-4

（2）虚箭线：代表虚工作（如图 3-5 所示），既不占用时间，又不消耗资源。虚箭线是表示一项不存在的虚设工作，正确表达工作之间的逻辑关系，其作用是表达工作之间的联系、区分和断路。

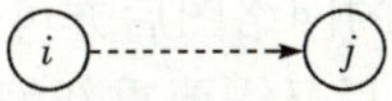

图 3-5

虚工作的作用：

①联系作用，即应用虚工作正确表达工作之间的工艺联系和组织联系的作用。如图 3-6 中虚箭线③→④，表达了工作 B 与工作 E 之间的联系，即工作 B 结束之后才能进行工作 E。

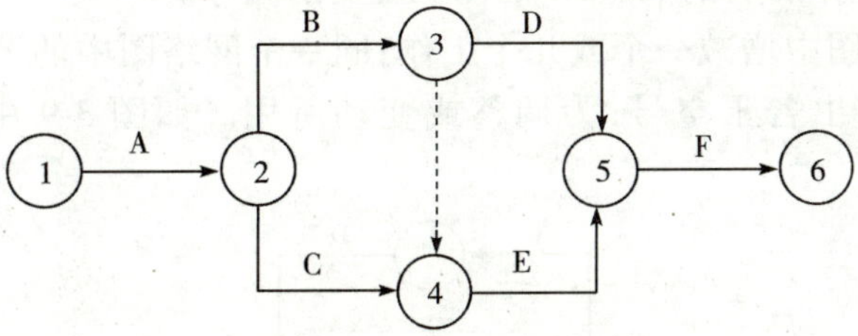

图 3-6

②区分作用，即双代号网络图中应用两个代号表示一项工作，若两项工作用同一代号就应用虚工作加以区分。如图 3-7 中虚箭线②→③，用以区分工作 A 和工作 B。

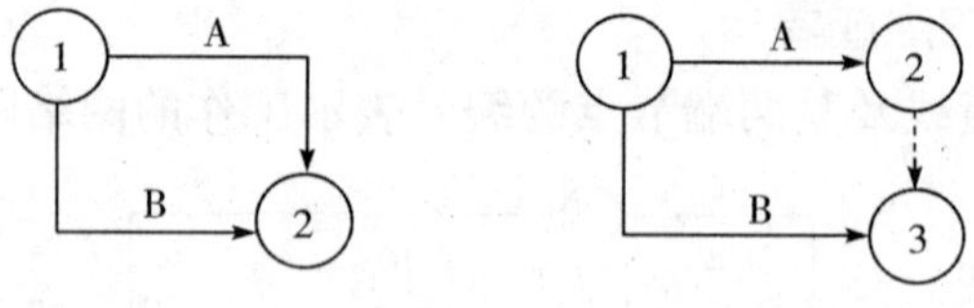

图 3-7

③断路作用，即当双代号网络图中中间节点有逻辑错误时，应用虚工作断路，从而能正确表达工作间的逻辑关系。如图 3-8 中虚箭线主要起到断路作用，来表示工作 A，B 均结束后进行工作 D。

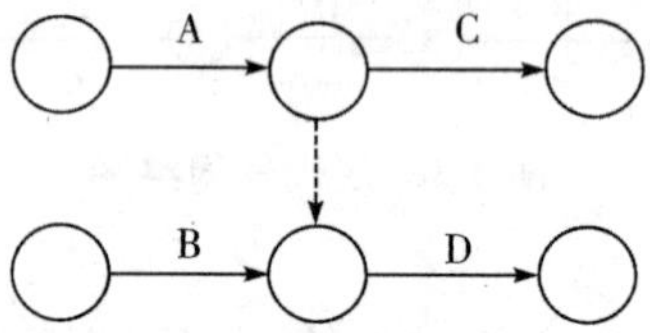

图 3-8

2. 节点

节点是双代号网络图中工作之间的交接之点，用圆圈表示。节点一般表示该节点前一项或若干项工作的结束，同时也表示该节点后一项或者若干项工作的开始。在双代号网络图中，节点包含起始节点（一个，只有外向箭线）、中间节点（很多，有外向箭线和内向箭线）、终点节点（一个，只有内向箭线）三种类型。

3. 网络图的编号

为了便于计算网络图的时间参数和检查调整网络图，在图中每一个节点都应有自己的编号。网络图的编号要在绘制好正确的网络图后方可进行，不要一边绘制网络图一边编号，否则当发现需要增加某些工作（箭线）后又需要重新编号。

网络图节点编号应遵循的两条规则：

（1）从起始节点到终点节点，编号由小到大，一根箭线的箭头节点的编号必须大于箭尾节点的编号。节点编号的方法可根据节点编号的方向不同分为沿水平方向编号和沿垂直方向编号。

（2）同一个网络图中所有的节点，不能出现重复的编号。

为了便于在网络图中增减一个或几个工作，同一个网络图中的节点编号无须连续，可每隔一个网络区段留出若干空号，为调整或变动所用。如图 3-9 中节点编号缺少了④⑤⑥。

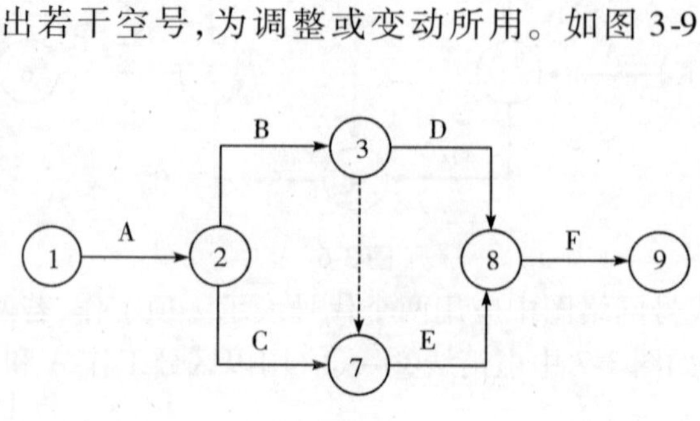

图 3-9

4. 线路

线路是指网络图中从起始节点开始，沿箭线方向连续通过一系列箭线（或虚箭线）与节点，最后达到终点节点所经过的通路。一般情况下，网络图中有多条线路，可依次用该线路上的节点代号来表示。线路长度是该线路上各项工作持续时间之和。

注意：工作持续时间之和最长者为关键线路，且至少有一条。如图 3-10 中，工作持续时间之和最长的线路有 2 条，即为①→③→④→⑥→⑦和①→③→⑤→⑦，则此网络图中有 2 条关键线路。

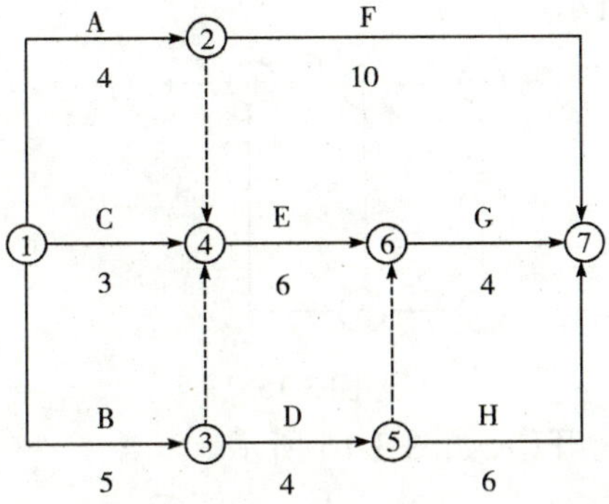

图 3-10

关键线路在网络图中也不是一成不变的，当项目在实施过程中采用与计划不同的技术或组织措施，缩短了关键线路上某些工作的持续时间时，关键线路就可能变成非关键线路。

5. 逻辑关系

（1）工作 A 完成后进行工作 B 和工作 C，如图 3-11 所示（图中只代表工作间逻辑关系，并不代表完整的网络图，下同）。

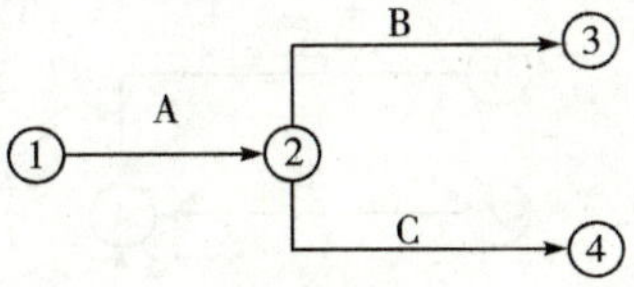

图 3-11

（2）工作 A，B 均完成后进行工作 C，如图 3-12 所示。

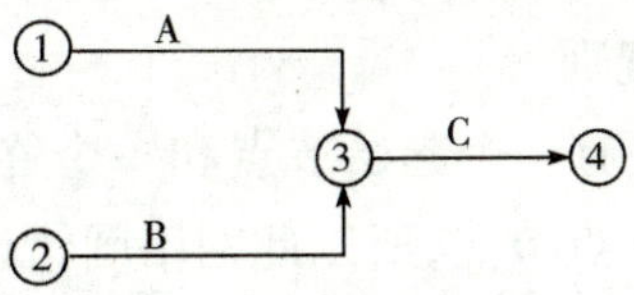

图 3-12

（3）工作 A，B 均完成后同时进行工作 C 和工作 D，如图 3-13 所示。

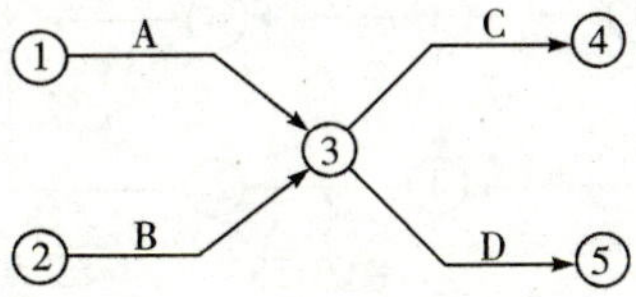

图 3-13

(4)工作 A 完成后进行工作 C,工作 A,B 均完成后进行工作 D,如图 3-14 所示。

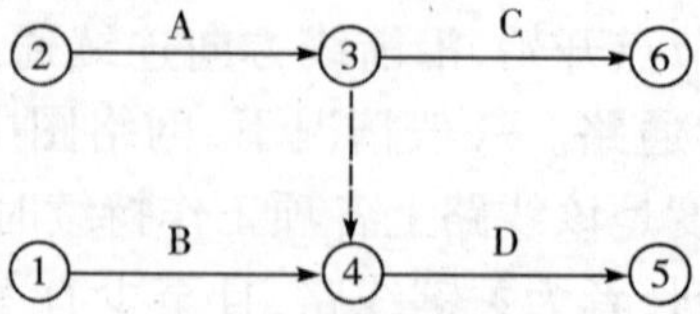

图 3-14

(5)工作 A,B 均完成后进行工作 D,工作 A,B,C 均完成后进行工作 E,工作 D,E 均完成后进行工作 F,如图 3-15 所示。

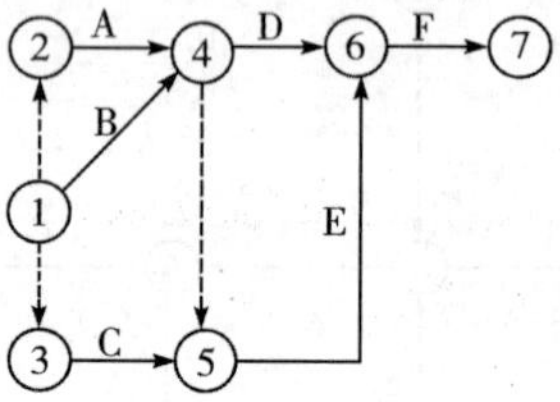

图 3-15

(6)A,B,C 三项工作同时开始,如图 3-16 所示。

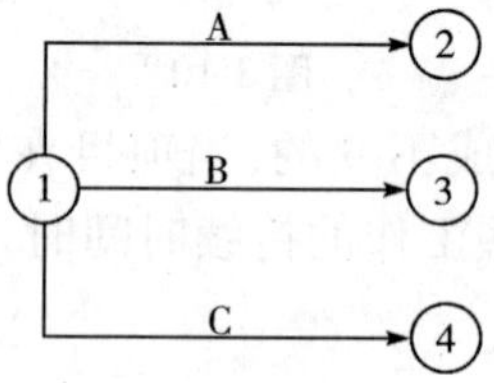

图 3-16

(7)A,B,C 三项工作同时结束,如图 3-17 所示。

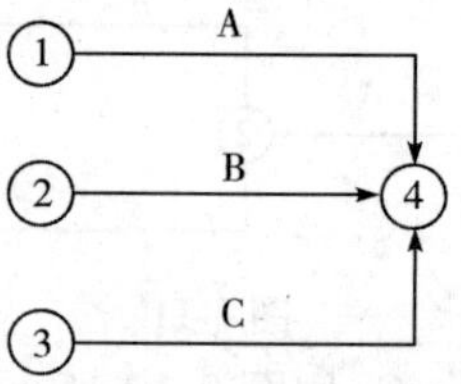

图 3-17

(三)双代号网络图的绘图规则

(1)在一个网络图中,只允许有一个起始节点和一个终点节点,其他所有节点均是中间节点。如图 3-18 中有⑦⑧两个终点节点,所以此网络图错误。

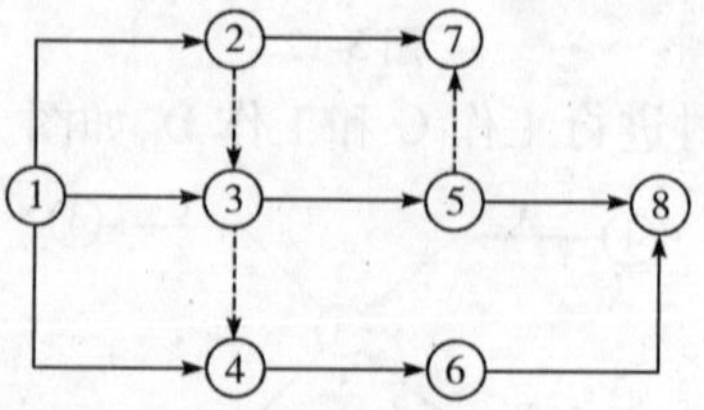
图 3-18

(2)在一个网络图中,不允许出现闭合回路(循环回路)。一般网络图中,若有指向左边的箭头,就有可能存在闭合回路;若没有指向左边的箭头,则一定没有循环回路。如图3-19中,②→③→⑤组成了闭合回路,出现违背逻辑关系的错误。

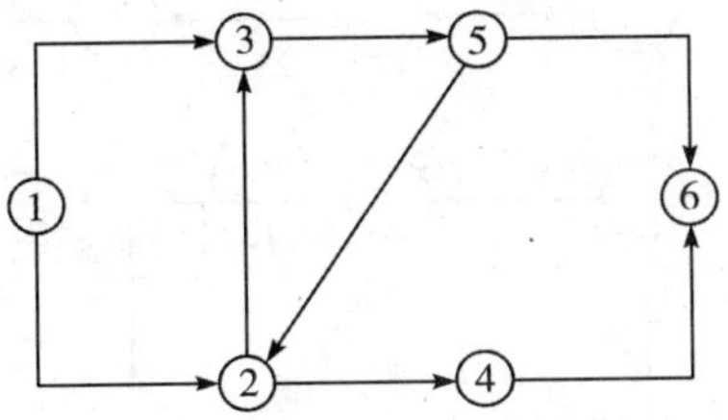

图 3-19

(3)在网络图中不允许出现有双向箭头的箭线或无箭头的线段。网络图是一种有向图,是沿着箭头指引方向前进的。图3-20中双向箭头和无箭头均错误。

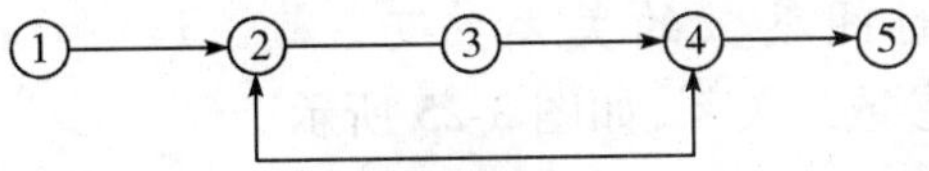

图 3-20

(4)网络图中,严禁在箭线上引入或引出箭线。图3-21均错误。

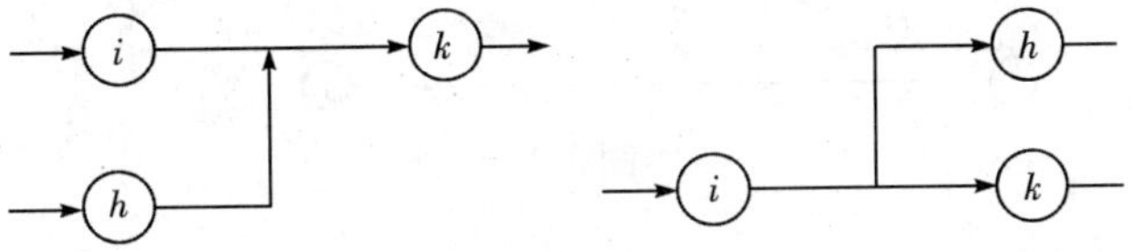

图 3-21

(5)网络图中,不允许出现编号相同的节点或工作。图3-22左侧错误,右侧正确。

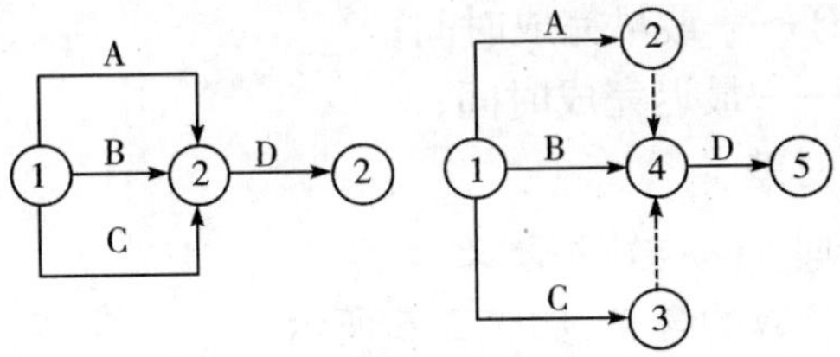

图 3-22

(6)网络图中,箭线不宜交叉;不可避免时,可用过桥法或指向法,如图3-23所示。

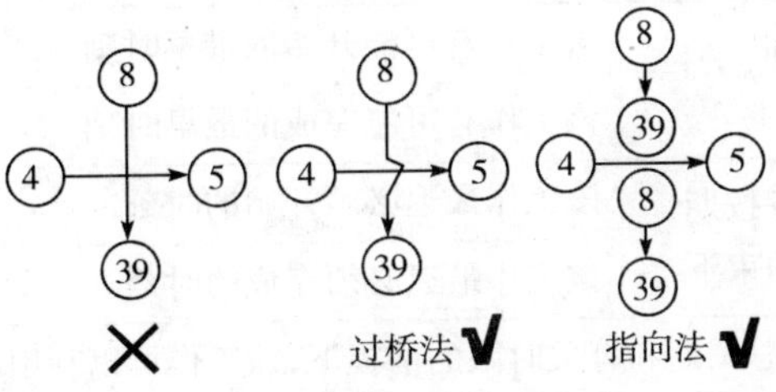

图 3-23

(7)正确应用虚箭线,力求减少不必要的虚箭线,如图3-24所示。

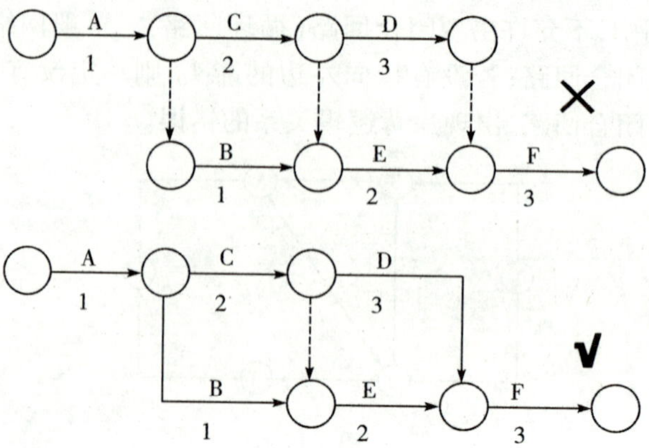

图 3-24

（四）双代号网络计划的时间参数

1. 双代号网络计划时间参数的关系

双代号网络计划时间参数的关系，如图 3-25 所示。

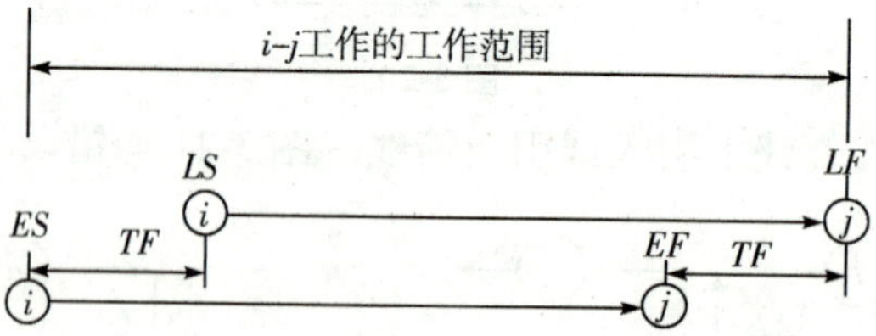

图 3-25

图 3-25 中：

ES（earliest start time）——最早开始时间；

LS（latest start time）——最迟开始时间；

EF（earliest finish time）——最早完成时间；

LF（latest finish time）——最迟完成时间；

TF（total float）——总时差。

2. 双代号网络计划时间参数的含义

双代号网络计划时间参数的含义，如表 3-6 所示。

表 3-6　双代号网络计划时间参数的含义

参数	含义	
ES	在紧前工作和有关时限约束下	该工作有可能开始的最早时刻
EF		该工作有可能完成的最早时刻
LS	在不影响整个任务按期完成和有关时限约束下	该工作最迟必须开始的时刻
LF		该工作最迟必须完成的时刻
TF	总时差，即在不影响总工期和有关时限的前提下，该工作可以利用的机动时间	
FF	自由时差，即在不影响其紧后工作最早开始和有关时限的前提下，该工作可以利用的机动时间	

（续表）

参数	含义
D	指一项工作从开始到完成的时间
T_c	根据网络计划时间参数计算而得出的工期，即计算工期
T_r	任务委托人所提出的指令性工期，即要求工期
T_p	在要求工期和计算工期的基础上综合考虑需要和可能而确定的工期，即计划工期

链接

根据《工程网络计划技术规程》，紧前工作是指紧排在本工作之前的工作；紧后工作是指紧排在本工作之后的工作。

3. 双代号网络计划时间参数的计算

双代号网络计划时间参数的计算，如表 3-7 所示。

表 3-7　双代号网络计划时间参数的计算

参数	计算方法	
ES	起点节点	$ES=0$
	其他节点	$ES=$ 其紧前工作的 EF
		若有多个紧前工作，$ES=\max\{$所有紧前工作的 $EF\}$，如例(1)所示
	计算的顺序	应顺着箭头方向递推计算，即从起点节点的工作开始到终点节点的工作结束
EF	$EF=ES+D$	
LS	$LS=LF-D$	
LF	终点节点	$LF=T_p$（计划工期），一般取 $T_p=T_c$（T_c 为计算工期，等于终点节点工作 EF 的最大值）
	其他节点	$LF=$ 其紧后工作的 LS
		若有多个紧后工作，则 $LF=\min\{$所有紧后工作的 $LS\}$，如例(2)所示
	计算的顺序	应逆着箭头方向递推计算，即从终点节点的工作开始到起点节点的工作结束
TF	$TF=LF-EF$	
	$TF=LS-ES$	
FF	终点节点	$FF=T_p-EF$
	其他节点	$FF=$ 其紧后工作的 $ES-$ 本工作的 EF
		若有多个紧后工作，$FF=\min\{$其紧后工作的 $ES\}-$ 本工作的 EF，如例(3)所示

例(1)：若有多个紧前工作，则 ES 取所有紧前工作最早完成时间的最大值，如图 3-26 所示，工作 A，B 为工作 C 的紧前工作。

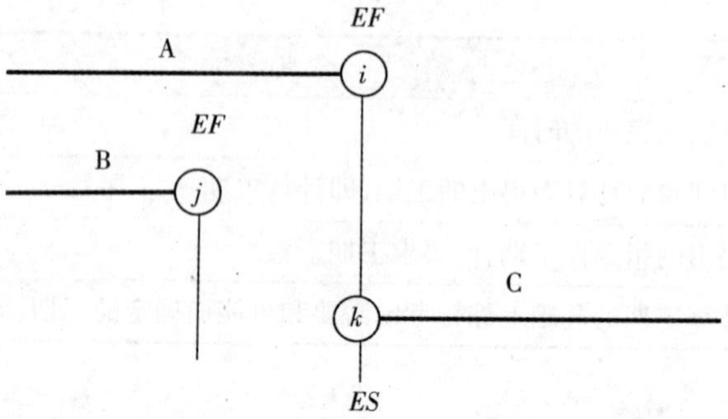

图 3-26

例(2):若有多个紧后工作,则 *LF* 取所有紧后工作最迟开始时间的最小值,如图 3-27 所示,工作 B,C 为工作 A 的紧后工作。

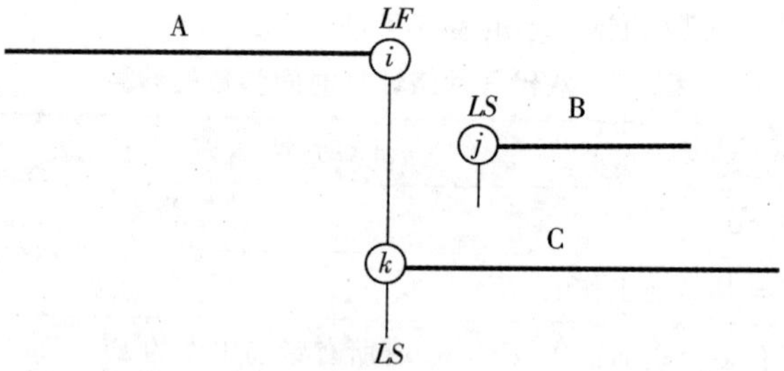

图 3-27

例(3):若有多个紧后工作,则 *FF* = 所有紧后工作最早开始时间的最小值 - 其最早完成时间,如图 3-28 所示,工作 B,C 为工作 A 的紧后工作。

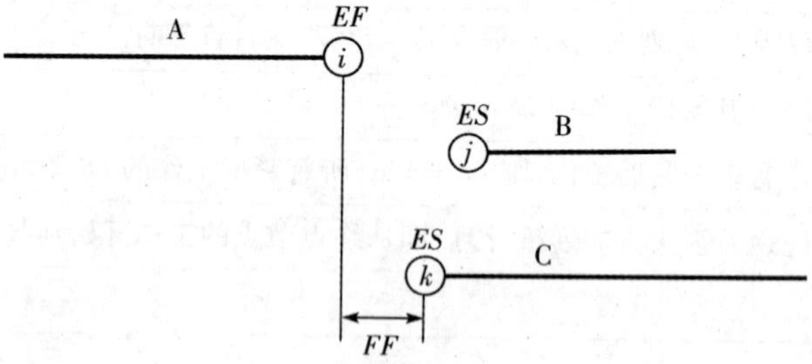

图 3-28

4. 在双代号网络图上标注时间参数

将六个工作时间参数计算出来后,按照图 3-29 的标注内容在各个工作上进行标注,称为六时标注法。

ES	*LS*	*TF*
EF	*LF*	*FF*

图 3-29

以图 3-30 为例：

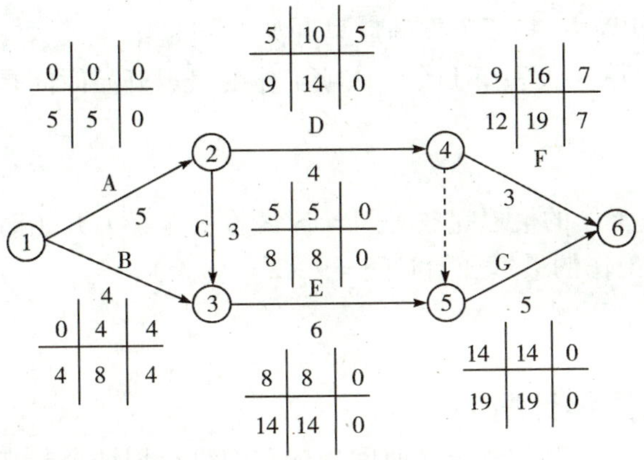

图 3-30

专家解读

“六时标注法”的计算原理：

ES，EF：定头算尾、顺加取大，得 T_c。

LS，LF：根据 T_p，定尾算头、逆减取小。

TF：$LS-ES$；$LF-EF$。

FF：紧后工作的 ES（如有多个取最小）减本工作 EF。

5. 双代号网络计划的关键工作

网络计划中总时差最小的工作是关键工作。具体情况如表 3-8 所示。

表 3-8 关键工作的判别条件

情况	判别条件
$T_p = T_c$	总时差为零的工作是关键工作
$T_p > T_c$	总时差最小的工作是关键工作

6. 双代号网络计划的关键线路

自始至终全部由关键工作组成或者网络图中工期最长的线路为关键线路。关键线路具有以下特点：

(1)关键线路的总持续时间，代表整个网络图的计划总工期，延长关键线路上任何工作的作业时间都会导致整个总工期的延长。

(2)在同一个网络图中，至少存在一条关键线路。

(3)缩短某些关键工作的作业时间，都有可能将关键线路转化为非关键线路。

链接

根据《工程网络计划技术规程》，关键线路宜用粗线、双线或彩线标注；当不需要计算各项工作的时间参数，只确定网络计划的计算工期或关键线路时，可采用节点标号法，计算出各节点的最早时间，从而快速确定计算工期和关键线路。

典型例题

【单选题】网络计划中，某项工作的最早开始时间是第 4 天，持续 2 天，两项紧后工作的最迟开始时间是第 9 天和第 11 天，该项工作的最迟开始时间是第(　　)天。

A. 6　　　　B. 7

C. 8　　　　D. 9

B。【解析】该项工作的最迟完成时间 = 各紧后工作最迟开始时间的最小值 − 该工作的持续时间，故该工作的最迟开始时间 = 9 − 2 = 7(天)。

三、双代号时标网络计划

双代号时标网络计划是利用横道图时间坐标和网络计划结合起来应用的一种网络计划方法，即以时间坐标单位为尺度，表示箭线长度的双代号网络计划。双代号时标网络计划简称时标网络计划，如图 3-31 所示。

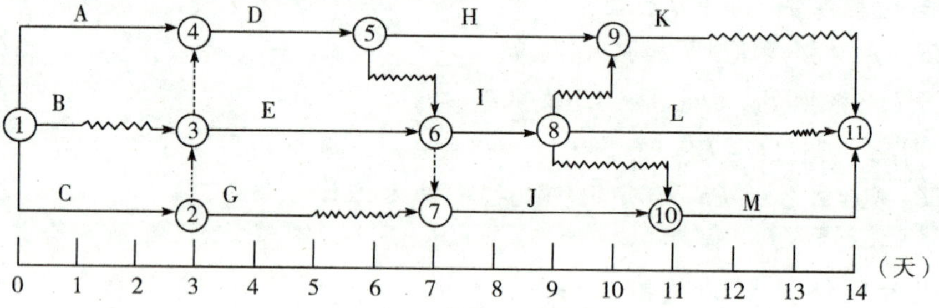

图 3-31　双代号时标网络计划

(一)双代号时标网络计划中的相关含义

双代号时标网络计划中的相关含义，如表 3-9 所示。

表 3-9　双代号时标网络计划中的相关含义

类别	含义	说明
实箭线	实工作	应水平画，其水平投影长度表示该工作的持续时间
虚箭线	虚工作	应垂直画，虚工作持续时间为零，其波形线应水平画
波形线	工作的自由时差	表示工作或线路的机动时间
关键线路	逆着箭线方向没有波形线的线路	判断关键工作

(二)双代号时标网络计划的编制

根据《工程网络计划技术规程》，双代号时标网络计划编制的要求如下：

(1)双代号时标网络计划可按最早时间编制，也可按最迟时间编制，一般安排计划宜早不宜迟，因此通常是采用按最早时间编制的方法。

(2)编制双代号时标网络计划之前，应先按已确定的时间单位绘出时标计划表。时标可标注在时标计划表的顶部或底部。时标的长度单位必须注明。可在顶部时标之上或底部时标之下加注日历的对应时间。

(3)间接法绘制时标网络计划可按下列步骤进行:

①绘制出无时标网络计划。

②计算各节点的最早时间。

③根据节点最早时间在时标计划表上确定节点的位置。

④按要求连线,某些工作箭线长度不足以达到该工作的完成节点时,用波形线补足。

(4)直接法绘制时标网络计划可按下列步骤进行:

①将起点节点定位在时标计划表的起始刻度线上。

②按工作持续时间在时标计划表上绘制起点节点的外向箭线。

③其他工作的开始节点必须在所有紧前工作都绘出以后,定位在这些紧前工作最早完成时间最大值的时间刻度上;某些工作的箭线长度不足以到达该节点时,用波形线补足;箭头画在波形线与节点连接处。

④从左至右依次确定其他节点位置,直至网络计划终点节点,绘图完成。

(三)双代号时标网络计划的关键工作和关键线路

逆着箭线方向,自始至终不出现波形线的线路即为关键线路。关键线路上的工作即为关键工作。

(四)双代号时标网络计划的计算工期

网络计划的计算工期应等于终点节点所对应的时标值与起点节点所对应的时标值之差。

(五)双代号时标网络计划时间参数的计算

双代号时标网络计划时间参数的计算,如表 3-10 所示。

表 3-10 双代号时标网络计划时间参数的计算

参数	计算方法	
ES	起点节点	工作箭线左端节点中心所对应的时标值
EF	工作箭线中不存在波形线	右端节点中心所对应的时标值
	工作箭线中存在波形线	工作箭线实线部分右端点所对应的时标值
LS	$LS=ES+TF$	
LF	$LF=EF+TF$	
TF	终点节点	$TF=T_p-EF$
	其他节点	$TF=\min\{$其紧后工作的 $TF\}+$本工作的 FF
FF	终点节点	$FF=T_p-EF$
	其他节点	$FF=$该工作箭线中波形线的水平投影长度

注:ES——最早开始时间;EF——最早完成时间;LS——最迟开始时间;LF——最迟完成时间;TF——总时差;FF——自由时差;T_p——计划工期。

例题:某分部工程双代号时标网络计划如图 3-32 所示,计算工作 B,C,E 的总时差,工作 G 的自由时差以及网络图的关键线路。

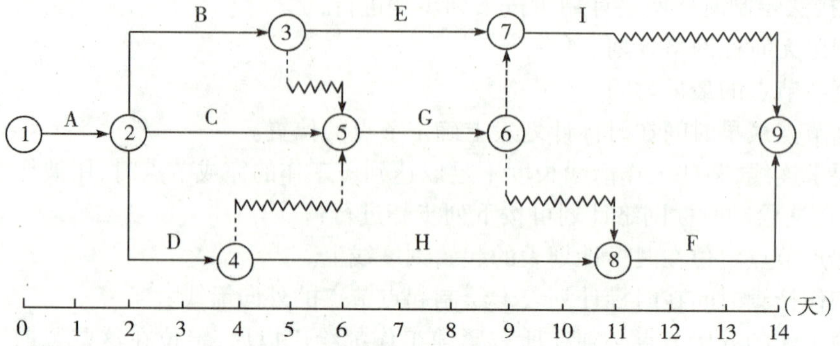

图 3-32　某分部工程双代号时标网络计划

此双代号时标网络图中，波形线的长度为自由时差。其他工作的总时差 = 紧后工作总时差的最小值 + 本工作的自由时差，最后一项工作的总时差 = 本身的自由时差。由图可知，$TF_B = 0 + 3 = 3$（天）；$TF_C = 0 + 2 = 2$（天）；$TF_E = 0 + 3 = 3$（天）；工作 G 没有自由时差，即 $FF_G = 0$（天）。双代号时标网络图中，没有波形线的通路是关键线路，则此网络图的关键线路为：A→D→H→F。

专家解读

双代号时标网络图中：

ES，*EF*：可从图中读出。

FF：可从图中读出。

TF：从本工作起到终点节点，*n* 条线路中，波形线长度和的最小值。

LS，*LF*：根据 *ES*，*EF* 和 *TF* 推算。

关键线路：没有波形线的通路是关键线路。

四、单代号网络计划

单代号网络计划图是以节点及该节点的编号表示工作，以箭线表示工作之间逻辑关系的网络图。单代号网络图中的箭线应画成水平直线、折线或斜线，箭线水平投影的方向应自左向右。工作之间的逻辑关系应包括工艺关系和组织关系，在网络图中均应表现为工作之间的先后顺序。在单代号网络图中加注工作的持续时间就形成单代号网络计划。

（一）单代号网络图的绘制

1. 绘图符号

单代号网络计划的表达形式很多、符号也是各种各样。一般用一个圆圈或方框代表一项工作或活动工序，圆圈或方框中的内容根据实际需要来填写和列出。

一般将工作的名称、编号填写在圆圈或方框的上半部分，完成工作所需的时间写在圆圈或方框的下半部分（也有的写在箭线下面），连接两个节点圆圈或方框间的箭线用来表示两项工作间的直接前导（紧前）和后继（紧后）关系。这种只用一个节点（圆圈或方框）代表一项工作的表示方法称为单代号表示法。

(1)用圆圈表示,如图 3-33 所示。

图 3-33

(2)用方框表示,如图 3-34 所示。

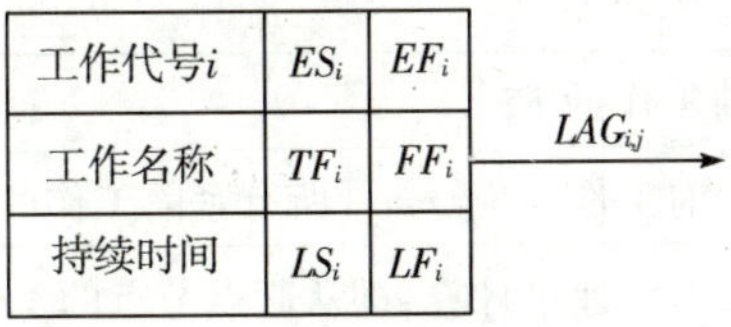

图 3-34

2. 绘图规则

单代号网络图的绘图规则与双代号网络图基本一致,区别在于"单代号网络计划中虚工作不是用虚箭线表示,单代号网络图中没有虚箭线"。

专家解读

单代号网络图中的节点必须编号。箭线表示紧邻工作之间的逻辑关系,箭线既不占用时间,也不消耗资源。

单代号网络图应只有一个起点节点和一个终点节点;当单代号网络图中有多个起始节点或终点节点时,应虚设一个起点节点(*St*)和终点节点(*Fin*),如图 3-35 所示。

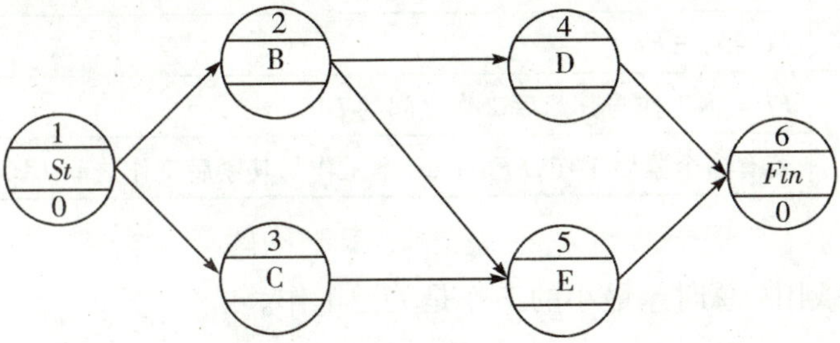

图 3-35

3. 绘图步骤

(1)先计算出各工作的持续时间,列出工作一览表及各工作的紧前、紧后工作名称,根据工程计划中各工作在工艺上、组织上的逻辑关系来确定其直接紧前、紧后工作名称。

(2)根据上述工作间的逻辑关系,绘制网络图。先绘制草图,然后对一些不必要的交叉进行整理，绘出简化网络图，然后进行编号。在绘制之前，首先给出一个虚设的起始节点，网络图绘制最后要有一个虚设的终点节点。

（二）单代号网络计划的时间参数

1. 时间参数的含义

单代号网络计划时间参数的含义与双代号网络计划时间参数的含义相同。

2. 时间参数的计算

时间参数的计算，如表 3-11 所示。

表 3-11　时间参数的计算

参数	计算方法	
ES	起点节点	$ES=0$
	其他节点	$ES=$其紧前工作的EF
		若有多个紧前工作，$ES=\max\{$所有紧前工作的$EF\}$
	计算的顺序	应顺着箭头方向递推计算，即从起点节点的工作开始到终点节点的工作结束
EF	$EF=ES+D$	
LS	$LS=LF-D$	
	$LS=ES+TF$	
LF	终点节点	$LF=T_p$（计划工期），一般取$T_p=T_c$（T_c为计算工期，等于终点节点的EF）
	其他节点	$LF=$其紧后工作的LS
		若有多个紧后工作，则$LF=\min\{$所有紧后工作的$LS\}$
	计算的顺序	应逆着箭头方向递推计算，即从终点节点的工作开始到起点节点的工作结束
TF	终点节点	$TF=T_p-EF$
	其他节点	$TF=\min\{$其紧后工作的TF+本工作与其紧后工作之间的LAG（时间间隔）$\}$（$LAG=$其紧后工作的$ES-$本工作EF）
FF	终点节点	$FF=T_p-EF$
	其他节点	$FF=$本工作与其紧后工作之间的LAG
		若有多个紧后工作，$FF=\min\{$本工作与其紧后工作之间$LAG\}$

3. 关键工作

单代号网络计划中，总时差最小的工作是关键工作。

4. 关键线路

从起始节点开始到终点节点均为关键工作，且所有工作的时间间隔为零的线路为关键线路。

提示

在历年考试中，单代号网络图、双代号网络图及双代号时标网络图的相关绘图规则及时间参数计算都是考查的重点，应着重掌握，对比记忆。

五、网络图中关键工作和关键线路的判定

网络图中关键工作和关键线路的判定，如表 3-12 所示。

表 3-12 网络图中关键工作和关键线路的判定

项目	判定条件
关键工作的判定	关键线路上的工作
	网络计划中总时差最小的工作
	工作最迟开始时间与最早开始时间的差值最小的工作
	工作最迟完成时间与最早完成时间的差值最小的工作
关键线路的判定	总持续时间最长的线路
	单代号网络图中，从头到尾均为关键工作，且相邻工作之间的时间间隔均为零的线路
	双代号时标网络计划中，自始至终无波形线的线路
	由关键节点组成的线路不一定是关键线路

典型例题

【单选题】关于双代号网络计划关键线路的说法，正确的是(　　)。

A. 一个网络计划可能有几条关键线路

B. 在网络计划执行中，关键线路始终不会改变

C. 关键线路是总的工作持续时间最短的线路

D. 关键线路上的工作总时差为零

A。【解析】在网络计划执行中，关键线路可能会变化，发生转移。故选项 B 错误。关键线路是总持续时间最长的线路。故选项 C 错误。若计划工期等于计算工期，关键线路上的工作总时差为零。故选项 D 错误。

六、工程进度计划实施中的检查和调整

(一) 工程进度计划实施中的检查内容

根据《建设工程项目管理规范》，进度计划检查应包括下列内容：

(1) 工作完成数量(工程量的完成情况)。

(2) 工作时间的执行情况。

(3) 工作顺序的执行情况。

(4) 资源使用及其与进度计划的匹配情况。

(5) 前次检查提出问题的整改情况。

进度计划检查后应按下列内容编制工程进度报告：进度计划执行(实施)情况的综合描述；实际进度与计划进度的对比；进度计划执行(实施)中的问题及其原因分析；进度执行(实施)情况对质量、安全、成本、环境等的影响情况；采取的措施和对未来进度的预测。

（二）网络计划工期的调整方法

网络计划工期的调整方法可以改变某些工作的逻辑关系，也可以缩短某些工作的持续时间。

网络计划的工期调整可按下列步骤进行：

(1)确定初始网络计划的计算工期和关键线路。

(2)按要求工期计算应缩短的时间。

(3)选择应该缩短持续时间的关键工作。选择压缩对象应符合下列条件：缩短持续时间对工程的质量、安全影响不大；有充足的备用资源；缩短持续时间所需增加的费用最少。

(4)将选定工作的持续时间压缩至最短，并重新确定关键线路、计算工期。若被压缩的工作变成非关键工作，则应延长其持续时间，使之仍为关键工作。

(5)当计算工期仍超过要求工期时，重复上述(2)~(4)，直到计算工期满足要求工期或计算工期不能再压缩为止。

(6)当多数关键工作的持续时间都已达到其所能缩短的极限而寻求不到继续缩短工期的方案，而网络计划的工期仍不能满足工期时，应对网络计划的原技术方案、组织方案进行调整，或对要求工期重新审定。

（三）施工进度计划的调整内容

施工进度计划的调整内容，如表 3-13 所示。

图 3-13　施工进度计划的调整内容

项目	内容
施工进度计划的调整内容	(1)工作起止时间。 (2)工程量或工作量。 (3)工作关系。 (4)资源供应。 (5)必要目标

第四节　施工进度控制的任务和措施

一、进度控制的工作内容

进度控制的目的是监控进度偏离，并采取适当的行动。进度控制的具体工作包括以下内容：

(1)采用各种控制手段保证工程项目各项工作按计划及时开始。

(2)在实施过程中，监督工程项目的进展情况。

(3)对项目进度情况进行评价，对进度偏差做出解释，分析原因。

(4)评定进度偏差对项目工期目标的影响，预测后期进度状况。

(5)针对性地提出进度偏差纠正措施,调整进度计划。

(6)对调整后的进度计划进行评审,分析纠偏措施的效果。

(7)对下一阶段的工作安排进行调整,从而保证下一阶段工作安排按调整后的进度计划正常开展。

二、进度控制的基本程序

进度控制的基本程序,如图3-36所示。

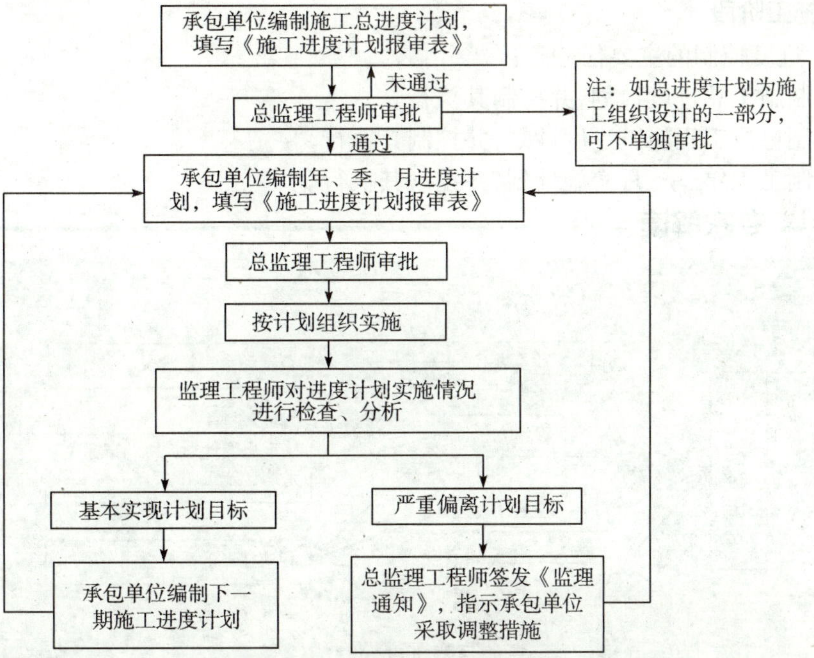

图3-36　进度控制的基本程序

链接

施工方进度控制的工作环节大致可分为3个,即:编制施工进度计划及相关资源需求计划(如资金、物资、劳动力需求计划);实施施工进度计划;检查和调整施工进度计划。其中,实施施工进度计划环节中,应进行的主要工作有:熟悉进度计划的目标、顺序、步骤、数量、时间和技术要求;实施跟踪检查,进行数据记录与统计;将实际数据与计划目标对照,分析计划执行情况;采取纠偏措施,并检查措施的落实情况,确保各项计划目标实现。

三、进度控制的主要任务

(一)设计准备阶段

此阶段进度控制的主要任务有:

(1)收集有关工期的信息,进行工期目标和进度管理的决策。

(2)编制工程项目建设总进度计划。

(3)编制设计准备阶段详细工作计划,并控制其执行。

(4)进行环境及施工现场条件的调查和分析。

(二)设计阶段

此阶段进度控制的主要任务有:

(1)编制设计阶段工作计划,并控制其执行。

(2)编制详细的出图计划,并控制其执行。

(三)施工阶段

此阶段进度控制的主要任务有:

(1)编制施工总进度计划,并控制其执行。

(2)编制单位工程施工进度计划,并控制其执行。

(3)编制工程年、季、月实施计划,并控制其执行。

专家解读

各参与方进度控制的任务如下图所示。

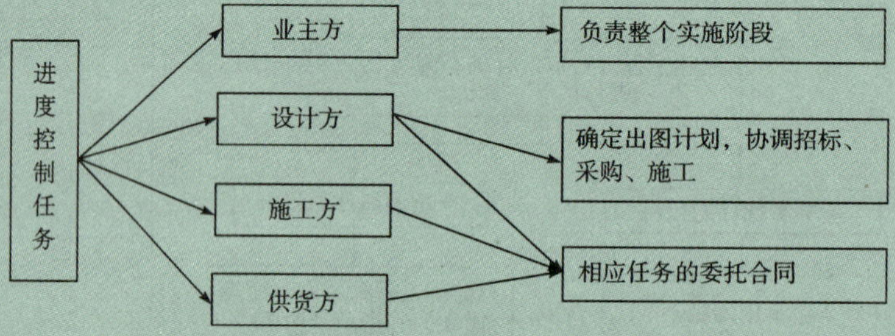

各参与方进度控制的任务

四、进度控制的纠偏措施

在工程项目建设过程中,工程项目的实际进度往往不能按计划进度实现,实际进度与计划进度常常存在一定的偏差,有时候甚至会出现相当程度的滞后。这是由于工程项目建设具有庞大、复杂、周期长等特点,工程施工进度无论在主观或客观上都受到诸多因素的制约。因此在项目目标实施的过程中,为使工程建设的实际进度与计划进度要求相一致,使工程项目按照预定的时间完成及交付使用,一般会采取一些纠偏措施对工程项目的进度加以控制。下面主要讲解施工单位的进度控制措施。

(一)经济措施

要促使事物朝有利的方向发展,无论在什么时候经济杠杆都是行之有效的重要手段之一,施工进度控制也不例外。施工单位进度控制的经济措施涉及资金需求计划、劳动力和物力资源需求计划、资金供应的条件和经济激励措施等。建设工程项目实施过程中,施工单位可通过分析资源需求,验证施工进度计划实现的可能性,从而及时调整进度计划。

施工单位应落实进度目标的保证资金,及时办理工程预付款及工程进度款的支付,建立并实施关于工期和进度的奖罚制度。

(二)组织措施

施工单位应建立进度控制目标体系,明确建设工程项目管理机构中进度控制人员、具体任务及职责分工(落实于任务分工表和职能分工表中),制订进度控制工作流程。健全进度管理的组织体系,选派施工经验丰富的项目经理主持工程施工,组建技术力量强、管理经验丰富的项目经理部,为工程的按期完成提供可靠的组织保证。

施工单位应建立进度协调会议制度,进行有关进度控制会议的组织设计;建立进度计划报告制度和进度信息沟通网络;建立进度计划审查制度和进度计划实施中的检查分析制度等。

(三)管理措施

施工单位应重视管理的手段、思想、方法,加强组织进度计划的动态调整,承发包模式选择(选择合理的合同结构),风险管理(如合同风险、组织风险、管理风险、技术风险、资源风险等),重视信息技术以及工程网络计划的应用。

(四)技术措施

建设工程项目进度控制的技术措施涉及对实现进度目标有利的设计技术和施工技术的选用。工程进度受阻时,应分析有无设计变更的可能性。施工方案在决策选用时,应考虑其对进度的影响。整体上,应重视设计、施工技术的选用,设计技术路线,设计理念,设计方案,施工方案,以及技术的先进性和经济合理性。

典型例题

【多选题】下列施工方进度控制措施中,属于管理措施的有( )。

A. 推广采用工程网络计划技术

B. 健全进度控制管理的组织体系

C. 制定并落实加快进度的经济激励政策

D. 选择合理的工程合同结构

E. 重视信息技术在进度控制中的应用

ADE。【解析】选项 B 属于组织措施;选项 C 属于经济措施。

第四章 施工质量管理

第一节 施工质量管理与施工质量控制

一、施工质量管理

根据《工程建设施工企业质量管理规范》，施工企业需通过建立并实施从工程项目管理策划至保修（包括变更）管理的制度，对工程项目施工的质量管理活动加以规范，有效控制工程质量和服务质量。项目部的基本职能是实施项目施工管理，施工企业其他各管理层次则负有指导、监督项目部的职能，确保工程和服务质量满足要求。建设工程施工质量在符合国家法律、行政法规和技术标准要求的前提下，还要满足建设单位的需要。

（一）质量管理的总体要求

1. 策划

质量策划的目的是确定适用于项目的质量要求和标准、项目的可交付成果以及如何基于项目目标满足各项要求和标准。

施工企业应收集工程项目质量管理策划所需的信息。施工企业应实施工程项目质量管理策划，并明确策划内容。

工程项目质量管理策划的结果应经审批后方可实施。施工企业应对项目质量管理策划的结果实行动态管理，控制策划的更改过程，评审变更的风险和机遇，调整相关策划结果并监督实施。

2. 工程设计

施工企业应建立工程设计质量管理制度，按设计文件和合同约定进行工程设计，并对工程设计质量进行控制。施工企业应明确工程设计的依据，对其内容进行校对、审核，并保存相关记录。

施工企业应按设计策划安排对工程设计进行评审、验证和确认。评审、验证和确认记录应予以保存。设计结果应满足实现预期目的、保证结构安全和使用功能所需的工程和服务特性，符合合同要求，并形成文件，经审批后使用。

施工企业应明确设计变更及其授权要求和批准方式，规定变更所需的评审、验证和确认程序，并保存相关记录。

3. 施工准备

施工企业应依据工程项目质量管理策划的结果进行施工准备。项目部应根据约定接收设计文件、参加设计交底和图纸会审，并对结果进行确认。项目部应确认施工现场已具备开工条件，进行报审、报验，提出开工申请，经批准后方可开工。

施工企业应对工程项目质量管理策划结果进行交底，并应明确交底的层次、阶段及相应的对象、内容和方式，保存适当记录。

4. 过程控制

施工企业应对施工过程进行控制，通过下列活动保证工程项目质量：

(1)正确使用工程设计文件、施工规范和验收标准，适用时，对施工过程实施样板引路。

(2)调配合格的操作人员。

(3)配备和使用工程材料、构配件和设备、施工机具、检测设备。

(4)进行施工和检查。

(5)对施工作业环境进行控制。

(6)合理安排施工进度。

(7)对成品、半成品采取保护措施。

(8)对突发事件实施应急响应与监控。

(9)对能力不足的施工过程进行监控。

(10)确保分包方的施工过程得到控制。

(11)采取措施防止人为错误。

(12)保证各项变更满足规定要求。

5. 变更控制

工程项目施工过程发生变化时，施工企业应对施工变更进行评估和控制。

施工企业应规定相关层次施工变更的管理范围、岗位责任和工作权限，项目部应明确施工变更的工作流程和方法。施工企业需按照管理部门和项目部等层次规定施工变更的管理职责，并明确施工变更管理所需的授权和实施程序。

由于设计变更导致的施工变更分为合同内与合同外变更两类。合同内变更执行合同条款的有关要求，合同外变更需与发包方、监理、勘察、设计，必要时与政府主管部门沟通后确定。

项目部应实施和跟踪施工变更管理，进行偏差控制。

6. 交付与服务

施工企业应按工程合同约定进行工程竣工交付。施工企业应策划并组织服务活动的实施。服务活动宜包括下列内容：工程保修；提供工程使用说明；非保修范围内的维修；工程合同约定的其他服务。

在规定期限内，施工企业对服务的需求信息应作出响应，并对服务质量进行控制、检查和验收。

施工企业应收集服务的相关信息，分析发包方的满意程度，评价质量管理持续满足发包方需求的能力。

（二）质量管理的原则

根据《质量管理体系　基础和术语》，质量管理的原则为：

（1）以顾客为关注焦点。质量管理的首要关注点是满足顾客要求并且努力超越顾客期望。

（2）领导作用。各级领导建立统一的宗旨和方向，并创造全员积极参与实现组织的质量目标的条件。

（3）全员积极参与。整个组织内各级胜任、经授权并积极参与的人员，是提高组织创造和提供价值能力的必要条件。

（4）过程方法。将活动作为相互关联、功能连贯的过程组成的体系来理解和管理时，可更加有效和高效地得到一致的、可预知的结果。

（5）改进。成功的组织持续关注改进。

（6）循证决策。基于数据和信息的分析和评价的决策，更有可能产生期望的结果。

（7）关系管理。为了持续成功，组织需要管理与有关相关方（如供方）的关系。

（三）质量管理的责任与义务

根据《建设工程质量管理条例》，施工单位的质量责任与义务如下：

（1）施工单位应当依法取得相应等级的资质证书，并在其资质等级许可的范围内承揽工程。禁止施工单位超越本单位资质等级许可的业务范围或者以其他施工单位的名义承揽工程。禁止施工单位允许其他单位或者个人以本单位的名义承揽工程。施工单位不得转包或者违法分包工程。

（2）施工单位对建设工程的施工质量负责。施工单位应当建立质量责任制，确定工程项目的项目经理、技术负责人和施工管理负责人。建设工程实行总承包的，总承包单位应当对全部建设工程质量负责；建设工程勘察、设计、施工、设备采购的一项或者多项实行总承包的，总承包单位应当对其承包的建设工程或者采购的设备的质量负责。

（3）总承包单位依法将建设工程分包给其他单位的，分包单位应当按照分包合同的约定对其分包工程的质量向总承包单位负责，总承包单位与分包单位对分包工程的质量承担连带责任。

（4）施工单位必须按照工程设计图纸和施工技术标准施工，不得擅自修改工程设计，不得偷工减料。施工单位在施工过程中发现设计文件和图纸有差错的，应当及时提出意见和建议。

（5）施工单位必须按照工程设计要求、施工技术标准和合同约定，对建筑材料、建筑构配件、设备和商品混凝土进行检验，检验应当有书面记录和专人签字；未经检验或者检验不合格的，不得使用。

（6）施工单位必须建立、健全施工质量的检验制度，严格工序管理，作好隐蔽工程的质量检查和记录。隐蔽工程在隐蔽前，施工单位应当通知建设单位和建设工程质量监督机构。

（7）施工人员对涉及结构安全的试块、试件以及有关材料，应当在建设单位或者工程监理单位监督下现场取样，并送具有相应资质等级的质量检测单位进行检测。

(8)施工单位对施工中出现质量问题的建设工程或者竣工验收不合格的建设工程,应当负责返修。

(9)施工单位应当建立、健全教育培训制度,加强对职工的教育培训;未经教育培训或者考核不合格的人员,不得上岗作业。

根据《建筑施工项目经理质量安全责任十项规定(试行)》,建筑施工项目经理的质量安全责任如下:

(1)建筑施工项目经理(以下简称项目经理)必须按规定取得相应执业资格和安全生产考核合格证书;合同约定的项目经理必须在岗履职,不得违反规定同时在两个及两个以上的工程项目担任项目经理。

(2)项目经理必须对工程项目施工质量安全负全责,负责建立质量安全管理体系,负责配备专职质量、安全等施工现场管理人员,负责落实质量安全责任制、质量安全管理规章制度和操作规程。

(3)项目经理必须按照工程设计图纸和技术标准组织施工,不得偷工减料;负责组织编制施工组织设计,负责组织制定质量安全技术措施,负责组织编制、论证和实施危险性较大分部分项工程专项施工方案;负责组织质量安全技术交底。

(4)项目经理必须组织对进入现场的建筑材料、构配件、设备、预拌混凝土等进行检验,未经检验或检验不合格,不得使用;必须组织对涉及结构安全的试块、试件以及有关材料进行取样检测,送检试样不得弄虚作假,不得篡改或者伪造检测报告,不得明示或暗示检测机构出具虚假检测报告。

(5)项目经理必须组织做好隐蔽工程的验收工作,参加地基基础、主体结构等分部工程的验收,参加单位工程和工程竣工验收;必须在验收文件上签字,不得签署虚假文件。

(6)项目经理必须在起重机械安装、拆卸,模板支架搭设等危险性较大分部分项工程施工期间现场带班;必须组织起重机械、模板支架等使用前验收,未经验收或验收不合格,不得使用;必须组织起重机械使用过程日常检查,不得使用安全保护装置失效的起重机械。

(7)项目经理必须将安全生产费用足额用于安全防护和安全措施,不得挪作他用;作业人员未配备安全防护用具,不得上岗;严禁使用国家明令淘汰、禁止使用的危及施工质量安全的工艺、设备、材料。

(8)项目经理必须定期组织质量安全隐患排查,及时消除质量安全隐患;必须落实住房和城乡建设主管部门和工程建设相关单位提出的质量安全隐患整改要求,在隐患整改报告上签字。

(9)项目经理必须组织对施工现场作业人员进行岗前质量安全教育,组织审核建筑施工特种作业人员操作资格证书,未经质量安全教育和无证人员不得上岗。

(10)项目经理必须按规定报告质量安全事故,立即启动应急预案,保护事故现场,开展应急救援。

建筑施工企业应当定期或不定期对项目经理履职情况进行检查,发现项目经理履职不到位的,及时予以纠正;必要时,按照规定程序更换符合条件的项目经理。

二、施工质量控制

(一)影响施工质量的因素

影响施工质量的因素很多,但归纳起来主要有五个方面,即人、材料、机械、方法和环境,简称4M1E。

1. 人员素质(Man)

人是生产经营活动的主体,也是工程项目建设的决策者、管理者、操作者。人员素质是影响工程施工质量的一个重要因素,在施工质量管理中,人的因素起决定性的作用,且是施工质量控制的基本出发点。建筑行业实行资质管理、专业从业人员持证上岗制度和培育新时代建筑产业工人队伍政策是保证人员素质的重要管理措施。

首先,建筑工程的领导者需要有较强的质量规划、目标管理、施工组织和技术指导、质量检查的能力。其次建筑工程质量的提高对操作人员的要求也十分重要,需要操作者具备较强的技术水平和一丝不苟的工作作风,只有这样操作人员才会严格执行质量标准和操作规程,进而保证工程质量。最后,服务人员还需具备较强的质量观念,具有好的技术能力和服务能力,以出色的质量服务间接地保证工程质量。可以说在建筑施工过程中,人的因素是最重要的因素,因为人是建筑生产活动的主体,只有参加建筑施工的领导人员、操作人员和服务人员都具有良好的素质并共同合作才能保证建筑工程质量。

2. 工程材料(Material)

工程材料是指构成工程实体的各类建筑原材料、构配件、半成品、成品、周转材料等,它是工程建设的物质条件,是工程质量的基础。工程材料选用是否合理、产品是否合格、材质是否经过检验、保管使用是否得当等,都将直接影响建设工程的结构刚度和强度,影响工程外表及观感,影响工程的使用功能,影响工程的使用安全。

在施工中必须对材料严格检查、验收并且正确使用,建立管理台账,做好收、发、储、运等各个环节的管理,避免将不合格的原材料使用到工程上。对材料质量,主要是控制其力学性能、化学性能、物理性能。进入现场的工程材料必须有产品合格证或质量保证书及性能检测报告,并能符合设计标准要求,凡需复试检测的建材必须复试合格才能使用。

3. 机械(Machine)

机械可分为两类:一类是指组成工程实体及配套的工艺设备和各类机具(如电梯、泵机),另一类是指施工过程中使用的各类机具设备(如吊装设备、计量器具)。施工机具设备对工程质量也有重要的影响。工程所用机具设备,其产品质量优劣直接影响工程使用功能质量。施工机具设备的类型是否符合工程施工特点,性能是否先进稳定,操作是否方便安全等,都将会影响工程项目的质量。

4. 方法(Method)

方法是指工艺方法、操作方法和施工方案。在工程施工中,施工方案是否合理,施工工艺是否先进,施工操作是否正确,都将对工程质量产生重大的影响。采用新技术、新工艺、新方法,不断提高工艺技术水平,是保证工程质量稳定提高的重要因素。

一定的技术工艺水平,对质量会产生一定的影响。采用先进合理的工艺、技术,依据规范的工法和作业指导书进行施工,必将对组成质量因素的产品精度、平整度、清洁度、密封性等物理、化学特性方面起到良性的推进作用。比如近年来，建设部在全国建筑业中推广的10项新技术，包括地基基础和地下空间工程技术、高性能混凝土技术、高效钢筋和预应力技术、新型模板脚手架应用技术、钢结构技术、建筑防水技术、信息化应用技术、绿色施工技术等，对确保建设工程质量和消除质量通病起到了积极作用，收到了明显的效果。

5. 环境条件(Environments)

环境条件是指对工程质量特性(安全性、可靠性、耐久性、适用性、经济性、与环境的协调性)起重要作用的环境因素，包括施工作业环境；施工质量管理环境；施工现场自然环境等。其中，施工作业环境主要包括交通运输、道路条件、给水排水、能源介质供应、安全防护设施、照明、通风、现场平面和空间环境等方面的因素；施工质量管理环境主要包括质量管理制度、质量管理体系、各单位之间协调等方面的因素；施工现场自然环境主要包括水文、地质、气象、地下管线、周边建筑、不可抗力等方面的因素。

环境条件往往对工程质量产生特定的影响。加强环境管理，改进作业条件，把握好技术环境，辅以必要的措施，是控制环境对质量影响的重要保证。

专家解读

影响质量的因素，对实务考试中关于"质量偏差原因分析"之类的问题有一定的指导意义。我们要从5方面入手进行分析，把质量偏差原因划分到人、机、料、法、环这5个因素中，相应找出对策，这样方便记忆。

典型例题

【单选题】下列影响施工质量的环境因素中，属于管理环境因素的是(　　)。

A. 施工现场平面布置和空间环境　　B. 施工现场道路交通状况

C. 施工现场安全防护设施　　D. 施工参建单位之间的协调

D。【解析】施工质量管理环境因素主要是指施工单位质量管理体系、质量管理制度和各参建施工单位之间的协调等因素。选项A,B,C都属于施工作业环境因素。

(二)施工质量控制的特点

由于工程项目施工涉及面广，是一个比较复杂的综合过程，而且项目位置固定、生产流动、结构类型不同、施工方法不同、质量要求不同、建设周期长、受自然条件影响大等原因，施工质量控制过程比较复杂，具体特点如下：

(1)控制因素多。需要控制自然环境、人为管理、材料、机械、工艺等多种因素。

(2)过程控制要求高。因施工质量的隐蔽性和过程性，需要对过程控制要求高。

(3)控制难度大。因产品单件性、生产流动性、环境复杂性等，使施工质量控制的难度较大。

(4)终检局限性大。终检不宜发现一些被隐蔽的质量隐患，只能从表面进行检查，所以局限性较大。

(三)施工质量控制的流程

根据《建设工程项目管理规范》，施工质量控制应包括下列流程：

(1)施工质量目标分解。

(2)施工技术交底与工序控制。

(3)施工质量偏差控制。

(4)产品或服务的验证、评价和防护。

(四)施工质量控制的依据

施工质量控制依据大致包括共同性依据、专业技术性依据和项目专用性依据三个方面。其中,共同性依据主要包括国家政府颁布的法律法规文件;专业技术性依据主要包括不同行业、专业的规范、规程、标准和规定;项目专用性依据主要是与本项目相关的合同文件、设计文件、设计变更和修改、设计交底和图纸会审记录。

第二节　施工质量管理体系

一、质量管理体系的概述

根据《工程建设施工企业质量管理规范》,质量管理的各项要求是通过质量管理体系实现的。质量管理体系是在质量方面指挥和控制企业建立质量方针和质量目标,并实现质量方针、目标的相互关联或相互作用的一组要素。施工企业需按照规范的要求建立或完善质量管理体系,并形成书面文件。建立质量管理体系需考虑自身特点、相关方期望、应对风险和机遇及质量管理需要。这些因素是施工企业市场竞争与持续发展的基本条件。

专家解读

全面质量管理(TQC)不等同于质量管理,它是质量管理的更高境界。全面质量管理是将组织的所有管理职能纳入质量管理的范畴,强调一个组织以质量为中心,强调以全员参与为基础,强调全员的教育与培训。全面质量管理实行"三全"管理思想,即全面、全过程、全员参与的质量管理。

(一)质量方针和质量目标

施工企业应制定质量方针并形成文件。质量方针应体现企业质量管理的宗旨和战略方向,在界定的质量管理体系范围内应符合下列要求:

(1)应依法服务于发包方,增强其满意程度。

(2)应履行社会责任,树立企业形象和品牌。

(3)应持续改进质量管理绩效。

最高管理者应对质量方针进行定期评审,根据需要进行修订。质量方针应在企业内部得到沟通,并可为相关方所获得。

施工企业应根据质量方针制定质量目标,明确企业质量管理应达到的水平,质量目标应与企业发展目标相适应。

施工企业应建立和实施质量目标管理制度。质量目标应分解到相关管理职能、层次和过程，并定期进行考核。

（二）质量管理体系的策划

施工企业应分析内外部环境，确定与企业发展目标和战略方向相关的影响质量管理体系的关键因素，明确质量管理体系相关方的需求及期望，界定质量管理体系的适用范围，并对改进机会进行识别。

施工企业应根据质量管理体系范围确定质量管理内容。

施工企业应进行质量管理体系策划，确定风险和机遇的应对措施，评估潜在影响，使质量管理体系满足适宜性、充分性、有效性的要求。策划应包括下列内容：

（1）质量管理活动及相互关系。

（2）质量管理组织机构与职责。

（3）质量管理制度。

（4）质量管理所需的资源。

施工企业应明确质量管理体系所需的知识，规定获取知识的渠道、方法、时机和程序，并进行知识更新。

对质量管理体系变更进行策划时，施工企业应识别和评价变更的风险与机遇，并保持其连续性和完整性。

（三）质量管理体系的建立

1. 质量管理体系建立阶段

质量管理体系是为了实现质量管理目标而建立的组织结构、职责、过程、资源、方法的有机整体。质量管理体系是围绕工程产品质量管理需要建立的。

2. 质量管理体系文件编制阶段

根据《质量管理体系文件指南》，质量管理体系文件的编制通常与组织中的过程和（或）适用的质量标准的结构保持一致。组织根据其自身的需要也可以采用任何其他方式。质量管理体系文件可以采用自上而下的层次结构，这种文件结构有利于文件的发放、保持和理解。

质量管理体系文件通常包括：

（1）质量方针和质量目标。它可作为独立的一份文件或质量手册的一部分。

（2）质量手册（纲领性文件）。质量手册的主要内容包括：

①标题和范围。质量手册的标题和（或）范围应当明确使用手册的组织。

②目录。质量手册的目录应当列出每个部分的序号、标题及其位置。

③评审、批准和修订。质量手册中应当明确质量手册的评审、批准、修订状态和日期，质量评审、修改和控制管理的办法。

④质量方针和质量目标。若组织决定在质量手册中阐述质量方针，质量手册可包括对质量方针和质量目标的陈述。

⑤组织、职责和权限。质量手册应当包括对组织结构的描述。职责、权限及其相互关系

可以用组织结构图、流程图和(或)岗位说明书等方式表示。

⑥引用文件。质量手册应当包括一个引用文件的清单,但这些被引用的文件并不包括在质量手册中。

⑦质量管理体系的描述。质量手册应当对质量管理体系及其实施进行描述,如各项质量活动的基本控制程序或质量管理体系的要素等。

⑧附录。质量手册中可以包括含有其支持信息的附录。

(3)程序文件(支持性文件)。程序文件通常描述跨职能的活动。程序文件主要包括文件控制、不合格品控制、纠偏措施控制、预防措施控制、内部审核、质量记录管理等方面的程序。

(4)作业指导书。作业指导书通常适用于某一职能内的活动,其可包括在程序文件中或被其引用。

(5)表格。表格应当被引用或附在质量手册、程序文件和(或)作业指导书中。

(6)质量计划。质量计划是质量管理体系文件的组成部分。质量计划可包括特定的程序、作业指导书和(或)记录。

(7)规范。规范是阐明要求的文件。

(8)外来文件。组织应当在质量管理体系文件中明确哪些是外来文件并对其进行控制。

(9)质量记录。质量记录需阐明获得的结果或提供证据,以表明程序文件和作业指导书中所规定的活动已经得到了实施。例如:质量记录能够证明各阶段产品质量达到要求;能够证明质量管理体系运行的有效性;能够客观反映各项质量活动的实施及其结果。

提示

历年考试中,将质量管理体系文件分为质量手册(纲领性文件)、程序文件(支持性文件)、质量计划、质量记录四个部分,应重点掌握这四个部分的内容。

3. 质量管理体系运行阶段

质量管理体系运行阶段的工作内容包括:生产和服务按质量管理体系的规定操作;监测质量管理体系运行的有效性;持续改进质量管理体系。

(四)质量管理体系的认证

质量管理体系认证是指由取得质量管理体系认证资格的,并在认证过程中能够客观、公正、独立地从事认证活动的第三方认证机构,依据正式发布的质量管理体系标准,对企业质量管理体系进行实施评定。评定合格的由第三方机构颁发质量管理体系认证证书,并给予注册公布,以证明企业质量管理和质量保证能力符合相应标准或有能力按规定的质量要求提供产品的活动。

质量管理体系认证的程序大致可分为:

(1)提出申请。申请者(如企业)按照规定的内容和格式向体系认证机构提出书面申请,并提交质量手册和其他必要的信息。

(2)体系审核。体系认证机构指派审核组对申请的质量管理体系进行文件审查和现场审核。现场审核完成后,审核组应作出审核结论,向体系认证机构提交审核报告。

(3)审批与注册发证。体系认证机构审查审核组提交的审核报告,对符合规定要求的批准认证,向申请者颁发体系认证证书,证书有效期为3年;对不符合规定要求的也应书面通知申请者。

提示

根据《中华人民共和国建筑法》,国家对从事建筑活动的单位推行质量体系认证制度。经认证合格的,由认证机构颁发质量体系认证证书。获准认证后,体系认证机构对证书持有者的质量管理体系应每年至少进行一次监督审核,以使其质量管理体系继续保持。此外,企业获准认证后,也应经常性的进行内部审核。

二、质量管理体系的 PDCA 循环

在生产实践和理论研究中形成的 PDCA 循环,是确立质量管理体系的基本原理。每一循环都围绕预期目标进行计划、实施、检查和处理并不断重复,随着对存在问题的克服、改进和解决,不断提高质量水平。PDCA 循环的四大职能活动相互联系,共同构成了质量管理体系的系统过程。

(一)计划 P(Plan)

计划职能包括明确目标和制定实现质量目标的行动方案两方面。质量计划的严谨周密、经济合理和切实可行,是保证工作质量、产品质量和服务质量的前提条件。

建设工程项目的质量计划,是由项目参与人根据其在项目实施中所承担的任务、责任范围和任务目标,分别进行计划而形成的质量计划体系。其中,建设单位的建设工程项目质量计划包括确定和论证项目整体的质量目标,提出项目管理的组织、制度、工作程序、方法和要求。项目其他相关方根据各自合同规定的质量标准,制定质量管理的实施方案,包括技术方案、检验试验方案、不合格产品处理方案、管理措施等实施方案文件,同时必须对其实现预期目标的可行性、经济性等方面进行论证,按规定程序审批后执行。

(二)实施 D(Do)

实施职能在于将质量的目标值,通过生产要素的投入、作业技术活动和产出过程,生产出合格的产品。在质量活动的实施过程中,应做好行动方案的交底工作,严格执行计划的行动方案,规范行为,把质量管理计划的各项规定和安排落实到具体的资源配置和作业技术活动中去。

(三)检查 C(Check)

检查职能是指对计划实施过程进行各种检查,包括作业者的自检、互检和专职管理者的专检。检查的内容主要包括:计划执行方案是否执行,若未执行,分析原因;计划执行方案执行的结果,施工质量是否达到标准。

(四)处理 A(Action)

处理职能是对质量检查所发现的质量问题,及时进行原因分析,采取必要的措施,予以纠正,保持建设工程质量形成过程的受控状态。处理包含纠偏和预防改进两个方面,前者是采取应急措施,解决当前的质量偏差、问题或事故;后者是提出目前质量状况信息,并反馈给

管理部门，找出问题原因或计划的不完善处，确定改进目标和措施，为今后类似问题的质量预防提供借鉴。

专家解读

要对“实施”和“处理”进行区别记忆，这两个内容容易混淆。“实施”一般是行动方案的部署和技术及安全方案的交底；“处理”是采取措施对产生的偏差后果予以纠正。

典型例题

【单选题】下列施工质量控制工作中，属于“PDCA”中处理环节的是(　　)。

A. 确定项目施工应达到的质量标准　　B. 按质量计划开展施工技术活动

C. 纠正计划执行中的质量偏差　　D. 检查施工质量是否达到标准

C。【解析】PDCA 过程主要包括：(1)计划(P)，制定目标、方针和行动方案。(2)实施(D)，实施上一步的计划。(3)检查(C)，对照计划检查实施活动执行的结果并分析原因。(4)处理(A)，在上一步的基础上实施纠偏措施。

三、施工质量保证体系

施工质量保证体系是指施工企业以保证和控制施工产品质量为目标，运用系统的概念和方法，设置必要的组织机构，把各部门、各环节的质量管理活动严密地组织起来，形成一个有明确任务、职责、权限，互相协调、互相促进的质量管理有机整体。

(一)施工质量保证体系的建立

1. 体系建立的作用

施工质量保证体系的建立具有以下作用：

(1)它把分散在施工企业各有关部门的质量管理职能纳入一个统一的质量管理体系。

(2)把各环节的工作质量和产品质量系统地联系起来。

(3)使质量管理工作制度化、标准化、系统化，有效地保证产品质量。

提示

在合同环境中，施工质量保证体系的作用是向业主证明施工单位在管理和技术上具有足够的能力。

2. 体系建立的原则

施工质量保证体系建立的基本原则主要有以下几个方面：

(1)适应环境的原则。施工企业建立施工质量保证体系，应先了解外部合同环境所需要的质量保证范围和质量保证程度，以确定质量体系要素的数量和应开展的质量保证活动的程度。

(2)实现施工企业目标的原则。施工企业质量管理工作包括制定和实施企业质量方针目标的全部管理职能。施工质量保证体系的建立，必须保证施工企业目标的实现，以此目的出发，选择合适的质量体系要素，建立完善的质量体系。

(3)适应工程特点的原则。应充分考虑工程的特点,明确了解其施工各工序应满足的质量要求,对各环节影响质量的因素控制的范围和程度要求,从而确定质量要素的项目、数量和要素采用程度,以保证稳定地实现工程质量特性与特征要求。

(4)最低风险、最佳成本、最大利益原则。质量目标是以市场需求、社会制约、工程设计及结构情况等使用条件确定的满足社会和用户需求的高度统一。完善的质量保证体系是在考虑风险、成本和利益的基础上使质量最佳化及对质量加以控制的重要管理手段。

3. 体系建立的工作内容

施工质量保证体系建立的工作内容主要有以下几个方面:

(1)明确施工质量目标。确定施工质量目标的基本依据是工程承包合同。为确保质量目标的实施,应逐级分解质量目标,制定各节点、各分部工程的质量目标计划,以保证工程总施工质量目标计划的实现。

(2)制定明确的施工质量计划。施工质量计划的内容包括施工质量工作计划和施工质量成本计划两个方面。施工质量工作计划的内容主要包括:质量目标的具体描述;重要(关键)工序的检验、试验、验证及审核大纲;质量计划的修订程序;质量计划的完善程序;特定程序、工作和方法的指导书;各工作环节的职责、权限描述。施工质量成本计划的内容主要包括:运行质量成本;外部质量保证成本,如附加的和特殊的质量检测试验费用、质量评定费用、质量保证措施及程序费用。

(3)建立组织保证体系。组织保证体系的内容主要包括:建立健全各种质量管理规章制度;建立质量信息系统;明确各管理人员和施工人员的工作任务、职责和权限;落实建筑工人实名制管理。

(4)建立思想保证体系。施工企业应运用全面质量管理的理念,将"质量第一"和"一切为用户服务"的思想贯彻到参与施工的所有成员中,提高所有成员的质量意识,从而实现质量目标。

(5)建立工作保证体系。工作保证体系的内容主要包括建立工作制度、明确工作任务两个方面。工作保证体系应在施工准备阶段、施工阶段和竣工验收阶段落实,各个阶段的质量工作保证措施下面以典型例题的形式进行讲解。

典型例题

【多选题】下列施工质量工作保证措施中,属于施工准备阶段的有(　　)。

A. 实行自检、互检和专检,强化过程控制

B. 建立工程测量控制网和测量控制制度

C. 进行施工平面设计,建立施工现场管理制度

D. 进行技术交底和技术培训工作,制定技术管理制度

E. 严格按规范进行施工,认真执行质量检查制度

BCD。【解析】在施工准备阶段,需进行的质量工作保证措施除了选项 B,C,D 外,还包括:划分工程项目并进行分级编号;建立健全相关材料、机械设备的管理制度等。选项 A,E 属于施工阶段的质量工作保证措施。竣工阶段的质量工作保证措施主要包括:做好成品保护;严格遵守检验验收制度;做好回访和保修服务。

（二）施工质量保证体系的运行

施工质量保证体系的运行，应以质量计划为龙头（主线），过程管理为重点，按照 PDCA 循环原理展开，即计划（P）→实施（D）→检查（C）→处理（A）。施工质量保证体系的运行，应按事前、事中和事后控制相结合的模式依次展开。

第三节　施工质量控制的内容和方法

一、施工质量控制的三个阶段

（一）事前预控（事前控制）

事前预控就是要求预先编制周密的质量计划，包括质量策划、管理体系、岗位设置。把各项质量职能活动，包括作业技术和管理活动，建立在有充分能力、条件保证和运行机制的基础上。对于建设工程项目，尤其施工阶段的质量预控，就是通过施工质量计划、施工组织设计（施工方案）或项目实施规划的制定过程，明确质量责任，运用目标管理的手段，实施质量事前预控或称为质量的计划预控。

事前预控必须充分发挥组织的技术和管理方面的整体优势，把长期形成的先进技术、管理方法和经验智慧，创造性地应用于建设工程项目。

事前预控要求设置质量控制点，并针对质量控制对象的控制目标、活动条件、影响因素（可能导致质量问题的因素）进行周密分析，找出薄弱环节，制定有效的控制措施和对策。

（二）事中控制

事中控制也称作业活动过程质量控制，是指质量活动主体的自我控制和他人控制的控制方式。自我控制是第一位的，即作业者在作业过程中对自己质量活动行为的约束和技术能力的发挥，以完成预定质量目标。他人控制是指作业者的质量活动过程和结果，接受来自企业内部管理者和来自企业外部有关方面的检查检验，如监理机构、政府质量监督部门等的监督控制。事中质量控制的目标是确保工序质量合格，杜绝质量事故发生。

由此可知，事中控制的关键是增强质量意识，发挥操作者自我约束、自我控制。他人监控是必要的补充，没有前者或用后者取代前者都是不正确的。

（三）事后控制

事后控制也称事后质量把关，杜绝不合格的工序或产品流入后道工序、流入市场。事后控制的任务就对质量活动结果进行评价、认定；对工序质量偏差进行纠正；对不合格产品进行整改和处理。

专家解读

该知识点主要区分：结果监督控制属于事中控制；对产生后果的评价、纠偏属于事后控制。

二、施工准备质量控制

（一）施工人员质量控制

施工单位应严格各级作业人员的专业能力，加强培训和职业教育，加强技术规范、标准的学习；加强施工人员的思想教育工作，树立施工人员良好的职业素养等。

（二）工程原材料质量控制

工程原材料，不论在采购、进场、存储、使用过程中有多少个管理环节，施工单位均应严格把控质量关。

1. 采购环节

施工单位采购原材料前应制定合理的采购计划，并对材料供应方的资质和产品质量进行实地考察，择优选用社会信誉好、质量稳定的生产厂家。

对于实行备案管理的建材产品，建材供应商应当对产品质量进行严格把关，不得向建设工程提供未经检验或者检验不合格的建材产品和假冒伪劣产品；在销售建材产品的同时，应当向买受人提供产品使用说明书、有效的建材备案证及产品质量保证书。建设单位应当选用或者督促建材使用单位选用已经备案的、达到建设工程设计文件要求的合格建材产品，并对所采购建材的质量负责。设计单位应当在设计文件中注明选用建材的规格、型号、性能等技术指标，其质量要求必须符合国家、行业、地方或者团体、企业应用标准的规定。

2. 进场环节

对工程中所使用的原材料、成品及半成品应进行进场验收，检查其合格证书、产品检验报告等，并应符合设计及国家现行有关标准要求。

对于实行备案管理的建材产品，施工单位应当按照工程项目的设计要求、施工技术标准和合同约定，建立建材进场验证制度，严格核验相关的建材备案证、产品质量保证书、有效期内的产品检测报告等供现场备查的证明文件和资料，做好建材采购、验收、检验和使用综合台账，并按规定对进场建材进行复验把关。重要建材的使用，必须经过监理工程师签字和项目经理签准。

链接

重要建材是指钢结构工程用钢、钢筋混凝土结构用钢筋、商品混凝土、装配式建筑混凝土预制构件、预制桩、水泥（含中转散装水泥）等结构性备案产品和外墙保温系统、防水卷材、防水涂料、建筑门窗等功能性备案产品。例如：装配式建筑混凝土预制构件出厂时的混凝土强度不宜低于设计混凝土强度等级值的75%。

3. 存储环节

原材料进场验收完毕后，应按要求进行存储。例如：水泥存储时，水泥库房应具备有效的防雨、防水、防潮措施，专人管理，分品种型号堆放整齐，保持通风防潮等；钢筋存储时，应按照现场施工总平面图的位置分规格进行堆放。

4. 使用环节

施工单位应当使用合格的建筑工程材料。使用前应当查验有关证照，并按工程设计要求、施工技术标准和合同约定，对建筑工程材料进行检验检测。未经检验检测或者检验检测不合格的，不得使用。例如：水泥的品种、强度等级、安定性应按其批号分别进行见证取样、复验。

（三）施工机械设备质量控制

施工机械设备应着重从机械设备的选型、机械设备的主要性能参数和机械设备的使用操作要求等三个方面予以质量控制。下面以典型例题的形式进行讲解。

典型例题

【单选题】关于施工机械设备质量控制的说法，正确的是（　　）。

A. 要明确机械操作人员的岗位职责，在使用中严格遵守操作规程

B. 机械设备选型应首先考虑经济性，其次是适应性和可靠性

C. 机械设备选择主要是选型，性能参数不作为选择依据

D. 机械操作人员应持证上岗，可根据工作需要操作同类机械

A。【解析】施工机械设备选型应同时考虑经济性、适用性、可靠性、安全性和方便性。故选项B错误。选择机械设备时，不仅要选型，同时也要对机械设备的主要性能参数进行选择。故选项C错误。机械操作人员应持证上岗，且人机固定。故选项D错误。

（四）施工现场、技术、管理质量控制

1. 施工现场质量控制

施工测量控制是施工现场质量控制中的一项重要内容，如测量控制基准点或标高有误，会导致建筑物或结构的位置或高程出现误差，从而影响整体质量。因此，施工承包单位应复核建设单位（或其委托的单位）给出的原始测量控制点线（如基准点、基准线、标高），复核后，应将复测结果报监理工程师审核。监理工程师批准后，施工承包单位根据准确的测量放线建立施工测量控制网（即工程测量放线成果），并应对其正确性负责，同时做好基桩的保护。

提示

施工单位在项目开工前编制的测量控制方案，一般应经项目技术负责人批准后实施。

在工程总平面图上，各种建筑物或构筑物的平面位置是用施工坐标系统的坐标来表示的。复测施工测量控制网时，应抽检建筑方格网、控制高程的水准网点以及标桩埋设位置等。

根据建设单位按照合同约定提供给承包单位现场范围绘制施工总平面。图中详细注明各工作区的位置及施工顺序。施工现场总体布置要合理，要有利于保证施工的顺序进行，有利于保证质量，特别是要对场区的道路、防洪排水、器材存放、给水及供电、混凝土供应及主要垂直机械设备布置等方面予以重视。

2. 施工技术质量控制

施工技术的先进性、科学性、合理性决定了施工质量的优劣。施工图纸发放后，技术人员应会同施工工长先根据本工程的特点对施工图纸进行深化、熟悉、了解，提出施工图纸中的问题、难点、错误等，并在图纸会审及设计交底时予以解决。同时，应组织相关人员编制相

应的施工作业指导书、细化各种施工技术方案、绘制相应的施工详图,并做好相应的技术交底和培训工作。技术人员应对上述工作成果进行复核,并应设置质量控制点、确定关键部位的质量管理点、制定施工质量控制计划,确保施工过程得到有效控制。

3. 施工管理质量控制

施工单位在施工准备阶段应督促和协助建设单位办理、完善施工前的各种手续。此外,施工单位应建立项目部管理制度和体系,如会议制度、施工管理制度、岗位责任制度、施工日志、资料存档体系等。

三、施工过程质量控制

(一)技术质量控制

1. 技术交底

为保证施工质量,在项目开工前,项目技术负责人应向分包人或承担施工的负责人进行书面技术交底,主要交代工程技术特点和要求、施工程序、质量标准、安全措施等,避免发生指导和操作的错误,以便科学地组织施工,并按合理的工序、工艺流程作业。

施工项目技术人员应负责编制技术交底书,并经项目技术负责人批准后方可实施。技术交底可分级、分阶段进行。各级交底除口头和文字交底外,必要时可用图表、样板、示范操作等方法进行。各级交底都应做好记录,交底人和接受交底人均应签字确认。

2. 技术核定

技术核定是指对重要的关键部位或影响全工程的技术对象进行复核,避免发生重大差错而影响工程的质量和使用。

3. 检验制度

建筑材料、构配件和设备的质量,直接影响工程质量。因此,必须健全试验检验机构,加强检验工作,把好质量检验关。施工过程中,应加强对材料、半成品、构配件和设备的检查。

施工现场质量检查方法如下:

(1)目测法。“看、摸、敲、照”。“看”:喷涂的颜色、密实度是否符合要求;墙面是否洁净等。“摸”:浆活是否牢固、掉粉;油漆是否光滑等。“敲”:地面工程的面砖等是否符合要求等。“照”:电梯井、管道井内部的质量是否符合要求;吊顶内设备安装质量是否符合要求等。

(2)实测法。“靠、量、吊、套”。“靠”:路面、墙面等平整度是否符合要求。“量”:拌合料温度、混凝土坍落度是否符合要求。“吊”:门窗、砌体等垂直度是否符合要求。“套”:踢脚线的垂直度、阴阳角的方正等是否符合要求。

(3)试验法。理化试验和无损检测。

①理化试验主要包括:物理力学性能检验,如耐磨、抗渗、安定性、密度等物理性能,硬度、强度、承载力、冲击韧性等力学性能;化学成分检测,如硫、磷含量,耐酸、碱性能检测;其他现场试验,如耐压试验、通水试验、静载试验、蓄水试验等。

②无损检测主要包括射线检测、超声波检测、渗透检测、磁粉检测等。

（二）工序质量控制

1. 工序质量控制重点

工序质量是基础，直接影响工程项目的整体质量。要控制工程项目施工过程的质量，首先必须控制工序的质量。

工程质量是指施工过程中人、材料、机械、工艺方法和环境等对产品综合起作用的过程的质量，又称过程质量，它体现为产品质量。

工序质量包含两个方面的内容：一是工序活动条件的质量；二是工序活动效果的质量。从质量控制的角度来看，这两者是互为关联的，一方面要控制工序活动条件的质量，即每道工序投入品的质量（即人、材料、机械、方法和环境的质量）是否符合要求；另一方面要控制工序活动效果的质量，即每道工序施工完成的工程产品是否达到有关质量标准。

进行工序质量控制时，要重点进行以下几个方面的工作：

（1）确定工序质量控制工作计划。

（2）主动控制工序活动条件的质量。工序活动条件主要指影响质量的五大因素，即人、材料、机械设备、方法和环境。

（3）及时检验工序活动效果的质量。对工程质量有重大影响的工序，应在“三检”（自检、互检、专检）的基础上，经监理工程师最终检查认可后，才能进入下道工序。此外，应特别重视隐蔽工程和分部（分项）工程的质量检验。

（4）设置工序质量控制点，实行重点控制。

2. 工序质量控制点的设置

质量控制点设置的原则，是根据工程的重要程度，即质量特性值对整个工程质量的影响程度来确定。质量控制点的涉及面较广，根据工程特点，视其重要性、复杂性、精确性、质量标准和要求，可能是结构复杂的某一工程项目，又可能是影响质量关键的某一环节中的某一工序或若干工序。总之，无论是操作、材料、机械设备、施工顺序、技术参数、技术间歇、自然条件、工程环境等，均可作为质量控制点来设置，主要是视其对质量特征影响的大小及危害程度而定。

质量控制点的设置应选择施工过程中的重点部位、重点工序和重点质量因素作为质量控制的对象。根据《工程建设施工企业质量管理规范》，下列影响因素可列为工序的质量控制点：

（1）对施工质量有重要影响的关键质量特性、关键部位或重要影响因素。

（2）工艺上有严格要求，对下道工序的活动有重要影响的关键质量特性、部位。

（3）严重影响项目质量的材料的质量和性能。

（4）影响下道工序质量的技术间歇时间。

（5）与施工质量密切相关的技术参数。

（6）容易出现质量通病的部位。

（7）紧缺工程材料、构配件和工程设备或可能对生产安排有严重影响的关键项目。

（8）隐蔽工程验收。

链接

上述质量控制点中，技术参数类有：砌体砂浆的饱满度；回填土的含水量；混凝土外加剂的掺量、水胶比；混凝土冬季施工的受冻临界强度；防水混凝土的抗渗等级；预制构件出厂的强度等。技术间歇时间类有：混凝土浇筑与拆模时间间歇；砌筑与抹灰时间间歇。

3. 工序质量检验

工序质量的检验，就是利用一定的方法和手段，对工序操作及其完成产品的质量进行实际而及时的测定、查看和检查，并将所测得的结果同该工序的操作规程及形成质量特性的技术标准进行比较，从而判断是否合格或是否优良。

工序质量的检验，也是对工序活动的效果进行评价。工序活动的效果，归根结底就是指通过每道工序所完成的工程项目质量或产品的质量如何，是否符合质量标准。

链接

对于特殊工序，即施工过程的结果不能通过其后的检验试验加以验证（或不能经济地进行验证）的过程，应按上述要求设置质量控制点。特殊施工过程的质量控制中，专业技术人员编制的作业指导书应经项目技术负责人审批后方可执行。

（三）计量质量控制

施工单位应建立计量管理部门，并建立健全计量管理的规章制度。配置的计量人员应经培训合格后方可上岗，并严格按照规定使用、保管、维修、检验计量器具。

（四）成品保护

成品保护是指在施工过程中，对周围建筑物和构筑物或对已完成的分部工程、分项工程的保护措施。

在施工过程中，某些分项工程已经完成，而其他一些分项工程尚在施工；或者是在其分项工程施工过程中，某些部位已完成，而其他部位正在施工。对于已完成的成品，如没有采取妥善的措施加以保护，就会损伤或污染、增加维修的工作量、造成工料的浪费，严重的还可能影响到周围已竣工的工程。即使对这些损伤部位修复，也很难恢复其原样，影响了工程质量。因此，在施工过程中必须认真做好成品保护工作。

四、竣工验收阶段质量控制

竣工验收阶段的质量控制包括最终质量检验和试验、技术资料的整理、施工质量缺陷的处理、工程竣工验收文件的编制和移交准备、产品防护和撤场计划等。这个阶段主要的质量控制有以下要求：

（1）最终质量检验和试验。主要是指对单位工程质量进行的验证，是对建筑工程产品质量的最后把关，是全面考核产品质量是否满足质量计划预期要求的重要手段。最终质量检验和试验提供的结果是证明产品符合性的证据，如质量合格证书、材料试验检验单、隐蔽工程记录、施工记录和验收记录等。

(2)质量缺陷的处理。施工阶段出现的质量缺陷,应及时进行纠正,纠正后应再次验证纠正的有效性。对于质量缺陷处理的方式包括返修处理、返工处理、限制使用和不作处理等。

(3)资料移交。组织有关专业人员按合同要求,编制工程竣工文件,整理竣工资料及档案,并做好工程移交准备。

(4)产品保护。在最终检验和试验合格后,对产品采取防护措施,防止部件丢失和损坏。

(5)撤场计划。工程验收通过后,项目部应编制符合文明施工和环境保护要求的撤场计划。及时拆除、运走多余物资,按照项目规划要求恢复或平整场地,做到符合质量要求的项目整体移交。

五、建筑工程施工质量验收

以下内容主要参考《建筑工程施工质量验收统一标准》进行学习。

建筑工程施工质量验收是指建筑工程质量在施工单位自行检查合格的基础上,由工程质量验收责任方组织,工程建设相关单位参加,对检验批、分项、分部、单位工程及其隐蔽工程的质量进行抽样检验,对技术文件进行审核,并根据设计文件和相关标准以书面形式对工程质量是否达到合格作出确认。

(一)基本规定

建筑工程施工质量应按下列要求进行验收:

(1)工程质量验收均应在施工单位自检合格的基础上进行。

(2)参加工程施工质量验收的各方人员应具备相应的资格。

(3)检验批的质量应按主控项目和一般项目验收。

(4)对涉及结构安全、节能、环境保护和主要使用功能的试块、试件及材料,应在进场时或施工中按规定进行见证检验。

(5)隐蔽工程在隐蔽前应由施工单位通知监理单位进行验收,并应形成验收文件,验收合格后方可继续施工。

(6)对涉及结构安全、节能、环境保护和使用功能的重要分部工程,应在验收前按规定进行抽样检验。

(7)工程的观感质量应由验收人员现场检查,并应共同确认。

建筑工程施工质量验收合格应符合下列规定:

(1)符合工程勘察、设计文件的要求。

(2)符合本标准和相关专业验收规范的规定。

提示

建筑工程施工质量验收合格的规定中,第(1)条是个性化要求,第(2)条是一般性要求。

(二)建筑工程质量验收的划分

建筑工程施工质量验收应划分为单位工程、分部工程、分项工程和检验批。

单位工程应按下列原则划分:

(1)具备独立施工条件并能形成独立使用功能的建筑物或构筑物为一个单位工程。

(2)对于规模较大的单位工程,可将其能形成独立使用功能的部分划分为一个子单位工程。

分部工程应按下列原则划分:

(1)可按专业性质、工程部位确定。

(2)当分部工程较大或较复杂时,可按材料种类、施工特点、施工程序、专业系统及类别将分部工程划分为若干子分部工程。

分项工程可按主要工种、材料、施工工艺、设备类别进行划分。

检验批可根据施工、质量控制和专业验收的需要,按工程量、楼层、施工段、变形缝进行划分。施工前,应由施工单位制定分项工程和检验批的划分方案,并由监理单位审核。

(三)建筑工程质量验收

1. 检验批质量验收

检验批质量验收合格应符合下列规定:

(1)主控项目的质量经抽样检验均应合格。

(2)一般项目的质量经抽样检验合格。当采用计数抽样时,合格点率应符合有关专业验收规范的规定,且不得存在严重缺陷。对于计数抽样的一般项目,正常检验一次、二次抽样可按相关标准判定。

(3)具有完整的施工操作依据、质量验收记录。

专家解读

检验批是施工过程中条件相同并有一定数量的材料、构配件或安装项目,由于其质量水平基本均匀一致,因此可以作为检验的基本单元,并按批验收。

检验批是工程验收的最小单位,是分项工程、分部工程、单位工程质量验收的基础。检验批验收包括资料检查、主控项目和一般项目检验。

质量控制资料反映了检验批从原材料到最终验收的各施工工序的操作依据、检查情况以及保证质量所必需的管理制度等。对其完整性的检查,实际是对过程控制的确认,是检验批合格的前提。

检验批的合格与否主要取决于对主控项目和一般项目的检验结果。主控项目是对检验批的基本质量起决定性影响的检验项目,须从严要求,因此要求主控项目必须全部符合有关专业验收规范的规定,这意味着主控项目不允许有不符合要求的检验结果。对于一般项目,虽然允许存在一定数量的不合格点,但某些不合格点的指标与合格要求偏差较大或存在严重缺陷时,仍将影响使用功能或观感质量,对这些部位应进行维修处理。

2. 分项工程质量验收

分项工程质量验收合格应符合下列规定:

(1)所含检验批的质量均应验收合格。

(2)所含检验批的质量验收记录应完整。

专家解读

分项工程的验收是以检验批为基础进行的。一般情况下，检验批和分项工程两者具有相同或相近的性质，只是批量的大小不同而已。分项工程质量合格的条件是构成分项工程的各检验批验收资料齐全完整，且各检验批均已验收合格。

3. 分部工程质量验收

分部工程质量验收合格应符合下列规定：

(1)所含分项工程的质量均应验收合格。

(2)质量控制资料应完整。

(3)有关安全、节能、环境保护和主要使用功能的抽样检验结果应符合相应规定。

(4)观感质量应符合要求。

专家解读

分部工程的验收是以所含各分项工程验收为基础进行的。首先，组成分部工程的各分项工程已验收合格且相应的质量控制资料齐全、完整。此外，由于各分项工程的性质不尽相同，因此作为分部工程不能简单地组合而加以验收，尚需进行以下两类检查项目：(1)涉及安全、节能、环境保护和主要使用功能的地基与基础、主体结构和设备安装等分部工程应进行有关的见证检验或抽样检验。(2)以观察、触摸或简单量测的方式进行观感质量验收，并结合验收人的主观判断，检查结果并不给出"合格"或"不合格"的结论，而是综合给出"好""一般""差"的质量评价结果。对于"差"的检查点应进行返修处理。

4. 单位工程质量验收

单位工程质量验收也称质量竣工验收，是建筑工程投入使用前的最后一次验收，也是最重要的一次验收。单位工程质量验收合格应符合的规定，如图 4-1 所示。

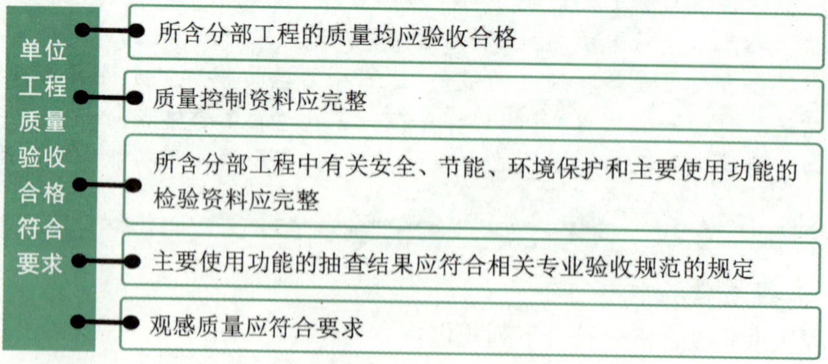

图 4-1　单位工程质量验收合格应符合的规定

历年考试中会考查竣工验收的相关规定，下面主要参考《房屋建筑和市政基础设施工程竣工验收规定》进行学习。

工程竣工验收由建设单位负责组织实施。工程符合下列要求方可进行竣工验收：

(1)完成工程设计和合同约定的各项内容。

(2)施工单位在工程完工后对工程质量进行了检查，确认工程质量符合有关法律、法规和工程建设强制性标准，符合设计文件及合同要求，并提出工程竣工报告。工程竣工报告应经项目经理和施工单位有关负责人审核签字。

(3)对于委托监理的工程项目，监理单位对工程进行了质量评估，具有完整的监理资料，并提出工程质量评估报告。工程质量评估报告应经总监理工程师和监理单位有关负责人审核签字。

(4)勘察、设计单位对勘察、设计文件及施工过程中由设计单位签署的设计变更通知书进行了检查，并提出质量检查报告。质量检查报告应经该项目勘察、设计负责人和勘察、设计单位有关负责人审核签字。

(5)有完整的技术档案和施工管理资料。

(6)有工程使用的主要建筑材料、建筑构配件和设备的进场试验报告，以及工程质量检测和功能性试验资料。

(7)建设单位已按合同约定支付工程款。

(8)有施工单位签署的工程质量保修书。

(9)对于住宅工程，进行分户验收并验收合格，建设单位按户出具《住宅工程质量分户验收表》。

(10)建设主管部门及工程质量监督机构责令整改的问题全部整改完毕。

(11)法律、法规规定的其他条件。

提示

《建设工程质量管理条例》中将竣工验收的条件简化为5条，即建设工程竣工验收应当具备下列条件：(1)完成建设工程设计和合同约定的各项内容。(2)有完整的技术档案和施工管理资料。(3)有工程使用的主要建筑材料、建筑构配件和设备的进场试验报告。(4)有勘察、设计、施工、工程监理等单位分别签署的质量合格文件。(5)有施工单位签署的工程保修书。注意：可按简化后的5条进行记忆。

工程竣工验收应当按以下程序进行：

(1)工程完工后，施工单位向建设单位提交工程竣工报告，申请工程竣工验收。实行监理的工程，工程竣工报告须经总监理工程师签署意见。

(2)建设单位收到工程竣工报告后，对符合竣工验收要求的工程，组织勘察、设计、施工、监理等单位组成验收组，制定验收方案。对于重大工程和技术复杂工程，根据需要可邀请有关专家参加验收组。

(3)建设单位应当在工程竣工验收7个工作日前将验收的时间、地点及验收组名单书面通知负责监督该工程的工程质量监督机构。

(4)建设单位组织工程竣工验收。

①建设、勘察、设计、施工、监理单位分别汇报工程合同履约情况和在工程建设各个环节执行法律、法规和工程建设强制性标准的情况。

②审阅建设、勘察、设计、施工、监理单位的工程档案资料。

③实地查验工程质量。

④对工程勘察、设计、施工、设备安装质量和各管理环节等方面作出全面评价，形成经验收组人员签署的工程竣工验收意见。

参与工程竣工验收的建设、勘察、设计、施工、监理等各方不能形成一致意见时，应当协商提出解决的方法，待意见一致后，重新组织工程竣工验收。

工程竣工验收合格后，建设单位应当及时提出工程竣工验收报告。工程竣工验收报告主要包括工程概况，建设单位执行基本建设程序情况，对工程勘察、设计、施工、监理等方面的评价，工程竣工验收时间、程序、内容和组织形式，工程竣工验收意见等内容。工程竣工验收报告还应附有下列文件：

(1)施工许可证。

(2)施工图设计文件审查意见。

(3)上述“工程符合下列要求方可进行竣工验收”中(2)(3)(4)(8)项规定的文件。

(4)验收组人员签署的工程竣工验收意见。

(5)法规、规章规定的其他有关文件。

提示

上述第(3)条可简单记忆为：勘察、设计、施工、监理等单位分别签署的质量合格文件。

负责监督该工程的工程质量监督机构应当对工程竣工验收的组织形式、验收程序、执行验收标准等情况进行现场监督，发现有违反建设工程质量管理规定行为的，责令改正，并将对工程竣工验收的监督情况作为工程质量监督报告的重要内容。

建设单位应当自工程竣工验收合格之日起15日内，依照《房屋建筑和市政基础设施工程竣工验收备案管理办法》的规定，向工程所在地的县级以上地方人民政府建设主管部门备案。

5. 施工质量验收记录

建筑工程施工质量验收记录填写时，检验批、分项工程、分部工程、单位工程质量竣工验收记录、质量控制资料核查记录、安全和功能检验资料核查及主要功能抽查记录、观感质量检查记录应按《建筑工程施工质量验收统一标准》附录要求填写。

6. 施工质量不合理的处理

当建筑工程施工质量不符合要求时，应按下列规定进行处理：

(1)经返工或返修的检验批，应重新进行验收。其中，对于严重的缺陷应重新施工，一般的缺陷可通过返修、更换予以解决，允许施工单位在采取相应的措施后重新验收。

(2)经有资质的检测机构检测鉴定能够达到设计要求的检验批，应予以验收。

(3)经有资质的检测机构检测鉴定达不到设计要求、但经原设计单位核算认可能够满足安全和使用功能的检验批，可予以验收。

(4)经返修或加固处理的分项、分部工程，满足安全及使用功能要求时，可按技术处理方案和协商文件的要求予以验收。

工程质量控制资料应齐全完整。当部分资料缺失时，应委托有资质的检测机构按有关标准进行相应的实体检验或抽样试验。

经返修或加固处理仍不能满足安全或重要使用要求的分部工程及单位工程，严禁验收。

（四）建筑工程质量验收的程序和组织

检验批应由专业监理工程师组织施工单位项目专业质量检查员、专业工长等进行验收。

分项工程应由专业监理工程师组织施工单位项目专业技术负责人等进行验收。

分部工程应由总监理工程师组织施工单位项目负责人和项目技术负责人等进行验收。勘察、设计单位项目负责人和施工单位技术、质量部门负责人应参加地基与基础分部工程的验收。设计单位项目负责人和施工单位技术、质量部门负责人应参加主体结构、节能分部工程的验收。

单位工程中的分包工程完工后，分包单位应对所承包的工程项目进行自检，并应按规定的程序进行验收。验收时，总包单位应派人参加。分包单位应将所分包工程的质量控制资料整理完整，并移交给总包单位。

单位工程完工后，施工单位应组织有关人员进行自检。总监理工程师应组织各专业监理工程师对工程质量进行竣工预验收。存在施工质量问题时，应由施工单位整改。整改完毕后，由施工单位向建设单位提交工程竣工报告，申请工程竣工验收。

建设单位收到工程竣工报告后，应由建设单位项目负责人组织监理、施工、设计、勘察等单位项目负责人进行单位工程验收。

六、建筑工程质量责任的追究

历年考试经常考查《建筑工程五方责任主体项目负责人质量终身责任追究暂行办法》中的相关规定，下面依据该规定进行重点讲解。

（一）基本概念

建筑工程五方责任主体项目负责人是指承担建筑工程项目建设的建设单位项目负责人、勘察单位项目负责人、设计单位项目负责人、施工单位项目经理、监理单位总监理工程师。

建筑工程开工建设前，建设、勘察、设计、施工、监理单位法定代表人应当签署授权书，明确本单位项目负责人。

建筑工程五方责任主体项目负责人质量终身责任，是指参与新建、扩建、改建的建筑工程项目负责人按照国家法律法规和有关规定，在工程设计使用年限内对工程质量承担相应责任。

（二）质量责任的监督

国务院住房和城乡建设主管部门负责对全国建筑工程项目负责人质量终身责任追究工作进行指导和监督管理。

县级以上地方人民政府住房和城乡建设主管部门负责对本行政区域内的建筑工程项目负责人质量终身责任追究工作实施监督管理。

（三）质量责任的承担

建设单位项目负责人对工程质量承担全面责任，不得违法发包、肢解发包，不得以任何理由要求勘察、设计、施工、监理单位违反法律法规和工程建设标准，降低工程质量，其违法违规或不当行为造成工程质量事故或质量问题应当承担责任。

勘察、设计单位项目负责人应当保证勘察设计文件符合法律法规和工程建设强制性标准的要求，对因勘察、设计导致的工程质量事故或质量问题承担责任。

施工单位项目经理应当按照经审查合格的施工图设计文件和施工技术标准进行施工，对因施工导致的工程质量事故或质量问题承担责任。

监理单位总监理工程师应当按照法律法规、有关技术标准、设计文件和工程承包合同进行监理，对施工质量承担监理责任。

（四）质量责任的追究

符合下列情形之一的，县级以上地方人民政府住房和城乡建设主管部门应当依法追究项目负责人的质量终身责任：

（1）发生工程质量事故。

（2）发生投诉、举报、群体性事件、媒体报道并造成恶劣社会影响的严重工程质量问题。

（3）由于勘察、设计或施工原因造成尚在设计使用年限内的建筑工程不能正常使用。

（4）存在其他需追究责任的违法违规行为。

发生上述所列情形之一的，对建设单位项目负责人按以下方式进行责任追究：

（1）项目负责人为国家公职人员的，将其违法违规行为告知其上级主管部门及纪检监察部门，并建议对项目负责人给予相应的行政、纪律处分。

（2）构成犯罪的，移送司法机关依法追究刑事责任。

（3）处单位罚款数额5%以上10%以下的罚款。

（4）向社会公布曝光。

提示

对勘察单位项目负责人、设计单位项目负责人、施工单位项目经理、监理单位总监理工程师的责任追究，除了第（1）条不一样，其他都一样。

第四节　施工质量事故预防与处理

一、质量事故的原因及分类

（一）质量事故的原因

常见的质量事故原因有以下几类。

1. 未遂事故

凡通过检查所发现的问题，经自行解决处理，未造成经济损失或延误工期的，均属于未遂事故。未遂事故原因与已遂事故原因基本一致。

2. 已遂事故

凡造成经济损失及不良后果者，则构成已遂事故。事故原因如下：

(1)违反建设程序和法律法规。如“三边”“七无”工程。

(2)建设工程地质勘察或地基处理不当、设计计算问题等勘察设计失误。例如:勘察报告不准、不细;构造设计不合理等。

(3)工程施工的非法承包,偷工减料。

(4)施工及其管理的失误。例如:使用不合格的工程材料、半成品、构配件;忽视安全生产施工;违反相关规范施工;施工人员不具备上岗的技术资质;施工管理混乱等。

(5)自然条件等不可抗力的影响。

(二)质量事故的分类

建设工程质量事故一般可按下述方法进行分类。

1. 按事故发生的时间分类

(1)施工期事故。

(2)使用期事故。

从国外大量的统计资料分析,绝大多数质量事故都发生在施工阶段到交工验收前这段时间。

2. 按事故损失的严重程度分类

根据《关于做好房屋建筑和市政基础设施工程质量事故报告和调查处理工作的通知》,工程质量事故,是指由于建设、勘察、设计、施工、监理等单位违反工程质量有关法律法规和工程建设标准,使工程产生结构安全、重要使用功能等方面的质量缺陷,造成人身伤亡或者重大经济损失的事故。

链接

根据《质量管理体系 基础和术语》,不合格是指不符合,未满足要求。工程产品未满足质量要求则称为质量不合格。缺陷是指与预期或规定用途有关的不合格。工程产品与规定用途有关的不合格称为质量缺陷。工程质量不合格,造成的直接经济损失低于一般质量事故称为质量问题。

根据工程质量事故造成的人员伤亡或者直接经济损失,工程质量事故分为4个等级:

(1)特别重大事故,是指造成30人以上死亡,或者100人以上重伤,或者1亿元以上直接经济损失的事故。

(2)重大事故,是指造成10人以上30人以下死亡,或者50人以上100人以下重伤,或者5 000万元以上1亿元以下直接经济损失的事故。

(3)较大事故,是指造成3人以上10人以下死亡,或者10人以上50人以下重伤,或者1 000万元以上5 000万元以下直接经济损失的事故。

(4)一般事故,是指造成3人以下死亡,或者10人以下重伤,或者100万元以上1 000万元以下直接经济损失的事故。

本等级划分所称的“以上”包括本数,所称的“以下”不包括本数。

专家解读

质量事故分类等级与生产安全事故分类等级进行异同比较,不同点:质量事故分类中的"一般事故"中规定"或者 100 万元以上 1 000 万元以下直接经济损失";而在安全事故分类中一般事故中规定"或者 1 000 万元以下直接经济损失","安全无小事",安全事故分类中的"一般事故"对于直接经济损失没有下限规定。相同点:质量事故和生产安全事故分类中"较大事故""重大事故""特别重大事故"三类划分标准一样;均遵循从重原则。

典型例题

【单选题】某工程发生的质量事故导致 2 人死亡,直接经济损失 4 500 万元,则质量事故等级是(　　)。

A. 一般事故　　B. 重大事故

C. 特别重大事故　　D. 较大事故

D。【解析】较大事故是指造成 3 人以上 10 人以下死亡,或者 10 人以上 50 人以下重伤,或者 1 000 万元以上 5 000 万元以下直接经济损失的事故。故本题中的质量事故等级是较大事故。

3. 按事故性质分类

(1)倒塌事故。如建筑物整体或局部倒塌。

(2)开裂事故。如砌体或混凝土结构开裂。

(3)错位偏差事故。如位置错误;结构构件尺寸、位置偏差过大;预埋件、预留洞等错位偏差超过规定等。

(4)地基工程事故。如地基失稳或变形,斜坡失稳等。

(5)基础工程事故。如基础错位、变形过大,设备基础振动过大等。

(6)结构或构件承载力不足事故。如混凝土结构中漏放或少放钢筋;钢结构中杆件连接达不到设计要求等。

(7)功能事故。如房屋漏水、渗水,隔热或隔声功能达不到设计要求,装饰建设工程质量达不到标准等。

(8)其他事故。如高处坠落、物体打击、机械伤害、触电、起重伤害、淹溺、爆炸、放炮、中毒和窒息等事故。

4. 按事故原因分类

(1)管理原因。主要是指管理体系、措施、检验制度、检测仪器管理等存在缺陷造成的质量事故。

(2)技术原因。指在项目勘察、设计以及施工中技术、工艺、设计、方法中存在失误等造成的质量事故。

(3)社会、经济原因。如因盲目追求利润、恶意竞标、随意变更设计方案、偷工减料等造成的质量事故。

(4)其他原因。如人为事故、自然灾害等不可抗力造成的质量事故。

5. 按事故责任分类

(1)操作责任事故(工人失误)。主要是指操作工人不严格按施工规范、标准进行施工造成的质量事故。

(2)指导责任事故(管理人员的失误)。主要是指工程负责人在指导方面的失误而导致的质量事故,如不按规范指导施工、随意压缩工期、降低工程质量标准、只追求进度忽视质量控制、强令他人违章作业等造成的质量事故。

(3)自然灾害事故(不可抗力)。发生台风、暴雨、地震、洪水等造成的质量事故。

二、质量事故报告

根据《关于做好房屋建筑和市政基础设施工程质量事故报告和调查处理工作的通知》,工程质量事故发生后,事故现场有关人员应当立即向工程建设单位负责人报告;工程建设单位负责人接到报告后,应于1小时内向事故发生地县级以上人民政府住房和城乡建设主管部门及有关部门报告。

情况紧急时,事故现场有关人员可直接向事故发生地县级以上人民政府住房和城乡建设主管部门报告。

住房和城乡建设主管部门接到事故报告后,应当依照下列规定上报事故情况,并同时通知公安、监察机关等有关部门:

(1)较大、重大及特别重大事故逐级上报至国务院住房和城乡建设主管部门,一般事故逐级上报至省级人民政府住房和城乡建设主管部门,必要时可以越级上报事故情况。

(2)住房和城乡建设主管部门上报事故情况,应当同时报告本级人民政府;国务院住房和城乡建设主管部门接到重大和特别重大事故的报告后,应当立即报告国务院。

(3)住房和城乡建设主管部门逐级上报事故情况时,每级上报时间不得超过2小时。

(4)事故报告应包括的内容:事故发生的时间、地点、工程项目名称、工程各参建单位名称;事故发生的简要经过、伤亡人数(包括下落不明的人数)和初步估计的直接经济损失;事故的初步原因;事故发生后采取的措施及事故控制情况;事故报告单位、联系人及联系方式;其他应当报告的情况。

(5)事故报告后出现新情况,以及事故发生之日起30日内伤亡人数发生变化的,应当及时补报。

提示

根据《建设工程质量管理条例》,建设工程发生质量事故,有关单位应当在24小时内向当地建设行政主管部门和其他有关部门报告。对重大质量事故,事故发生地的建设行政主管部门和其他有关部门应当按照事故类别和等级向当地人民政府和上级建设行政主管部门和其他有关部门报告。特别重大质量事故的调查程序按照国务院有关规定办理。注意:质量事故的报告时限可按“24小时”进行记忆。

三、质量事故调查

住房和城乡建设主管部门应当按照有关人民政府的授权或委托，组织或参与事故调查组对事故进行调查，并履行下列职责：

(1)核实事故基本情况，包括事故发生的经过、人员伤亡情况及直接经济损失。

(2)核查事故项目基本情况，包括项目履行法定建设程序情况、工程各参建单位履行职责的情况。

(3)依据国家有关法律法规和工程建设标准分析事故的直接原因和间接原因，必要时组织对事故项目进行检测鉴定和专家技术论证。

(4)认定事故的性质和事故责任。

(5)依照国家有关法律法规提出对事故责任单位和责任人员的处理建议。

(6)总结事故教训，提出防范和整改措施。

(7)提交事故调查报告。

事故调查报告的主要内容，下面以典型例题的形式进行讲解。

典型例题

【多选题】建设工程施工质量事故调查报告的主要内容包括(　　)。

A. 事故基本情况　　B. 事故发生后采取的应急防护措施

C. 事故调查中的有关数据、资料　　D. 事故的原因分析

E. 事故涉及人员与主要责任者的情况

ABCE。【解析】建设工程施工质量事故调查报告的主要内容除了选项 A,B,C,E 外，还包括事故项目及各参建单位概况；初步判断事故原因和事故性质，提出事故处理建议等。

四、质量事故处理

(一)质量事故处理的规定

住房和城乡建设主管部门应当依据有关人民政府对事故调查报告的批复和有关法律法规的规定，对事故相关责任者实施行政处罚。处罚权限不属本级住房和城乡建设主管部门的，应当在收到事故调查报告批复后 15 个工作日内，将事故调查报告(附具有关证据材料)、结案批复、本级住房和城乡建设主管部门对有关责任者的处理建议等转送有权限的住房和城乡建设主管部门。

住房和城乡建设主管部门应当依据有关法律法规的规定，对事故负有责任的建设、勘察、设计、施工、监理等单位和施工图审查、质量检测等有关单位分别给予罚款、停业整顿、降低资质等级、吊销资质证书其中一项或多项处罚，对事故负有责任的注册执业人员分别给予罚款、停止执业、吊销执业资格证书、终身不予注册其中一项或多项处罚。

(二)质量事故处理的依据

处理质量事故，必须分析原因，作出正确的处理决策，这就要以充分的、准确的第一手资料作为决策基础和依据。进行建设工程质量事故处理的主要依据有以下几个方面：

(1)事故调查报告包括的内容及相关资料。

(2)具有法律效力的且得到有关当事各方认可的建设工程承包合同、设计委托合同、材料或设备购销合同以及监理合同或分包合同等合同文件。

(3)有关的技术文件和档案。

(4)相关的法律法规。

(5)类似建设工程质量事故处理的资料和经验。

(三)质量事故处理的基本要求

施工质量事故处理时应满足的基本要求,下面以典型例题的形式进行讲解。

典型例题

【多选题】施工质量事故处理的基本要求有(　　)。

A. 正确选择处理的人数和处罚方式　　B. 确保事故处理期间的安全

C. 加强事故处理的检查验收工作　　D. 优先采用节约成本的技术措施

E. 重视消除造成事故的原因

BCE。【解析】施工质量事故处理的基本要求除了选项 B,C,E 外,还包括事故处理应达到安全可靠、满足使用和生产要求、不留隐患、经济合理、施工方便的目的;正确选择事故处理的范围、时间和方法等。

(四)质量事故处理的程序

历年考试中考查的质量事故处理的程序大致为:事故调查→分析事故原因→制定事故处理技术方案→进行事故处理→事故处理的鉴定验收→事故处理报告的提交。

1. 事故调查

事故调查可分为初步调查、详细调查和补充调查。

初步调查的内容包括:建设工程情况;事故情况;图纸资料;施工资料等。

详细调查的内容包括:设计情况;地基及基础情况;结构实际情况;荷载情况;建筑物变形观测;裂缝观测等。

补充调查的内容包括:对有怀疑的地基进行补充勘测;测定所用材料的实际性能;建筑物内部缺陷的检查;较长时期的观测等。

调查的结果需要整理起来,撰写成事故调查报告。

2. 分析事故原因

在事故调查的基础上,分清事故的性质、类别及其危害程度,为事故处理提供必要的依据。分析事故原因应重视以下几个方面:

(1)确定事故原点。事故原点的状况往往反映事故的直接原因。

(2)正确区别同类型事故的不同原因。根据调查的情况,对事故进行认真、全面的分析,找出事故的根本原因。

(3)注意事故原因的综合性。要全面估计各种因素对事故的影响,以便采取综合治理措施。

3. 制定事故处理技术方案

根据事故调查取得的资料,对结构的安全性、适用性和耐久性进行科学的评定,为事故的处理决策确定方向。可靠性鉴定一般由专门从事建筑物鉴定的机构作出。根据事故调查报告、实地勘察结果、事故性质以及用户的要求确定优化事故处理的技术方案。

4. 进行事故处理

质量事故处理技术方案经相关各方签认后，施工单位应制定详细的施工方案，并根据施工方案进行事故的技术处理。此外，事故处理时，应对事故的相关责任者和责任单位进行处罚。

质量事故处理时，应当正确地分析和判断事故产生的原因，通常可以根据质量问题的情况，确定不同性质的处理方法，如表 4-1 所示。

表 4-1　质量事故处理的方法

处理方法	适用情形	实例
加固处理	对于可能危及结构承载力的缺陷	混凝土的加固（增大截面加固法、置换混凝土加固法、体外预应力加固法、外包型钢加固法、粘贴钢板加固法、粘贴纤维复合材加固法、增设支点加固法）
返修处理	经适当修复可达到标准，不影响使用功能或外观要求	混凝土结构表面出现蜂窝、麻面、损伤、裂缝可采用返修的方法。其中，对于裂缝的返修，主要有灌浆修补法、表面密封法、嵌缝封闭法等
返工处理	返修处理后仍不满足标准的要求，或不具备补救可能	浇筑后混凝土实际强度达不到规定数值；预应力张拉系数严重不足；压实土干密度不符合要求，从而影响土体不满足抗渗能力；误用安定性不合格的水泥等
限制使用	工程质量缺陷经加固、返工处理后仍无法保证达到规定的安全要求，但没有完全丧失使用功能	—
不作处理	缺陷轻微不影响结构安全和使用功能；可通过后续工序进行修复；经法定检测单位鉴定合格；经原设计单位核算满足结构安全和使用功能	放线定位偏差使山墙上窗户位置偏离或者混凝土表面的干缩微裂，经验证不影响安全和使用功能；混凝土表面的轻微麻面可用后续工序弥补；用后期垫层、面层施工来弥补楼面平整度的轻微偏差；某检验批混凝土试块强度不满足规范要求，但混凝土实体强度检测后满足设计要求等
报废处理	以上方法采用后仍不满足要求	—

典型例题

【单选题】某工程混凝土结构出现了宽度大于 0.3 mm 的裂缝，经分析研究不影响结构的安全和使用，可采取的处理方法是(　　)。

A. 返工处理　　B. 返修处理

C. 限制使用　　D. 不作处理

B。【解析】对于混凝土结构出现裂缝的情况，若经分析研究不影响结构的安全和使用，可采取返修处理。若混凝土结构出现的裂缝深度较深，可采取灌浆修补法处理；若出现宽度较大（大于 0.3 mm）的裂缝，可采取嵌缝密闭法处理；若出现宽度较小（小于 0.2 mm）的裂缝，可采用表面密封法处理。

5. 事故处理的鉴定验收

质量事故的技术处理是否达到了预期目的，消除了工程质量不合格和工程质量缺陷，是否仍留有隐患，项目监理机构应通过组织检查和必要的鉴定，对此进行验收并予以最终确认。

工程质量事故处理完成后，项目监理机构在施工单位自检合格的基础上，应严格按施工验收标准及有关规范的规定进行检查，依据质量事故技术处理方案设计要求，通过实际量测，检查各种资料数据进行验收，并应办理验收手续，组织各有关单位会签。

为确保工程质量事故的处理效果，凡涉及结构承载力等使用安全和其他重要性能的处理工作，还需要做必要的试验和检验鉴定工作。

对所有质量事故无论经过技术处理，通过检查鉴定验收还是不需专门处理的，均应有明确的书面结论。

6. 事故处理报告的提交

质量事故处理报告主要包括的内容：事故处理的依据、方案、结论及技术措施等；事故处理过程中的相关数据、资料和记录；事故调查的原始资料、数据；事故原因的分析及论证；检验验收记录等。

第五节　建设行政管理部门对施工质量的监督管理

一、政府监督职能

（一）《建设工程质量管理条例》的相关规定

国家实行建设工程质量监督管理制度。国务院建设行政主管部门对全国的建设工程质量实施统一监督管理。国务院铁路、交通、水利等有关部门按照国务院规定的职责分工，负责对全国的有关专业建设工程质量的监督管理。

县级以上地方人民政府建设行政主管部门对本行政区域内的建设工程质量实施监督管理。县级以上地方人民政府交通、水利等有关部门在各自的职责范围内，负责对本行政区域内的专业建设工程质量的监督管理。

县级以上地方人民政府建设行政主管部门和其他有关部门应当加强对有关建设工程质量的法律、法规和强制性标准执行情况的监督检查。

县级以上人民政府建设行政主管部门和其他有关部门履行监督检查职责时，有权采取下列措施：

(1)要求被检查的单位提供有关工程质量的文件和资料。

(2)进入被检查单位的施工现场进行检查。

(3)发现有影响工程质量的问题时，责令改正。

建设单位应当自建设工程竣工验收合格之日起 15 日内，将建设工程竣工验收报告和规划、公安消防、环保等部门出具的认可文件或者准许使用文件报建设行政主管部门或者其他有关部门备案。

建设行政主管部门或者其他有关部门发现建设单位在竣工验收过程中有违反国家有关建设工程质量管理规定行为的，责令停止使用，重新组织竣工验收。

有关单位和个人对县级以上人民政府建设行政主管部门和其他有关部门进行的监督检查应当支持与配合，不得拒绝或者阻碍建设工程质量监督检查人员依法执行职务。

供水、供电、供气、公安消防等部门或者单位不得明示或者暗示建设单位、施工单位购买其指定的生产供应单位的建筑材料、建筑构配件和设备。

建设工程发生质量事故，有关单位应当在24小时内向当地建设行政主管部门和其他有关部门报告。对重大质量事故，事故发生地的建设行政主管部门和其他有关部门应当按照事故类别和等级向当地人民政府和上级建设行政主管部门和其他有关部门报告。特别重大质量事故的调查程序按照国务院有关规定办理。任何单位和个人对建设工程的质量事故、质量缺陷都有权检举、控告、投诉。

（二）其他规定

根据《房屋建筑和市政基础设施工程质量监督管理规定》，工程质量监督是建设行政主管部门或其委托的工程质量监督机构根据国家的法律、法规和工程建设强制性标准，对责任主体和有关机构履行质量责任的行为以及工程实体质量进行监督检查，维护公众利益的行政执法行为。

提示

上述所称的建设工程质量责任主体，是指参与工程建设项目的建设单位、勘察单位、设计单位、施工单位和监理单位。所称的有关机构，是指工程质量检测机构。

工程实体质量监督，是指主管部门对涉及工程主体结构安全、主要使用功能的工程实体质量情况实施监督。

工程质量行为监督，是指主管部门对工程质量责任主体和质量检测等单位履行法定质量责任和义务的情况实施监督。

链接

政府质量监督机构对工程实体质量和责任主体的质量行为采取“双随机、一公开”检查方式和“互联网＋监管”模式，其检查的内容主要有：工程质量控制资料的完成情况；工程实体质量；工程各参建方的质量行为；工程各参建方质量责任制的履行情况。“双随机”是指随机抽取检查对象、随机选派执法检查人员；“一公开”是指及时向社会公开抽查情况及查处结果；“互联网＋监管”是指将互联网和监管部门融合。

工程质量监督管理应当包括下列内容：

（1）执行法律法规和工程建设强制性标准的情况。

（2）抽查涉及工程主体结构安全和主要使用功能的工程实体质量。

（3）抽查工程质量责任主体和质量检测等单位的工程质量行为。

（4）抽查主要建筑材料、建筑构配件的质量。

(5)对工程竣工验收进行监督。

(6)组织或者参与工程质量事故的调查处理。

(7)定期对本地区工程质量状况进行统计分析。

(8)依法对违法违规行为实施处罚。

主管部门实施监督检查时,有权采取下列措施:

(1)要求被检查单位提供有关工程质量的文件和资料。

(2)进入被检查单位的施工现场进行检查。

(3)发现有影响工程质量的问题时,责令改正。

省、自治区、直辖市人民政府建设主管部门应当按照国家有关规定,对本行政区域内监督机构每3年进行一次考核。监督机构经考核合格后,方可依法对工程实施质量监督,并对工程质量监督承担监督责任。

监督机构应当具备下列条件:

(1)具有符合规范规定的监督人员。人员数量由县级以上地方人民政府建设主管部门根据实际需要确定。监督人员应当占监督机构总人数的75%以上。

(2)有固定的工作场所和满足工程质量监督检查工作需要的仪器、设备和工具等。

(3)有健全的质量监督工作制度,具备与质量监督工作相适应的信息化管理条件。

监督人员应当具备下列条件:

(1)具有工程类专业大学专科以上学历或者工程类执业注册资格。

(2)具有3年以上工程质量管理或者设计、施工、监理等工作经历。

(3)熟悉掌握相关法律法规和工程建设强制性标准。

(4)具有一定的组织协调能力和良好职业道德。

监督人员符合上述条件经考核合格后,方可从事工程质量监督工作。

二、政府监督实施

根据《房屋建筑和市政基础设施工程质量监督管理规定》,对工程项目实施质量监督,应当依照如图4-2所示的程序进行。

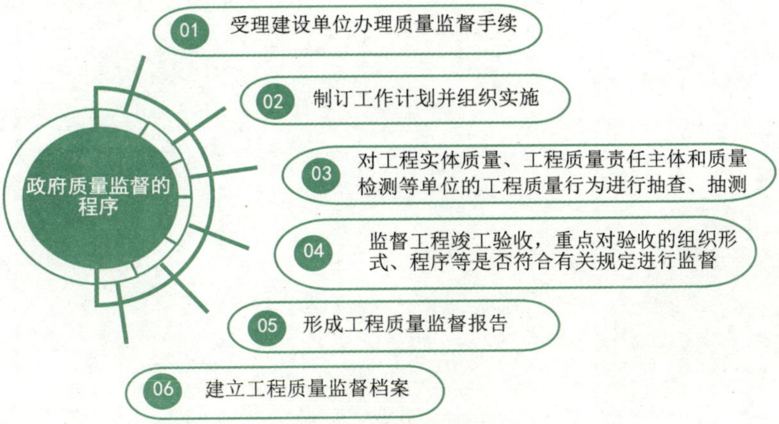

图4-2　政府质量监督的程序

建设单位在开工前，应当按照国家有关规定办理工程质量监督手续，工程质量监督手续可以与施工许可证或者开工报告合并办理。政府监督机构应审查质量监督手续的相关文件，审查合格后签发质量监督文件。政府监督机构在开工前进行第一次监督检查的重点为参与工程建设各方主体的质量行为，具体检查内容包括：质量保证体系的建立情况；开工前的各项建设行政手续；各参与方及其相关人员的经营资质证书、执业资格证书；施工组织设计、监理规划等文件和文件审批手续；检查结果的相关记录。

政府监督机构对全过程施工情况不定期检查，应每月监督检查基础工程及主体结构工程，且监督其分部工程验收，质量验收证明应由建设单位、施工方、设计方、监理方分别签字，并在验收后 3 天内由建设单位报送相关机构备案；政府质量监督机构在监督检查过程中发现质量不合格，并查实是承包商原因造成的，则应签发质量问题整改通知单或局部暂停施工指令单，如果问题严重可签发临时收缴资质证书通知书。

政府质量监督机构建立工程质量监督档案时，应按单位工程建立，档案签字人员为监督机构负责人。

典型例题

【单选题】关于工程质量监督的说法，正确的是(　　)。

A. 施工单位在项目开工前向监督机构申请质量监督手续

B. 建设行政主管部门对工程质量监督的性质属于行政执法行为

C. 建设行政主管部门质量监督的范围包括永久性和临时性建筑工程

D. 工程质量监督指的是主管部门对工程实体质量情况实施的监督

B。【解析】工程质量监督是建设行政主管部门或其委托的工程质量监督机构根据国家的法律、法规和工程建设强制性标准，对责任主体和有关机构履行质量责任的行为以及工程实体质量进行监督检查，维护公众利益的行政执法行为。

第五章 施工职业健康安全与环境管理

第一节 职业健康安全管理体系与环境管理体系

一、职业健康安全管理体系

2020 年 3 月 6 日,国家市场监管总局、国家标准化管理委员会发布 2020 年第 1 号公告,批准《职业健康安全管理体系　要求及使用指南》,同时推广实施。

(一)《职业健康安全管理体系　要求及使用指南》的概述

本标准规定了职业健康安全(OH&S)管理体系的要求,并给出了其使用指南,以使组织能够通过防止与工作相关的伤害和健康损害以及主动改进其职业健康安全绩效来提供安全和健康的工作场所。

本标准具有如下特点:有助于组织实现其职业健康安全管理体系的预期结果(包括持续改进职业健康安全绩效;满足法律法规要求和其他要求;实现职业健康安全目标);适用于任何规模、类型和活动的组织;适用于组织控制下的职业健康安全风险,这些风险必须考虑到诸如组织运行所处环境、组织工作人员和其他相关方的需求和期望等因素;既不规定具体的职业健康安全绩效准则,也不提供职业健康安全管理体系的设计规范;使组织能够借助其职业健康安全管理体系整合健康和安全的其他方面,如工作人员的福利和(或)幸福等;不涉及对工作人员和其他有关相关方的风险以外的议题,如产品安全、财产损失或环境影响等;能够全部或部分地用于系统改进职业健康安全管理。

然而,只有当本标准的所有要求均被包含在了组织的职业健康安全管理体系中并全部得到满足,有关符合本标准的声明才能被认可。

本标准定义了共计 37 项术语和定义,涉及职业健康安全管理体系建立的各个过程。

(二)职业健康安全管理体系的内容

1. 组织所处的环境

(1)理解组织及其所处的环境。组织应确定与其宗旨相关并影响其实现职业健康安全管理体系预期结果的能力的内部和外部议题。

(2)理解工作人员和其他相关方的需求和期望。

(3)确定职业健康安全管理体系的范围。组织应界定职业健康安全管理体系的边界和适用性,以确定其范围。职业健康安全管理体系应包括在组织控制下或在其影响范围内可能影响组织职业健康安全绩效的活动、产品和服务。

(4)职业健康安全管理体系。组织应根据相关要求建立、实施、保持和持续改进职业健康安全管理体系,包括所需的过程及其相互作用。

2. 领导作用和工作人员参与

(1)领导作用和承诺。最高管理者应通过相关方式证实其在职业健康安全管理体系方面的领导作用和承诺。

(2)职业健康安全方针。最高管理者应建立、实施并保持职业健康安全方针。

(3)组织的角色、职责和权限。最高管理者应确保将职业健康安全管理体系内相关角色的职责和权限分配到组织内各层次并予以沟通,且作为文件化信息予以保持。组织内每一层次的工作人员均应为其所控制部分承担职业健康安全管理体系方面的职责。

(4)工作人员的协商和参与。组织应建立、实施和保持过程,用于在职业健康安全管理体系的开发、策划、实施、绩效评价和改进措施中与所有适用层次和职能的工作人员及其代表(若有)的协商和参与。

3. 策划

(1)应对风险和机遇的措施。

①总则。在确定所需应对的与职业健康安全管理体系及其预期结果有关的风险和机遇时,组织应考虑危险源、职业健康安全风险和其他风险、职业健康安全机遇和其他机遇、法律法规要求及其他要求。

②危险源辨识及风险和机遇的评价。包括:危险源辨识;职业健康安全风险和职业健康安全管理体系的其他风险的评价;职业健康安全机遇和职业健康安全管理体系的其他机遇的评价。

③法律法规要求和其他要求的确定。

④措施的策划。

(2)职业健康安全目标及其实现的策划。

①职业健康安全目标。职业健康安全目标应满足下列要求:与职业健康安全方针保持一致;可测量(如果可行)或能进行绩效评价;考虑适用的要求、风险和机遇评价的结果、与工作人员和工作人员代表(如有)协商的结果;得到监视;予以沟通;适时更新。

②实现职业健康安全目标的策划。在策划如何实现其职业健康安全目标时,组织应确定下列内容:要做什么;需要什么资源;由谁负责;何时完成;结果如何评价,包括用于监视的参数;如何将实现职业健康安全目标的措施融入其业务过程。

4. 支持

(1)资源。组织应确定并提供建立、实施、保持和持续改进职业健康安全管理体系所需的资源。

(2)能力。组织应确定影响或可能影响其职业健康安全绩效的工作人员所需具备的能力。

(3)意识。工作人员应意识到所要求的内容。

(4)沟通。

①总则。组织应建立、实施并保持与职业健康安全管理体系有关的内外部沟通所需的过程。

②内部沟通。组织应就职业健康安全管理体系的相关信息在其不同层次和职能之间进行内部沟通。

③外部沟通。组织应按其所建立的沟通过程就职业健康安全管理体系的相关信息进行外部沟通。

(5)文件化信息。

①总则。组织的职业健康安全管理体系应包括要求的文件化信息。

②创建和更新。

③文件化信息的控制。

5. 运行

(1)运行策划和控制。

①总则。为了满足职业健康安全管理体系要求和实施所确定的措施,组织应策划、实施、控制和保持所需的过程。

②消除危险源和降低职业健康安全风险。

③变更管理。

④采购。

(2)应急准备和响应。为了对上述所识别的潜在紧急情况进行应急准备并做出响应,组织应建立、实施和保持所需的过程。

6. 绩效评价

(1)监视、测量、分析和绩效评价。

①总则。组织应建立、实施和保持用于监视、测量、分析和评价绩效的过程。

②合规性评价。组织应建立、实施和保持用于对法律法规要求和其他要求的合规性进行评价的过程。组织应:确定实施合规性评价的频次和方法;评价合规性,并在需要时采取措施;保持对其关于法律法规要求和其他要求的合规状况的认识和理解;保留合规性评价结果的文件化信息。

(2)内部审核。

①总则。组织应按策划的时间间隔实施内部审核,以提供有关职业健康安全管理体系的下列信息:是否符合组织自身的职业健康安全管理体系要求和职业健康安全管理体系标准的要求;是否得到有效的实施和保持。

②内部审核方案。

(3)管理评审。

最高管理者应按策划的时间间隔对组织的职业健康安全管理体系进行评审,以确保其持续的适宜性、充分性和有效性。

管理评审应包括对下列事项的考虑：

①以往管理评审所采取措施的状况。

②与职业健康安全管理体系相关的内部和外部议题的变化。

③职业健康安全方针和职业健康安全目标的实现程度。

④职业健康安全绩效方面的信息，包括以下方面的趋势：事件、不符合、纠正措施和持续改进；监视和测量的结果；对法律法规要求和其他要求的合规性评价的结果；审核结果；工作人员的协商和参与；风险和机遇。

⑤保持有效的职业健康安全管理体系所需资源的充分性。

⑥与相关方的有效沟通；持续改进的机会。

典型例题

【单选题】施工企业职业健康安全管理体系的运行中，管理评审应由(　　)承担。

A. 施工企业的最高管理者　　B. 项目经理

C. 项目技术负责人　　D. 施工企业安全负责人

A。【解析】企业的最高管理者应按策划的时间间隔对组织的职业健康安全管理体系进行评审，以确保其持续的适宜性、充分性和有效性。

7. 改进

(1)总则。组织应确定改进的机会，并实施必要的措施，以实现其职业健康安全管理体系的预期结果。

(2)事件、不符合和纠正措施。组织应建立、实施和保持包括报告、调查和采取措施在内的过程，以确定和管理事件和不符合。纠正措施应与事件或不符合所产生的影响或潜在影响相适应。组织应就保留的文件化信息与相关工作人员及其代表(若有)和其他有关的相关方进行沟通。

(3)持续改进。组织应持续改进职业健康安全管理体系的适宜性、充分性与有效性。

(三)"策划－实施－检查－改进"循环

《职业健康安全管理体系　要求及使用指南》标准中所采用的职业健康安全管理体系的方法是基于"策划－实施－检查－改进(PDCA)"的概念。PDCA概念是一个迭代过程，可被组织用于实现持续改进。它可应用于管理体系及其每个单独的要素，具体如下：

策划(P：Plan)：确定和评价职业健康安全风险、职业健康安全机遇以及其他风险和其他机遇，制定职业健康安全目标并建立所需的过程，以实现与组织职业健康安全方针相一致的结果。

实施(D：Do)：实施所策划的过程。

检查(C：Check)：依据职业健康安全方针和目标，对活动和过程进行监视和测量，并报告结果。

改进(A：Act)：采取措施持续改进职业健康安全绩效，以实现预期结果。

《职业健康安全管理体系　要求及使用指南》标准将PDCA概念融入一个新框架中，如图5-1所示(括号内的数字是指本标准的相应章条号)。

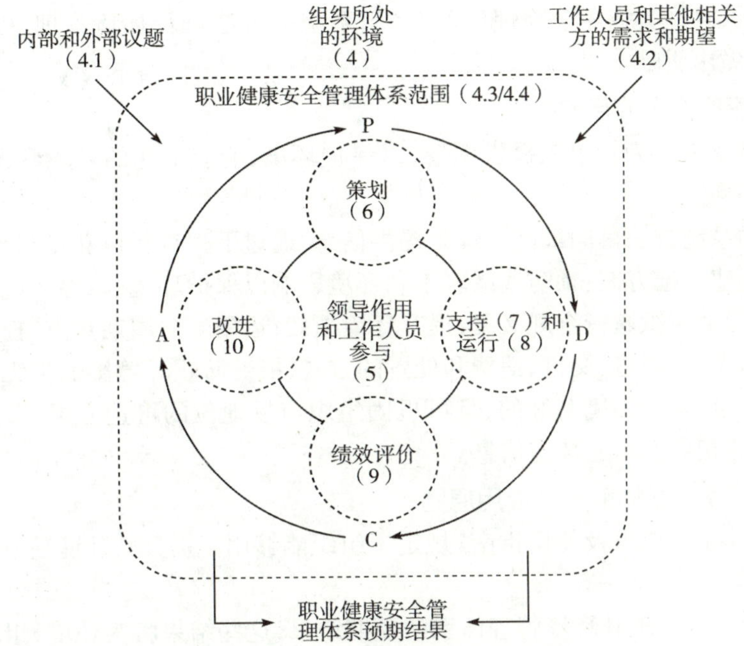

图 5-1　PDCA 与本标准框架之间的关系

（四）职业健康安全管理工作的程序

职业健康安全管理工作的程序，下面以典型例题的形式进行讲解。

典型例题

【单选题】工程施工职业健康安全管理工作包括：①确定职业健康安全目标；②识别并评价危险源及风险；③持续改进相关措施和绩效；④编制并实施项目职业健康安全技术措施计划；⑤职业健康安全技术措施计划实施结果验证，正确的程序是（　　）。

A. ①→②→④→⑤→③　　B. ①→②→⑤→④→③

C. ②→①→④→③→⑤　　D. ②→①→④→⑤→③

D。【解析】工程施工职业健康安全管理工作的程序为：识别并评价危险源及风险→确定职业健康安全目标→编制并实施项目职业健康安全技术措施计划→职业健康安全技术措施计划实施结果验证→持续改进相关措施和绩效，可简单记忆为"识别→目标→编制→验证→改进"。

二、环境管理体系

（一）环境管理体系建立的背景

为了既满足当代人的需求，又不损害后代人满足其需求的能力，必须实现环境、社会和经济三者之间的平衡，通过平衡这"三大支柱"的可持续性，以实现可持续发展目标。

随着法律法规的日趋严格，以及因污染、资源的低效使用、废物管理不当、气候变化、生态系统退化、生物多样性减少等给环境造成的压力不断增大，社会对可持续发展、透明度和责任的期望值已发生了变化。

因此，各组织通过实施环境管理体系，采用系统的方法进行环境管理，以期为“环境支柱”的可持续性做出贡献。

（二）环境管理体系的目的

环境管理体系旨在为各组织提供框架，以保护环境，响应变化的环境状况，同时与社会经济需求保持平衡。

环境管理的系统方法可向最高管理者提供信息，通过下列途径以获得长期成功，并为促进可持续发展创建可选方案：预防或减轻不利环境影响以保护环境；减轻环境状况对组织的潜在不利影响；帮助组织履行合规义务；提升环境绩效；运用生命周期观点，控制或影响组织的产品和服务的设计、制造、交付、消费和处置的方式，能够防止环境影响被无意地转移到生命周期的其他阶段；实施环境友好的、且可巩固组织市场地位的可选方案，以获得财务和运营收益；与有关的相关方沟通环境信息。

（三）环境管理体系的范围及应用原则

《环境管理体系　要求及使用指南》规定了组织能够用于提升其环境绩效的环境管理体系要求。

该标准可帮组织实现其环境管理体系的预期结果，这些结果将为环境、组织自身和相关方带来价值。与组织的环境方针保持一致的环境管理体系预期结果，包括提升环境绩效、履行合规义务、实现环境目标。

该标准适用于任何规模、类型和性质的组织，并适用于组织基于生命周期观点所确定的其活动、产品和服务中能够控制或能够施加影响的环境因素。

环境管理体系标准的应用原则，下面以典型例题的形式进行讲解。

典型例题

【单选题】关于《环境管理体系　要求及使用指南》体系标准应用原则的说法，正确的是（　　）。

A. 该标准的实施强调自愿性原则

B. 着眼于各部门自己制定的管理措施

C. 是一个独立的系统，不纳入其他管理体系中

D. 强调组织最高管理者的承诺而非全员参与

A。【解析】该体系标准应着眼于采用系统的管理措施。故选项 B 错误。该体系标准应纳入组织整个管理体系中，而不必成为独立的系统。故选项 C 错误。该体系标准应强调组织最高管理者的承诺、责任以及全员的参与。故选项 D 错误。此外，环境管理体系标准应用的关键是坚持持续改进和环境污染预防。

（四）环境管理体系的内容

《环境管理体系　要求及使用指南》中环境管理体系的内容如下。

1. 组织所处的环境

（1）理解组织及其所处的环境。

组织应确定与其宗旨相关并影响其实现环境管理体系预期结果的能力的外部和内部问

题。这些问题应包括受组织影响的或能够影响组织的环境状况。

链接

环境是指组织运行活动的外部存在，包括空气、水、土地、自然资源、植物、动物、人（上述主要是影响人类生存的各种自然因素），以及它们之间的相互关系。外部存在可能从组织内延伸至当地、区域和全球系统。外部存在可用生物多样性、生态系统、气候或其他特征来描述。

（2）理解相关方的需求和期望。

组织应确定下列内容：与环境管理体系有关的相关方；这些相关方的有关需求和期望（即要求）；这些需求和期望中哪些将成为其合规义务。

（3）确定环境管理体系的范围。

组织应确定环境管理体系的边界和适用性，以确定其范围。范围一经界定，该范围内组织的所有活动、产品和服务均需纳入环境管理体系。范围应作为文件化信息予以保持，并可为相关方所获取。

（4）环境管理体系。

2. 领导作用

（1）领导作用与承诺。

最高管理者应通过下述方面证实其在环境管理体系方面的领导作用和承诺：对环境管理体系的有效性负责；确保建立环境方针和环境目标，并确保其与组织的战略方向及所处的环境相一致；确保将环境管理体系要求融入组织的业务过程；确保可获得环境管理体系所需的资源；就有效环境管理的重要性和符合环境管理体系要求的重要性进行沟通；确保环境管理体系实现其预期结果；指导并支持员工对环境管理体系的有效性做出贡献；促进持续改进；支持其他相关管理人员在其职责范围内证实其领导作用。

（2）环境方针（意图和方向）。

最高管理者应在界定的环境管理体系范围内建立、实施并保持环境方针，环境方针应以文件化信息的形式予以保持，并在组织内得到沟通，可为相关方获取。

（3）组织的角色、职责和权限。

最高管理者应确保在组织内部分配并沟通相关角色的职责和权限。最高管理者应对下列事项分配职责和权限：确保环境管理体系符合《环境管理体系　要求及使用指南》的要求；向最高管理者报告环境管理体系的绩效，包括环境绩效。

3. 策划

（1）应对风险和机遇的措施。

①总则。组织应建立、实施并保持满足“应对风险和机遇的措施”要求所需的过程。

②环境因素。组织应在所界定的环境管理体系范围内，确定其活动、产品和服务中能够控制和能够施加影响的环境因素及其相关的环境影响。

③合规义务。组织应确定并获取与其环境因素有关的合规义务。

④措施的策划。组织应策划采取措施管理其重要环节因素、合规义务及所识别的风险和机遇。

(2)环境目标及其实现的策划。

①环境目标。环境目标应达到下列要求:与环境方针一致;可度量(如可行);得到监视;予以沟通;适当时予以更新。

②实现环境目标的措施的策划。策划如何实现环境目标时,组织应确定下列内容:要做什么;需要什么资源;由谁负责;何时完成;如何评价结果,包括用于监视实现其可度量的环境目标的进程所需的参数。

4. 支持

(1)资源。

组织应确定并提供建立、实施、保持和持续改进环境管理体系所需的资源。资源可包括人力资源、自然资源、基础设施、技术和财务资源。

(2)能力。

组织应做到下列要求:确定在其控制下工作,对其环境绩效和履行合规义务的能力具有影响的人员所需的能力;基于适当的教育、培训或经历,确保这些人员是能胜任的;确定与其环境因素和环境管理体系相关的培训需求;适用时,采取措施以获得所必需的能力,并评价所采取措施的有效性。

(3)意识。

组织应确保在其控制工作下的人员意识到:环境方针;与他们的工作相关的重要环境因素和相关的实际或潜在的环境影响;他们对环境管理体系有效性的贡献,包括对提升环境绩效的贡献;不符合环境管理体系要求,包括未履行组织合规义务的后果。

(4)信息交流。

①总则。组织应建立、实施并保持与环境管理体系有关的内部与外部信息交流所需的过程。

②内部信息交流。组织应在其各职能和层次间就环境管理体系的相关信息进行内部信息交流。

③外部信息交流。组织应按其合规义务的要求及其建立的信息交流过程,就环境管理体系的相关信息进行外部信息交流。

(5)文件化信息。

①总则。组织的环境管理体系应包括:标准要求的文件化信息;组织确定的实现环境管理体系有效性所必需的文件化信息。

②创建和更新。创建和更新文件化信息时,组织应确保适当的标识和说明、形式和载体、评审和批准,以确保适宜性和充分性。

③文件化信息的控制。环境管理体系及标准要求的文件化信息应予以控制,以确保其在需要的时间和场所均可获得并适用,得到充分的保护。

5. 运行

(1)运行策划和控制。

组织应建立、实施、控制并保持满足环境管理体系要求及实施策划所识别的措施所需的过程,通过建立过程的运行准则,按照运行准则实施过程控制。

(2)应急准备和响应。

组织应建立、实施并保持对识别的潜在紧急情况进行应急准备并做出响应所需的过程。

6. 绩效评价

(1)监视、测量、分析和评价。

①总则。组织应监视、测量、分析和评价其环境绩效。

②合规性评价。组织应建立、实施并保持评价其合规义务履行状况所需的过程。与合规性有关的不符合,即使尚未导致实际的针对法律法规要求的不合格项,也需要予以纠正。

链接

在建设工程项目中,职业健康安全管理和环境管理体系的合规性评价分项目组级评级和公司级评价两个层次进行。其中,项目组级评级主要是对施工中应遵守的法律法规和其他要求的执行情况进行合规性评价,项目施工超过半年的,应不少于1次项目组级合规性评价;公司级评价主要对公司应遵守的法律法规和其他要求的执行情况进行合规性评价,每年应进行1次公司级合规性评价。

(2)内部审核。

①总则。组织应按计划的时间间隔实施内部审核,以提供下列关于环境管理体系的信息:是否符合组织自身环境管理体系的要求和环境管理体系标准的要求;是否得到了有效的实施和保持。

②内部审核方案。

(3)管理评审。

最高管理者应按计划的时间间隔对组织的环境管理体系进行评审,以确保其持续的适宜性、充分性和有效性。

管理评审应当是高层次的,不必对详尽信息进行彻底评审。管理评审的主题不需要一次全部评审完,评审可在一段时间内开展,并可成为定期安排的管理活动的一部分。

提示

施工职业健康安全管理体系与环境管理体系的管理评审,都应由施工企业的最高管理者进行。

7. 改进

(1)总则。组织应确定改进的机会,并实施必要的措施,以实现其环境管理体系的预期结果。

(2)不符合和纠正措施。发生不符合时,组织应做到下列要求:对不符合做出响应;通过相关活动评价消除不符合原因的措施需求,以防止不符合再次发生或在其他地方发生;实施任何所需的措施;评审所采取的任何纠正措施的有效性;必要时,对环境管理体系进行变更。

(3)持续改进。组织应持续改进环境管理体系的适宜性、充分性和有效性,以提升环境绩效。

（五）环境管理体系的建立与运行

1. 构成环境管理体系的方法

构成环境管理体系的方法是基于策划、实施、检查与改进（PDCA）的概念。PDCA 模式为组织提供了一个循序渐进的过程，用以实现持续改进。该模式可应用于环境管理体系及其每个单独的要素。该模式可简述如下：

（1）策划。建立所需的环境目标和过程，以实现与组织的环境方针相一致的结果。

（2）实施。实施所策划的过程。

（3）检查。依据环境方针（包括其承诺）、环境目标和运行准则，对过程进行监视和测量，并报告结果。

（4）改进。采取措施以持续改进。

图 5-2 表示了《环境管理体系　要求及使用指南》采用的结构如何融入 PDCA 模式，它能够帮助新的和现有的使用者理解系统方法的重要性。

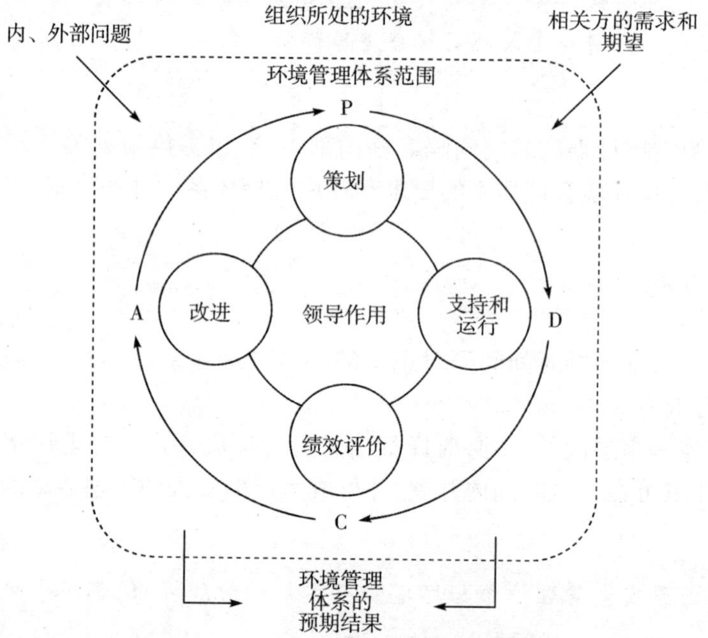

图 5-2　PDCA 与本标准结构之间的关系

2. 环境管理体系的建立

以构成环境管理体系的方法为基础，建立环境管理体系，大致七个步骤：

（1）领导决策与准备。主要工作如下：最高管理者决策，建立环境管理体系；任命环境管理者代表；提供人、财、物等资源保障。

（2）初始环境评审。主要工作如下：组成评审组，包括从事环保、质量安全等工作的人员；获取适用的环境法律、法规和其他要求，评审组织环境行为与法律法规符合性；识别组织活动、产品、服务中的环境因素，评价出重要环境因素；评价现有有关环境的管理制度与环境管理体系标准的差距；形成初始环境评价报告。

（3）体系策划与设计。主要工作如下：制订环境方针；制定目标、指标、环境管理方案；确定环境管理体系构架;确定组织机构与职责;策划哪些活动需要制订运行控制程序。

(4)环境管理体系文件的编制。主要工作如下:组成体系文件编制小组;编写环境管理手册、程序文件、作业指导书等;修改一到两次,正式颁布,环境管理体系开始试运行。

链接

职业健康安全管理体系与环境管理体系的文件大体都包括管理手册(纲领性文件)、程序文件("4W1H")、作业文件。其中,作业文件一般包括管理规定、作业指导书/操作规程、监测活动准则和程序文件引用的表格。

(5)体系试运行。主要工作如下:进行全员培训;按照文件规定去做,目标、指标、方案的层层落实;对合同方、供货方的工作,通过环境管理要求;日常体系运行的检查、监督、纠正;根据试运行的情况对环境管理体系文件进行再修改。

(6)内部审核(内审)。主要工作如下:任命内审组长,组成内审组;进行内审员培训;制订审核计划、编写检查清单、实施内审;对不符合分析原因,采取纠正措施,进行验证;编写审核报告,报送最高管理者。

(7)管理评审。主要工作如下:环境管理者代表负责搜集充分的信息;由最高管理者评审体系的持续适用性、充分性、有效性;评审方针的适宜性及目标指标、环境管理方案完成的情况;指出方针、目标及其他体系要素需改进的方面;形成管理评审报告。

提示

职业健康安全管理体系的建立步骤与环境管理体系的建立步骤基本相同。

3. 环境管理体系的运行

环境管理体系的运行参考《环境管理体系　通用实施指南》《环境管理体系　要求及使用指南》《职业健康安全管理体系　要求及使用指南》相关内容。

环境管理体系应当被视为一种组织框架,应当对其进行持续监视和定期评审,从而为组织提供有效的指导以适应变化的外部和内部问题。

环境管理体系运行活动主要包括:培训意识和能力;信息交流;文件管理,如及时购买补充适用的规范、规程等行业标准;执行控制程序;监测环境管理体系的运行状况;对不符合处理、调查,采取纠正与预防措施;有关环境管理的记录。

提示

职业健康安全管理体系的运行活动与环境管理体系的运行活动基本相同。

(六)环境管理体系的成功因素

环境管理体系的成功实施取决于最高管理者领导下的组织各层次和职能的承诺。组织可利用机遇,尤其是那些具有战略和竞争意义的机遇,预防或减轻不利的环境影响,增强有益的环境影响。

通过将环境管理融入组织的业务过程、战略方向和决策制定过程,与其他业务的优先项相协调,并将环境管理纳入组织的全面管理体系中,最高管理者就能够有效地应对其风险和机遇。

环境管理体系的详略和复杂程度将取决于组织所处的环境、其环境管理体系的范围、其合规义务，及其活动、产品和服务的性质，包括其环境因素和相关的环境影响。

专家解读

职业健康安全管理体系与环境管理体系可对比记忆，如下表所示。

职业健康安全管理体系与环境管理体系的对比

项目	职业健康安全管理体系	环境管理体系
总体结构	范围、规范性引用文件、术语和定义、组织所处的环境、领导作用和工作人员参与、策划、支持、运行、绩效评价、改进	范围、规范性引用文件、术语和定义、组织所处的环境、领导作用、策划、支持、运行、绩效评价、改进
要素构成	五大要素构成：领导作用、策划、支持和运行、绩效评价、改进	四大要素构成：策划、支持和运行、绩效评价、改进
运行模式	PDCA 动态循环，持续改进的动态管理思想	
标准重点强调	以人为本，被动强制行为转为主动自愿行为，从而要求组织不断提升职业健康安全的管理水平	强调与环境污染预防、环境保护等法律法规的符合性，关键是坚持持续改进和环境污染预防
实施目的	对于建设工程而言，防止和减少生产安全事故，控制各类人员健康和安全的条件和因素，保证员工的健康和安全，以及人民群众的生命和财产	对于建设工程而言，主要是保护和改善施工现场的环境

三、职业健康安全与环境管理的要求

职业健康安全与环境管理的目的：减少或消除不安全行为和状态，避免事故的发生，以保证人员的健康和安全；保护生态环境，保持和促进社会经济发展与人类生存环境的协调。

（一）职业健康安全管理的要求

《建设工程安全生产管理条例》规定，建设工程安全生产管理，坚持安全第一、预防为主的方针。

设计单位应当按照法律、法规和工程建设强制性标准进行设计，防止因设计不合理导致生产安全事故的发生。设计单位应当考虑施工安全操作和防护的需要，对涉及施工安全的重点部位和环节在设计文件中注明，并对防范生产安全事故提出指导意见。采用新结构、新材料、新工艺的建设工程和特殊结构的建设工程，设计单位应当在设计中提出保障施工作业人员安全和预防生产安全事故的措施建议。

施工单位应当建立健全安全生产责任制度和安全生产教育培训制度，制定安全生产规章制度和操作规程，保证本单位安全生产条件所需资金的投入，对所承担的建设工程进行定期和专项安全检查，并做好安全检查记录。施工单位的项目负责人应当由取得相应执业资格的人员担任，对建设工程项目的安全施工负责，落实安全生产责任制度、安全生产规章制度和操作规程，确保安全生产费用的有效使用，并根据工程的特点组织制定安全施工措施，消除安全事故隐患，及时、如实报告生产安全事故。

施工单位应当设立安全生产管理机构，配备专职安全生产管理人员。专职安全生产管理人员负责对安全生产进行现场监督检查。施工单位应编制职业健康安全施工生产技术措施计划。施工单位应当在施工组织设计中编制安全技术措施和施工现场临时用电方案，对达到一定规模的危险性较大的分部分项工程编制专项施工方案，并附具安全验算结果，经施工单位技术负责人、总监理工程师签字后实施，由专职安全生产管理人员进行现场监督。

建设工程实行施工总承包的，由总承包单位对施工现场的安全生产负总责。总承包单位应当自行完成建设工程主体结构的施工。总承包单位依法将建设工程分包给其他单位的，分包合同中应当明确各自的安全生产方面的权利、义务。总承包单位和分包单位对分包工程的安全生产承担连带责任。分包单位应当服从总承包单位的安全生产管理，分包单位不服从管理导致生产安全事故的，由分包单位承担主要责任。

施工单位应当为施工现场从事危险作业的人员办理意外伤害保险。意外伤害保险费由施工单位支付。实行施工总承包的，由总承包单位支付意外伤害保险费。意外伤害保险期限自建设工程开工之日起至竣工验收合格止。

提示

安全生产的第一负责人是企业的法定代表人，施工项目生产的主要负责人是项目负责人（项目经理）。

（二）环境管理的要求

施工中需控制对各环境要素的污染。《中华人民共和国环境保护法》（以下简称《环境保护法》）是为保护和改善环境，防治污染和其他公害，保障公众健康，推进生态文明建设，促进经济社会可持续发展制定的国家法律，是我国环境保护的最基本的法律。

《环境保护法》中的相关规定如下：

一切单位和个人都有保护环境的义务。地方各级人民政府应当对本行政区域的环境质量负责。企业事业单位和其他生产经营者应当防止、减少环境污染和生态破坏，对所造成的损害依法承担责任。公民应当增强环境保护意识，采取低碳、节俭的生活方式，自觉履行环境保护义务。

编制有关开发利用规划，建设对环境有影响的项目，应当依法进行环境影响评价。未依法进行环境影响评价的开发利用规划，不得组织实施；未依法进行环境影响评价的建设项目，不得开工建设。

开发利用自然资源，应当合理开发，保护生物多样性，保障生态安全，依法制定有关生态保护和恢复治理方案并予以实施。

建设项目中防治污染的设施，应当与主体工程同时设计、同时施工、同时投产使用。防治污染的设施应当符合经批准的环境影响评价文件的要求，不得擅自拆除或者闲置。

建设工程项目中防治污染的设施必须经原审批环境影响报告书的环境保护行政主管部门验收合格后,该建设项目方可投入生产或者使用。

排放污染物的企业事业单位和其他生产经营者,应当采取措施,防治在生产建设或者其他活动中产生的废气、废水、废渣、医疗废物、粉尘、恶臭气体、放射性物质以及噪声、振动、光辐射、电磁辐射等对环境的污染和危害。

国家对严重污染环境的工艺、设备和产品实行淘汰制度。任何单位和个人不得生产、销售或者转移、使用严重污染环境的工艺、设备和产品(如有毒、有害物质超标的建筑材料和装修材料)。禁止引进不符合我国环境保护规定的技术、设备、材料和产品。

第二节　施工安全生产管理

安全生产通常是指在项目建设活动中,通过人、机、料、方法、环境的和谐运作,从而使生产过程中潜在的各种事故风险和隐患因素始终处于有效控制状态,以达到保障人身安全与健康、设备设施免受损坏、环境免遭破坏的目的。

安全生产管理是指在项目建设单位组织下以达到安全生产为目标所进行的系统性管理活动。

一、安全生产管理原则

(一)"以人为本"原则

在管理活动中必须把人的因素放在首位,体现以人为本的指导思想,鼓励大家发挥人的自觉性和自我实现精神,从而调动人的主动性和创造性,充分发挥人的主观能动性。在管理过程中,充分保护人的健康和安全,做好避免工伤事故与职业病发生的措施,是以人为本的直接体现。

(二)"安全第一、预防为主"原则

在安全生产管理工作中,应当通过实施有效的管理和技术手段,防止出现人的不安全行为和物的不安全状态,从而使事故发生的概率降到最低。

(三)"管生产必须管安全"原则

在项目生产过程中,必须同时抓好生产工作和安全工作。生产和安全是相辅相成的一个整体,两者不能分割开来,更不应该相互对立,应当在此原则下实现安全与生产的统一。

(四)"四不放过"原则

在生产安全事故发生后,必须做到"四不放过"原则,即事故原因没查清楚不放过,事故责任人没受到处理不放过,事故相关人员和周围群众没有受到教育不放过,防范和整改措施没有落实不放过。

二、安全生产管理制度体系

建立安全生产管理制度的目的主要是保障安全生产和控制风险，将危害降到最小。施工安全生产管理制度体系应贯彻“安全第一，预防为主”的方针，建立健全安全生产责任制度和群防群治制度，适用于工程施工全过程，并且必须符合相关法律法规规程的要求。

（一）安全生产目标管理制度

制定安全生产目标管理制度主要是为规范项目部安全生产目标的管理，明确制定、分解、实施与考核的职责和方法，确保项目部安全生产目标的实现。

各职能部门制定安全生产目标时，应当综合考虑：法律法规和其他要求；项目所面临的风险及上一年度风险控制效果；可选择的安全技术方案；财务、运行和生产要求；同行业的安全管理指标；历年安全管理统计数据；上一年度安全目标完成情况；相关方的观点。

安全生产管理目标应包括生产安全事故控制指标、安全生产隐患治理目标，以及安全生产、文明施工管理目标等，安全生产管理目标应量化，便于考核。

安全生产管理目标应分解到各管理层及相关职能部门，并定期进行考核。企业各管理层和相关职能部门应根据企业安全生产管理目标的要求制定自身管理目标和措施，共同保证目标实现。

（二）全员安全生产责任制度

全员安全生产责任制度是根据我国“安全第一、预防为主、综合治理”的安全方针和安全生产法规建立的，由企业、项目中各级领导、职能部门、工程技术人员、岗位操作人员在劳动生产过程中对安全生产层层负责的制度。全员安全生产责任制度不仅是组成企业岗位责任制度的一部分，而且是企业最基本和最核心的安全生产管理制度。施工企业应建立和健全与企业安全生产组织相对应的安全生产责任体系，并应明确各管理层、职能部门、岗位的安全生产责任。

全员安全生产责任制纵向方面是各级人员（即从最高管理者到班组长和岗位人员）的安全生产责任制；横向方面是各个部门的安全生产责任制，即各职能部门的安全生产责任制。

《安全生产法》规定，生产经营单位必须遵守本法和其他有关安全生产的法律、法规，加强安全生产管理，建立健全全员安全生产责任制和安全生产规章制度，加大对安全生产资金、物资、技术、人员的投入保障力度，改善安全生产条件，加强安全生产标准化、信息化建设，构建安全风险分级管控和隐患排查治理双重预防机制，健全风险防范化解机制，提高安全生产水平，确保安全生产。平台经济等新兴行业、领域的生产经营单位应当根据本行业、领域的特点，建立健全并落实全员安全生产责任制，加强从业人员安全生产教育和培训，履行本法和其他法律、法规规定的有关安全生产义务。生产经营单位的主要负责人是本单位安全生产第一责任人，对本单位的安全生产工作全面负责。其他负责人对职责范围内的安全生产工作负责。

《建设工程安全生产管理条例》规定，施工单位应当设立安全生产管理机构，配备专职安全生产管理人员。施工单位的主要负责人、项目负责人、专职安全生产管理人员应当经建设行政主管部门或者其他有关部门考核合格后方可任职。

专家解读

总承包单位配备项目专职安全生产管理人员应当满足下列要求:(1)建筑工程、装修工程按照建筑面积配备:1 万平方米以下的工程不少于 1 人;1 万~5 万平方米的工程不少于 2 人;5 万平方米及以上的工程不少于3 人,且按专业配备专职安全生产管理人员。(2)土木工程、线路管道、设备安装工程按照工程合同价配备:5 000 万元以下的工程不少于 1 人;5 000 万~1 亿元的工程不少于 2 人;1 亿元及以上的工程不少于 3 人,且按专业配备专职安全生产管理人员。

分包单位配备项目专职安全生产管理人员应当满足下列要求:(1)专业承包单位应当配置至少 1 人,并根据所承担的分部分项工程的工程量和施工危险程度增加。(2)劳务分包单位施工人员在 50 人以下的,应当配备1 名专职安全生产管理人员;50~200 人的,应当配备 2 名专职安全生产管理人员;200 人及以上的,应当配备 3 名及以上专职安全生产管理人员,并根据所承担的分部分项工程施工危险实际情况增加,不得少于工程施工人员总人数的 0.5%。

(三)安全生产许可制度

《安全生产许可证条例》规定,国家对矿山企业、建筑施工企业和危险化学品、烟花爆竹、民用爆破物品生产企业(以下统称企业)实行安全生产许可制度。企业未取得安全生产许可证的,不得从事生产活动。

1. 许可证颁发部门

省、自治区、直辖市人民政府建设主管部门负责建筑施工企业安全生产许可证的颁发和管理,并接受国务院建设主管部门的指导和监督。

2. 企业取得安全生产许可证应具备的条件

企业取得安全生产许可证,应当具备下列安全生产条件:

(1)建立、健全安全生产责任制,制定完备的安全生产规章制度和操作规程。

(2)安全投入符合安全生产要求。

(3)设置安全生产管理机构,配备专职安全生产管理人员。

(4)主要负责人和安全生产管理人员经考核合格。

(5)特种作业人员经有关业务主管部门考核合格,取得特种作业操作资格证书。

(6)从业人员经安全生产教育和培训合格。

(7)依法参加工伤保险,为从业人员缴纳保险费。

(8)厂房、作业场所和安全设施、设备、工艺符合有关安全生产法律、法规、标准和规程的要求。

(9)有职业危害防治措施,并为从业人员配备符合国家标准或者行业标准的劳动防护用品。

(10)依法进行安全评价。

(11)有重大危险源检测、评估、监控措施和应急预案。

(12)有生产安全事故应急救援预案、应急救援组织或者应急救援人员,配备必要的应急救援器材、设备。

(13)法律、法规规定的其他条件。

3. 许可证的有效期限

安全生产许可证的有效期为3年。安全生产许可证有效期满需要延期的,企业应当于期满前3个月向原安全生产许可证颁发管理机关办理延期手续。

企业在安全生产许可证有效期内,严格遵守有关安全生产的法律法规,未发生死亡事故的,安全生产许可证有效期届满时,经原安全生产许可证颁发管理机关同意,不再审查,安全生产许可证有效期延期3年。

4. 其他要求

企业不得转让、冒用安全生产许可证或者使用伪造的安全生产许可证。

企业取得安全生产许可证后,不得降低安全生产条件,并应当加强日常安全生产管理,接受安全生产许可证颁发管理机关的监督检查。

安全生产许可证颁发管理机关工作人员在安全生产许可证颁发、管理和监督检查工作中,不得索取或者接受企业的财物,不得谋取其他利益。

专家解读

应注意区分安全生产许可证与施工许可证,如下表所示。

安全生产许可证与施工许可证的对比

类别	含义	办理单位	颁发部门	对象	有效期
安全生产许可证	企业的安全许可	施工企业	建设主管部门	企业	3年
施工许可证	在建工程项目的开工许可	建设单位	建设行政主管部门	项目	一次性

(四)安全生产费用管理制度

《企业安全生产费用提取和使用管理办法》规定,安全生产费用(以下简称安全费用)是指企业按照规定标准提取在成本中列支,专门用于完善和改进企业或者项目安全生产条件的资金。安全费用按照"企业提取、政府监管、确保需要、规范使用"的原则进行管理。

1. 安全生产费用的使用范围

建设工程施工企业安全费用应当按照以下范围使用:

(1)完善、改造和维护安全防护设施设备(不含"三同时"要求初期投入的安全设施)支出,包括施工现场临时用电系统、洞口、临边、机械设备、高处作业防护、交叉作业防护、防火、防爆、防尘、防毒、防雷、防台风、防地质灾害、地下工程有害气体监测、通风、临时安全防护等设施设备支出。

(2)配备、维护、保养应急救援器材、设备支出和应急演练支出。

(3)开展重大危险源和事故隐患评估、监控和整改支出。

(4)安全生产检查、评价(不包括新建、改建、扩建项目安全评价)、咨询和标准化建设支出。

(5)配备和更新现场作业人员安全防护用品支出。

(6)安全生产宣传、教育、培训支出。

(7)安全生产适用的新技术、新标准、新工艺、新装备的推广应用支出。

(8)安全设施及特种设备检测检验支出。

(9)其他与安全生产直接相关的支出。

2. 安全生产费用的监督管理

企业应当建立健全内部安全费用管理制度,明确安全费用提取和使用的程序、职责及权限,按规定提取和使用安全费用。

企业应当加强安全费用管理,编制年度安全费用提取和使用计划,纳入企业财务预算。企业年度安全费用使用计划和上一年安全费用的提取、使用情况按照管理权限报同级财政部门、应急管理部门、煤矿安全监察机构和行业主管部门备案。

建设工程施工总承包单位未向分包单位支付必要的安全费用以及承包单位挪用安全费用的,由建设、交通运输、铁路、水利、应急管理、矿山安全监察等主管部门依照相关法规、规章进行处理、处罚。

(五)意外伤害保险管理制度

意外伤害保险管理制度是促进企业安全生产的重要手段,其目的是保护建筑业从业人员合法权益,转移企业事故风险,增强企业预防和控制事故能力。具体参照《中华人民共和国建筑法》(以下简称《建筑法》)、《建设部关于加强建筑意外伤害保险工作的指导意见》。

《建筑法》规定,建筑施工企业应当依法为职工参加工伤保险缴纳工伤保险费。鼓励企业为从事危险作业的职工办理意外伤害保险,支付保险费。

2003 年,为贯彻执行《建筑法》和《安全生产法》,进一步加强和规范建筑意外伤害保险工作,原建设部(现为住房和城乡建设部)公布《建设部关于加强建筑意外伤害保险工作的指导意见》,提出下列指导意见:

(1)全面推行建筑意外伤害保险工作。

(2)关于建筑意外伤害保险的范围。

(3)关于建筑意外伤害保险的保险期限。

(4)关于建筑意外伤害保险的保险金额。

(5)关于建筑意外伤害保险的保险费。

(6)关于建筑意外伤害保险的投保。

(7)关于建筑意外伤害保险的索赔。

(8)关于建筑意外伤害保险的安全服务。

(9)关于建筑意外伤害保险行业自保。

专家解读

工伤保险与意外伤害保险的区别:(1)工伤保险:是法定的强制性保险;是保护建筑业从业人员合法权益,转移企业事故风险,增强企业预防和控制事故能力,促进企业安全生产的重要手段。(2)意外伤害保险:由建筑施工企业自主确定;鼓励企业为从事危险作业的工人办理意外伤害保险。

(六)特种作业人员持证上岗制度

制定特种作业人员持证上岗制度的目的主要是规范特种作业人员的安全技术培训考核工作,提高特种作业人员的安全技术水平,防止和减少伤亡事故。具体要求参照《建设工程安全生产管理条例》《特种作业人员安全技术培训考核管理规定》。

1. 特种作业范围

特种作业是指容易发生事故,对操作者本人、他人的安全健康及设备、设施的安全可能造成重大危害的作业。特种作业人员是指直接从事特种作业的从业人员。

特种作业包括:电工作业;焊接与热切割作业;高处作业;制冷与空调作业;煤矿安全作业;金属非金属矿山安全作业;石油天然气安全作业;冶金(有色)生产安全作业;危险化学品安全作业;烟花爆竹安全作业;应急管理部门认定的其他作业。

《建设工程安全生产管理条例》规定,垂直运输机械作业人员、安装拆卸工、爆破作业人员、起重信号工、登高架设作业人员等特种作业人员,必须按照国家有关规定经过专门的安全作业培训,并取得特种作业操作资格证书后,方可上岗作业。

因此,建筑工程施工特种作业主要包括:垂直运输作业、起重机安拆作业、爆破作业、起重信号作业、登高架设作业。其中登高架设作业指在高处从事脚手架、跨越架搭设或拆除的作业。

2. 特种作业人员条件

特种作业人员条件,如图 5-3 所示。

图 5-3 特种作业人员条件

专家解读

危险化学品特种作业人员应具备的文化程度为高中或者相当于高中及以上,其他条件不变。

3. 特种作业人员培训与考核

特种作业人员必须经专门的安全技术培训并考核合格，取得《中华人民共和国特种作业操作证》（以下简称《特种作业操作证》）后，方可上岗作业。

特种作业人员的安全技术培训、考核、发证、复审工作实行统一监管、分级实施、教考分离的原则。

特种作业人员应当接受与其所从事的特种作业相应的安全技术理论培训和实际操作培训（重点是提高作业人员的安全操作技术和预防事故的实际能力）。已经取得职业高中、技工学校及中专以上学历的毕业生从事与其所学专业相应的特种作业，持学历证明经考核发证机关同意，可以免予相关专业的培训。跨省、自治区、直辖市从业的特种作业人员，可以在户籍所在地或者从业所在地参加培训。

对特种作业人员的安全技术培训，具备安全培训条件的生产经营单位应当以自主培训为主，也可以委托具备安全培训条件的机构进行培训。不具备安全培训条件的生产经营单位，应当委托具备安全培训条件的机构进行培训。生产经营单位委托其他机构进行特种作业人员安全技术培训的，保证安全技术培训的责任仍由本单位负责。

特种作业人员的考核包括考试和审核两部分。考试由考核发证机关或其委托的单位负责；审核由考核发证机关负责。特种作业操作资格考试包括安全技术理论考试和实际操作考试两部分。对已经受理的申请，考核发证机关应当在20个工作日内完成审核工作。符合条件的，颁发特种作业操作证；不符合条件的，应当说明理由。特种作业操作证有效期为6年，在全国范围内有效。

4. 复审

特种作业操作证每3年复审1次。

特种作业人员在特种作业操作证有效期内，连续从事本工种10年以上，严格遵守有关安全生产法律法规的，经原考核发证机关或者从业所在地考核发证机关同意，特种作业操作证的复审时间可以延长至每6年1次。

特种作业操作证需要复审的，应当在期满前60日内，由申请人或者申请人的用人单位向原考核发证机关或者从业所在地考核发证机关提出申请，并提交下列材料：

（1）社区或者县级以上医疗机构出具的健康证明。

（2）从事特种作业的情况。

（3）安全培训考试合格记录。

离开特种作业岗位6个月以上的特种作业人员，应当重新进行实际操作考试，经确认合格后方可上岗作业。

（七）专项施工方案专家论证制度

《建设工程安全生产管理条例》规定，施工单位应当在施工组织设计中编制安全技术措施和施工现场临时用电方案，对图5-4所示的达到一定规模的危险性较大的分部分项工程编制专项施工方案，并附具安全验算结果，经施工单位技术负责人、总监理工程师签字后实施，由专职安全生产管理人员进行现场监督。

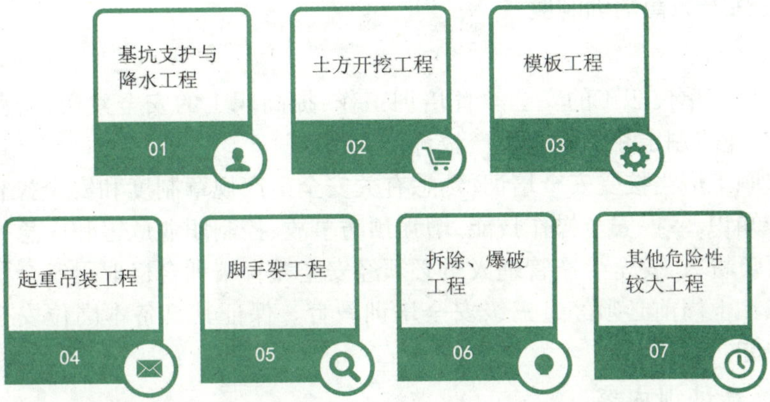

图 5-4　达到一定规模的危险性较大的分部分项工程

对于图 5-4 所列工程中，若涉及深基坑、地下暗挖工程、高大模板工程的专项施工方案，施工单位还应当组织专家进行论证、审查。

专家解读

危险性较大的分部分项工程范围与超过一定规模的危险性较大的分部分项工程范围可参考《住房和城乡建设部办公厅关于实施〈危险性较大的分部分项工程安全管理规定〉有关问题的通知》的规定。

（八）安全设施“三同时”管理制度

“三同时”：安全生产设施必须与主体工程同时设计、同时施工、同时投入生产和使用。

劳动安全卫生设施与主体工程的“三同时”要求：《中华人民共和国劳动法》（以下简称《劳动法》）规定，新建、改建、扩建工程的劳动安全卫生设施必须与主体工程同时设计、同时施工、同时投入生产和使用。

生产经营单位建设项目的安全设施与主体工程的“三同时”要求：《安全生产法》规定，生产经营单位新建、改建、扩建工程项目（以下统称建设项目）的安全设施，必须与主体工程同时设计、同时施工、同时投入生产和使用。安全设施投资应当纳入建设项目概算。《建设项目安全设施“三同时”监督管理办法》规定，生产经营单位是建设项目安全设施建设的责任主体。建设项目安全设施必须与主体工程同时设计、同时施工、同时投入生产和使用（简称“三同时”）。安全设施投资应当纳入建设项目概算。

（九）安全预评价制度

安全预评价制度是根据工程项目可行性研究报告的内容，运用科学的评价方法，依据国家法律、法规及行业标准，分析、预测该工程项目存在的危险、有害因素的种类和危险、危害程度，提出科学、合理且可行的职业安全卫生技术措施和管理对策，作为该工程项目初步设计中劳动安全卫生设计和工程项目劳动安全卫生管理的主要依据，供国家安全生产综合管理部门进行监察时参考。预评价实际上就是在工程项目前期，应用安全评价的原理和方法对系统工程（项目）的危险性、危害性进行预测性评价。

安全预评价的目的是贯彻“安全第一，预防为主，综合治理”的安全生产管理方针。

（十）安全生产教育培训制度

1. 概述

为加强和规范单位职工的安全教育培训工作，提高职工的安全素质，防范伤亡事故，减轻职业危害，企业应制定相关安全生产教育培训制度。

企业所有职工应当接受安全培训，熟悉有关安全生产规章制度和安全操作规程，具备必要的安全生产知识，掌握安全操作技能，增强预防事故、控制职业危害和应急处理能力。

企业主要负责人、安全生产管理人员必须经安全教育培训合格取得安全资格证书。

其他职工在上岗前必须经过三级安全培训教育。保证其具备本岗位安全操作、应急处置等知识和技能。

2. 安全教育培训内容

生产经营单位主要负责人安全教育培训应当包括的内容：国家安全生产方针、政策和有关安全生产的法律、法规、规章及标准；安全生产管理基本知识、安全生产技术、安全生产专业知识；重大危险源管理、重大事故防范、应急管理和救援组织以及事故调查处理的有关规定；职业危害及其预防措施；国内外先进的安全生产管理经验；典型事故和应急救援案例分析；其他需要培训的内容。

生产经营单位安全生产管理人员安全教育培训应当包括的内容：国家安全生产方针、政策和有关安全生产的法律、法规、规章及标准；安全生产管理、安全生产技术、职业卫生等知识；伤亡事故统计、报告及职业危害的调查处理方法；应急管理、应急预案编制以及应急处置的内容和要求；国内外先进的安全生产管理经验；典型事故和应急救援案例分析；其他需要培训的内容。

3. 企业职工的安全教育培训

企业职工的安全教育培训的形式主要有以下三种。

（1）三级安全教育培训。

三级指的是进厂、进车间、进班组。针对建设工程，三级具体指企业、项目、班组。

厂级岗前安全教育培训内容应当包括：本单位安全生产情况及安全生产基本知识；本单位安全生产规章制度和劳动纪律；从业人员安全生产权利和义务；有关事故案例等。煤矿、非煤矿山、危险化学品、烟花爆竹、金属冶炼等生产经营单位厂级安全培训除包括上述内容外，应当增加事故应急救援、事故应急预案演练及防范措施等内容。

车间级岗前安全教育培训内容应当包括：工作环境及危险因素；所从事工种可能遭受的职业伤害和伤亡事故；所从事工种的安全职责、操作技能及强制性标准；自救互救、急救方法、疏散和现场紧急情况的处理；安全设备设施、个人防护用品的使用和维护；本车间（工段、区、队）安全生产状况及规章制度；预防事故和职业危害的措施及应注意的安全事项；有关事故案例；其他需要培训的内容。

班组级岗前安全教育培训内容应当包括：岗位安全操作规程；岗位之间工作衔接配合的安全与职业卫生事项；有关事故案例；其他需要培训的内容。

企业员工在上岗前必须按规定通过三级安全教育培训和实际操作训练，且新上岗的员工岗前培训时间应不少于 24 学时。

(2)改变工艺和变换岗位安全教育培训。

①实施新工艺、新技术、新设备、新材料,根据新的安全操作规程和操作对员工进行安全教育培训。

②员工岗位调换、工种改变或因放长假离岗一年以上重新上岗等情形,应进行安全教育培训。

(3)经常性安全教育培训。

安全教育培训必须做到经常化、制度化,以达到警钟长鸣的目的。企业应结合生产实际采用,多层次、多渠道和多种方法进行经常性安全教育培训。安全思想、安全态度教育最为重要。

经常性安全教育培训的内容:

①上级的劳动保护、安全生产法律及有关文件、指示。

②各部门、各责任人的安全生产责任。

③遵章守纪。

④事故案例及教训等。

经常性安全教育培训的形式:

①安全活动日,如班组每周安排一次安全活动,利用班前班后进行。

②安全部门召开安全生产会议或安全例会(按照安全生产会议制度进行)。

③利用广播、宣传标语、招贴画、黑板报、事故现场会等形式进行。

(十一)应急管理制度

为了预防和控制潜在的事故或紧急情况发生时,做出应急准备和最大限度地减轻可能产生的事故后果,施工企业应制定应急管理制度。

(十二)政府安全生产监督检查制度

《安全生产法》规定,国务院应急管理部门依照本法,对全国安全生产工作实施综合监督管理;县级以上地方各级人民政府应急管理部门依照本法,对本行政区域内安全生产工作实施综合监督管理。

国务院交通运输、住房和城乡建设、水利、民航等有关部门依照本法和其他有关法律、行政法规的规定,在各自的职责范围内对有关行业、领域的安全生产工作实施监督管理;县级以上地方各级人民政府有关部门依照本法和其他有关法律、法规的规定,在各自的职责范围内对有关行业、领域的安全生产工作实施监督管理。对新兴行业、领域的安全生产监督管理职责不明确的,由县级以上地方各级人民政府按照业务相近的原则确定监督管理部门。

(十三)安全技术管理制度

1.安全技术措施制订的范围

安全技术措施是企业有计划地改善劳动条件和安全卫生设施,防止工伤事故和职业病的重要措施之一,对企业加强劳动保护,改善劳动条件,保障职工的安全和健康,促进企业生产经营的发展都是起着积极作用。企业安全技术措施计划的范围应包括改善劳动条件、预防职业病和职业中毒、防止事故发生等,具体内容有:安全技术措施(主要包括各种安全预防装置);安全宣传教育措施(主要是各种出版物、规章制度、演练、实验等);职业卫生措施(主要是对作业环境的相关措施);各类辅助用房间和设施(如安全卫生防护房间和设施)。

2. 安全技术管理的要求

施工企业安全技术管理应包括对安全生产技术措施的制订、实施、改进等管理。施工企业各管理层的技术负责人应对管理范围的安全技术管理负责。

企业安全技术措施计划编制的步骤,下面以典型例题的形式进行讲解。

典型例题

【单选题】根据企业安全技术措施计划的编制步骤,工作活动分类后紧接着应进行的工作是(　　)。

A. 危险源识别　　B. 风险确定

C. 风险评价　　D. 安全技术措施计划制定

A。【解析】企业安全技术措施计划的编制步骤为:工作活动分类→危险源识别→风险确定→风险评价→安全技术措施计划制定→评价安全技术措施计划的充分性。

施工企业应定期进行技术分析,改造、淘汰落后的施工工艺、技术和设备,应推行先进、适用的工艺、技术和装备,并应完善安全生产作业条件。施工企业应依据工程规模、类别、难易程度等明确施工组织设计、专项施工方案(措施)的编制、审核和审批的内容、权限、程序及时限。

施工企业应根据施工组织设计、专项施工方案(措施)的审核、审批权限,组织相关职能部门审核,技术负责人审批。审核、审批应有明确意见并签名盖章。编制、审批应在施工前完成。

施工企业应根据施工组织设计、专项安全施工方案(措施)编制和审批权限的设置,分级进行安全技术交底,编制人员应参与安全技术交底、验收和检查。

(十四)危及施工安全的工艺、设备、材料淘汰制度

该制度旨在加强建设工程施工工艺、设备、材料的安全管理,防止和减少生产安全事故的发生。

《建设工程安全生产管理条例》规定,国家对严重危及施工安全的工艺、设备、材料实行淘汰制度。具体目录由国务院建设行政主管部门会同国务院其他有关部门制定并公布。

施工单位使用国家明令淘汰、禁止使用的危及施工安全的工艺、设备、材料的,责令限期改正;逾期未改正的,责令停业整顿,依照《安全生产法》的有关规定处以罚款;造成重大安全事故,构成犯罪的,对直接责任人员,依照刑法有关规定追究刑事责任。

上述是关于对严重危及施工安全的工艺、设备、材料实行淘汰制度的规定。施工单位应当严格遵守和执行。

施工单位在施工过程中,应做到:

(1)对于已经公布的严重危及施工安全的工艺、设备和材料,不得继续使用,否则追究直接责任人的相关责任。

(2)对于已经公布的严重危及施工安全的工艺、设备和材料,不得转让给他人使用,否则追究当事人的责任。

(3)不断推广新工艺、新设备、新材料,不断提高企业的施工工艺水平,促进设备更新,以提高企业的经济效益和社会效益。

(十五)施工起重机械使用登记制度

《建设工程安全生产管理条例》规定,施工单位应当自施工起重机械和整体提升脚手架、模板等自升式架设设施验收合格之日起30日内,向建设行政主管部门或者其他有关部门登记。登记标志应当置于或者附着于该设备的显著位置。

施工单位未按照规定在施工起重机械和整体提升脚手架、模板等自升式架设设施验收合格后登记的,责令限期改正;逾期未改正的,责令停业整顿,依照《安全生产法》的有关规定处以罚款;造成重大安全事故,构成犯罪的,对直接责任人员,依照刑法有关规定追究刑事责任。

(十六)安全检查和改进制度

安全检查是指对安全生产管理活动和结果的符合性和有效性进行的常规监测活动。施工企业通过安全检查掌握安全生产管理活动运行的动态,发现并纠正安全生产管理活动或结果的偏差,并为确定和采取纠正措施或预防措施提供信息。

施工企业安全检查和改进管理应包括规定安全检查的内容、形式、类型、标准、方法、频次、整改、复查,以及安全生产管理评价与持续改进等工作内容。

施工企业安全检查应包括下列内容:

(1)安全管理目标的实现程度。

(2)安全生产职责的履行情况。

(3)各项安全生产管理制度的执行情况。

(4)施工现场管理行为和实物状况。

(5)生产安全事故、未遂事故和其他违规违法事件的报告调查、处理情况。

(6)安全生产法律法规、标准规范和其他要求的执行情况。

专家解读

施工企业安全检查的重点是检查安全责任制的落实以及“三违”(违章指挥、违规作业和违反劳动纪律)。

施工企业安全检查的形式应包括各管理层的自查、互查以及对下级管理层的抽查等;安全检查的类型应包括日常巡查、专项检查、季节性检查、定期检查、不定期抽查等,并应符合下列要求:

(1)工程项目部每天应结合施工动态,实行安全巡查。

(2)总承包工程项目部应组织各分包单位每周进行安全检查。

(3)施工企业每月应对工程项目施工现场安全生产情况至少进行一次检查,并应针对检查中发现的倾向性问题、安全生产状况较差的工程项目,组织专项检查。

(4)施工企业应针对承建工程所在地区的气候与环境特点,组织季节性的安全检查。

施工企业安全检查应配备必要的检查、测试器具,对存在的问题和隐患,应定人、定时间、定措施组织整改，并应跟踪复查直至整改完毕。

施工企业对安全检查中发现的问题，宜按隐患类别分类记录，定期统计，并应分析确定多发和重大隐患类别，制订实施治理措施。

施工企业应定期对安全生产管理的适宜性、符合性和有效性进行评估，应确定改进措施，并对其有效性进行跟踪验证和评价。发生下列情况时，企业应及时进行安全生产管理评估：

(1)适用法律法规发生变化。

(2)企业组织机构和体制发生重大变化。

(3)发生生产安全事故。

(4)其他影响安全生产管理的重大变化。

施工企业应建立并保存安全检查和改进活动的资料与记录。

(十七)生产安全事故报告和调查处理制度

参照《生产安全事故报告和调查处理条例》《安全生产法》《建筑法》《建设工程安全生产管理条例》《中华人民共和国特种设备安全法》(以下简称《特种设备安全法》)等法律法规，对生产安全事故报告和调查处理制度作出相应规定，尤其要注意特种设备事故的处理和上报。

《生产安全事故报告和调查处理条例》的相关规定在本章第三节有详细介绍。

《安全生产法》规定，生产经营单位发生生产安全事故时，单位的主要负责人应当立即组织抢救，并不得在事故调查处理期间擅离职守。生产经营单位发生生产安全事故后，事故现场有关人员应当立即报告本单位负责人。单位负责人接到事故报告后，应当迅速采取有效措施，组织抢救，防止事故扩大，减少人员伤亡和财产损失，并按照国家有关规定立即如实报告当地负有安全生产监督管理职责的部门，不得隐瞒不报、谎报或者迟报，不得故意破坏事故现场、毁灭有关证据。负有安全生产监督管理职责的部门接到事故报告后，应当立即按照国家有关规定上报事故情况。负有安全生产监督管理职责的部门和有关地方人民政府对事故情况不得隐瞒不报、谎报或者迟报。

《建筑法》规定，建筑施工企业必须依法加强对建筑安全生产的管理，执行安全生产责任制度，采取有效措施，防止伤亡和其他安全生产事故的发生。施工中发生事故时，建筑施工企业应当采取紧急措施减少人员伤亡和事故损失，并按照国家有关规定及时向有关部门报告。

《建设工程安全生产管理条例》规定，施工单位发生生产安全事故，应当按照国家有关伤亡事故报告和调查处理的规定，及时、如实地向负责安全生产监督管理的部门、建设行政主管部门或者其他有关部门报告；特种设备发生事故的，还应当同时向特种设备安全监督管理部门报告。接到报告的部门应当按照国家有关规定，如实上报。实行施工总承包的建设工程，由总承包单位负责上报事故。发生生产安全事故后，施工单位应当采取措施防止事故扩大，保护事故现场。需要移动现场物品时，应当做出标记和书面记录，妥善保管有关证物。建设工程生产安全事故的调查、对事故责任单位和责任人的处罚与处理，按照有关法律、法规的规定执行。

《特种设备安全法》规定，特种设备发生事故后，事故发生单位应当按照应急预案采取措施，组织抢救，防止事故扩大，减少人员伤亡和财产损失，保护事故现场和有关证据，并及时向事故发生地县级以上人民政府负责特种设备安全监督管理的部门和有关部门报告。

县级以上人民政府负责特种设备安全监督管理的部门接到事故报告，应当尽快核实情况，立即向本级人民政府报告，并按照规定逐级上报。必要时，负责特种设备安全监督管理的部门可以越级上报事故情况。对特别重大事故、重大事故，国务院负责特种设备安全监督管理的部门应当立即报告国务院并通报国务院应急管理部门等有关部门。

此外，常见的安全生产管理制度还包括安全例会制度、安全技术交底制度、安全生产奖惩制度、安全生产档案管理制度、安全生产事故隐患排查治理制度、危险物品和重大危险源管理制度、消防安全管理制度、社会治安管理制度等。

专家解读

上述各种制度中，重点掌握：安全生产许可证制度、特种作业人员持证上岗制度、专项施工方案专家论证制度、安全检查和改进制度、“三同时”制度、意外伤害保险制度的内容。将其要点总结如下表所示。

相关安全生产管理制度的要求

制度	掌握要点
安全生产许可证	有效期3年，期满前3个月办理延期
特种作业人员持证上岗	必备条件：满18周岁，初中及以上；从事危险化学品行业需高中及以上学历
专项施工方案专家论证	深基坑、地下暗挖、高大模板，需施工单位组织专家论证、审查
安全检查和改进	查思想、管理、制度、隐患、整改和伤亡事故处理等；重点是“三违”和安全责任制的落实情况
“三同时”	同时设计、同时施工、同时投入生产和使用
意外伤害保险	工伤保险是法定强制性保险；鼓励企业为从事危险作业的工人办理意外伤害保险

三、危险源辨识与控制

（一）危险源概述

危险源是指可能导致人身伤害和（或）健康损害的根源、状态或行为，或其组合。其实质是具有潜在危险的源点或部位，是产生事故的源头，也是能量、危险物质集中的核心。不同的系统范围内，危险源的区域也不相同。例如，对于一个企业，危险源可能是某个车间、仓库，而一个车间系统的危险源可能是某台设备；对于全国，危险源可能是危险行业（如石油、化工等）具体的各个企业（如炼油厂）。因此，分析危险源应按系统的不同层次来进行。一般来说，危险源可能有事故隐患，也可能没有事故隐患，对于有事故隐患的危险源一定要及时加以整改，否则随时都可能产生安全事故。

危险源一般分为两大类：

（1）第一类危险源：又称根源危险源，指生产过程中存在的可能意外释放的能源、能量载体或危险物质，可能发生意外释放的能量（能源或能量载体）或危险物质称作第一类危险源。

（2）第二类危险源：又称状态危险源，指导致能量或危险物质受到约束或限制的措施破坏或失效的各种因素。主要指人的不安全行为、物的不安全状态及管理上的缺陷等。

某项事故发生一般是两类危险源共同作用的结果，具体表现如下：

（1）第一类危险源是伤亡事故发生的能量主体，决定事故发生的严重程度；第二类危险源决定发生事故的可能性大小。两类危险源共同决定危险源的危险程度。

（2）第一类危险源存在是第二类危险源出现的前提，第二类危险源的出现是第一类危险源导致事故的必要条件。

专家解读

两类危险源性质、危险表现形式等具体内容比较如下表所示。

两类危险源的比较

项目	第一类危险源	第二类危险源
性质	事故的前提	必要条件
	释放能量	约束、限制能量
	主体，决定事故严重程度	决定发生事故可能性的大小
	可能发生意外释放的能量或危险物质	人的不安全行为/物的不安全状态/管理缺陷
举例	（1）产生、供给能量的装置、设备，如工作中发电机、变压器、油罐等。 （2）能量载体，如带电的导体、行驶中的车辆等。 （3）一旦失控可能产生巨大能量的装置、设备、场所，如强烈放热反应的化工装置等。 （4）一旦失控可能发生能量蓄积或突然释放的装置、设备、场所，如各种压力容器等。 （5）危险物质，如各种有毒、有害、可燃易爆物质等。 （6）生产、加工、贮存危险物质的装置、设备、场所。 （7）人体一旦与之接触将导致能量意外释放的物体，如带电体、高温物体等	绝缘层损坏、超压报警器失灵、钢丝绳破损
危害表现	后果严重程度（量、强度、影响范围）	设备故障、人为失误、管理缺陷
控制措施	消除、限制、隔离、个体防护、应急救援	提高可靠性、减少或消除故障、增加安全系数、设置监控、改善作业环境，最重要的是加强员工安全意识培训和教育

典型例题

【单选题】下列施工现场危险源中，属于第一类危险源的是（　　）。

A. 工人焊接操作不规范　　B. 油漆存放没有相应的防护设施

C. 现场存在大量油漆　　D. 焊接设备缺乏维护保养

C。【解析】第一类危险源又称根源危险源，指生产过程中存在的可能意外释放的能源、能量载体或危险物质，可能发生意外释放的能量（能源或能量载体）或危险物质。简言之，即危险物本身，选项中只有选项 C 符合条件。工作中的发电机，行驶中的车辆，有毒、有害、可燃易爆等危险物质，生产、加工、贮存危险物质的装置、设备、场所等都属于第一类危险源。

（二）危险源辨识与控制工作程序

危险源辨识与控制工作程序大致为：危险源辨识→风险评价→确定风险等级→危险源控制→更新。

1. 危险源辨识

危险源辨识是识别危险源的存在并确定其特性的过程。危险源辨识旨在事先确定所有由组织活动产生、可能导致人身伤害或健康损害的根源、状态或行为（或其组合）。

危险源辨识不但包括对危险源的识别，而且必须对其性质加以判断。危险源辨识的任务是把危险找出来，目的是针对危险源进行安全监控，并制定行之有效的防范措施，逐步提高本质安全程度。

危险源辨识宜考虑工作场所内危险源的不同类型，包括物理的、化学的、生物的和心理的等。《生产过程危险和有害因素分类与代码》适用于各行业在规划、设计和组织生产时，对危险和有害因素的预测、预防，对伤亡事故原因的辨识和分析。该标准按可能导致生产过程中危险和有害因素的性质进行分类。生产过程危险和有害因素共分为四类，分别是“人的因素”“物的因素”“环境因素”“管理因素”。

国内外已经开发出的危险源辨识方法有几十种，如询问交谈、现场观察、查阅有关记录、获取外部信息、专家调查法、工作任务分析、安全检查表、危险与操作性研究、事故树分析、故障树分析、LEC 法、储存量比对法等。往往采用两种或两种以上的方法识别危险源。以下为常用的几种方法：

（1）询问交谈。与生产现场的管理人员、施工人员和技术人员进行交流讨论，获取相关危险源资料。

（2）现场观察。到施工现场观察各类设施、场地，分析施工中的具体操作行为、安全管理状况等，获取相关危险源资料。

（3）事故树分析法。可针对各类事故进行分析，并按事故树分析要求展开和绘图，获取相关危险源资料。

（4）安全检查表（SCL）法。S 代表 Safety（安全），C 代表 Check（检查），L 代表 List（清单、表格）。安全检查表法为系统地辨识和诊断某一系统的安全状况而事先拟好的问题清单。采用预先设计好的安全检查表或制度与规程，到现场进行检查，发现安全隐患问题及时记录和分析，并据此获取危险源资料。安全检查表的内容一般包括分类项目、检查内容与要求、检查后处理意见等。安全检查表法的优点有简单易懂、容易掌握,检查表的编制系统全面,可全面查找危险、有害因素,避免了传统安全检查中易遗漏、疏忽的弊端;但只能做出一些定性的评价。

(5)专家调查法。专家调查法主要包括头脑风暴法和德尔菲法。头脑风暴法又叫畅谈法、集思法等,是通过专家创造性思考,从而产生大量的观点、问题和议题的方法。头脑风暴法的特点是多人讨论,集思广益,可以弥补个人判断的不足,常采取专家会议的方式来相互启发、交换意见,使危险、有害因素的辨识更加细致、具体。德尔菲法是一种反馈匿名函询法,其大致流程是:在对所要预测的问题征得专家的意见之后,进行整理、归纳、统计,再匿名反馈给各专家,再次征求意见,再集中,再反馈,直至得到一致的意见。德尔菲法是采用背对背的方式对专家进行调查,其特点是避免了集体讨论中的从众性倾向,更代表专家的真实意见。但专家的知识、经验有限,可能会出现遗漏。

(6)危险与操作性研究。应用正规系统、标准的检查方法检查工艺过程和设备工程的意图,以评价工艺和设备的误操作或故障的潜在危险和其对整个工艺和设备的影响后果。采用此方法时,先对生产过程给予全面描述,对每部分进行系统提问;发现偏离设计意图的现象是如何发生的,并确定其偏离是否构成危险源特性或上升成危险源。

2. 风险评价及确定风险等级

风险评价是指对危险源导致的风险进行评估、对现有控制措施的充分性加以考虑以及对风险是否可接受予以确定的过程。

根据《职业健康安全管理体系　要求及使用指南》,组织可以采用不同方法来评价职业健康安全风险,作为其应对不同危险源或活动的总体战略的一部分。评价的方法和复杂程度并不取决于组织的规模,而取决于与组织的活动有关的危险源。

职业健康安全管理体系的风险评价过程宜考虑日常运行和决策(如工作流程中的峰巅、重组)以及外部议题(如经济变化)。方法可包括:与受日常活动(如工作量的变化)影响的工作人员持续协商;对新的法律法规要求和其他要求(如监管改革、与职业健康安全有关的集体协议的修订)进行监视和沟通;确保资源满足当前和变化的需求(如针对新改进的设备或物料开展培训或采购)。

根据风险概率和风险损失等级可大致确定风险等级。风险等级大致可分为Ⅰ级(可忽略风险)、Ⅱ级(可容许风险)、Ⅲ级(中度风险)、Ⅳ级(重大风险)、Ⅴ级(不容许风险)。

3. 危险源的控制

具体来说,危险源的控制可从三方面进行,即管理控制、人行为控制和技术控制。

(1)管理控制。对危险源实行控制,可采取以下管理措施:建立健全危险源管理的规章制度;明确责任、定期检查;加强危险源的日常管理;抓好信息反馈、及时整改隐患;搞好危险源控制管理的基础建设工作;搞好危险源控制管理的考核评价和奖惩。

(2)人行为控制。人行为控制,即控制人为失误,减少人不正确行为对危险源的触发作用。人为失误的主要表现形式有:粗心大意,厌烦,懒散,疲劳,紧张,疾病或生理缺陷等生理方面,以及操作失误,指挥错误,不正确的判断或缺乏判断,错误使用防护用品和防护装置等具体工作方面。人行为的控制首先是加强教育培训,做到人的安全化;其次应做到操作安全化。

(3)技术控制。技术控制,即采用技术措施对固有危险源进行控制,主要技术有消除、控制、防护、隔离、监控、保留和转移等。

根据《职业健康安全管理体系　要求及使用指南》,组织应通过采用下列控制层级,建立、实施和保持用于消除危险源和降低职业健康安全风险的过程:消除危险源;用危险性低的过程、操作、材料或设备替代;采用工程控制和重新组织工作;采用管理控制,包括培训;使用适当的个体防护装备。

四、安全隐患

安全隐患是指在日常的生产过程或社会活动中,由于人的因素、物的变化以及环境的影响等会产生各种各样的问题、缺陷、故障、隐患等不安全因素。

(一)建设工程安全的隐患

建设工程中的安全隐患一般包括三个方面:人的不安全因素、物的不安全状态以及管理不当。

1. 人的不安全因素

(1)人的不安全因素。

①心理方面,包括人的性格、气质和情绪,如急躁、懒散、粗心等。

②生理方面,包括:年龄不能适应作业岗位要求;有不适合作业岗位要求的疾病;视觉、听觉等感觉器官不能适应作业岗位要求;体能不能适应作业岗位要求;疲劳和酒醉或感觉朦胧。

③能力方面,包括人的知识技能、应变能力、资格等不能适应工作和作业岗位要求。

(2)人的不安全行为。具体表现有:操作失误、忽视安全、忽视警告;造成安全装置失效;使用不安全设备;手代替工具操作;物体存放不当;冒险进入危险场所;攀坐不安全位置;在起吊物下作业、停留;在机器运转时进行检查、维修、保养;有分散注意力的行为;未正确使用个人防护用品、用具;不安全装束;对易燃易爆等危险物品处理错误。

2. 物的不安全状态

(1)物的不安全状态类型:防护等装置缺陷;设备、设施等缺陷;个人防护用品缺陷;施工现场环境的缺陷。

(2)物的不安全状态具体表现有:物本身存在的缺陷;防护保险方面的缺陷;物的放置方法不当;作业环境场所存在的缺陷;外部和自然环境的不安全状态;作业方法导致的物的不安全状态;保护器具信号、标志和个体防护用品的缺陷。

3. 管理不当

管理不当包括:技术上存在缺陷;教育上存在缺陷;生理上存在缺陷;心理上存在缺陷;管理工作上存在缺陷;学校教育和社会、历史上的原因造成缺陷。

(二)施工现场常见安全隐患行为

以建筑工程为例,施工现场常见安全隐患行为如表5-1所示。

表 5-1 施工现场常见安全隐患行为

安全隐患	举例	危害
临边、洞口安全防护不到位	(1)楼层临边未设置临边防护。 (2)楼梯未设置临时扶手。 (3)电梯井洞口未设置安全防护设施。 (4)后浇带未设置安全防护设施。 (5)预留洞口未设置安全防护设施	高处坠落、物体打击
临时用电不符合规范要求	(1)非透明断路器、熔断器前未按规定设置隔离开关。 (2)开关箱门损坏、缺失不及时修复或更换。 (3)电焊机二次线随意接长不做绝缘处理。 (4)"一闸多机",即一个开关管多台机械设备	触电伤害、电气火灾
脚手架搭设不符合规范要求	(1)落地式脚手架基础不做处理。 (2)脚手架不按规定设置剪刀撑或剪刀撑设置不符合规范要求。 (3)悬挑式脚手架工字钢设置不符合规范要求。 (4)脚手架上水平安全防护不到位	坍塌、高处坠落、物体打击
模板支撑架搭设不符合规范要求	(1)支模架杆件随意接长。 (2)顶托外露长度超过规范要求。 (3)立杆伸出顶层水平杆长度超过规范要求。 (4)不按规范要求设置剪刀撑。 (5)水平杆单向设置	坍塌、高处坠落
机械设备不符合规范要求	(1)塔机、施工电梯、龙门架基础积水。 (2)塔机吊索编结长度不符合规范要求。 (3)塔机吊索打结使用。 (4)塔机吊钩无防脱钩装置。 (5)吊篮悬挂机构前端支架搁置在女儿墙上	触电、机械伤害、起重伤害

(三)安全隐患排查

1. 安全隐患排查的重点

施工单位和项目部应对施工现场的安全隐患进行排查,排查重点包括:高处作业;施工用电;起重吊装及安装拆卸;施工机具;模板工程及支撑体系;脚手架;基坑工程;施工现场消防;建筑幕墙;预应力结构张拉;钢结构和网架结构;拆除、爆破;盾构法和开挖式隧道施工;现浇法和装配式桥梁施工;市政给排水管道施工;采用新技术、新工艺、新材料、新设备及尚无技术标准的分项工程;其他危险性大,易发生安全事故的分部分项工程。

除上述外,施工单位尚应结合本工程特点对安全隐患的排查范围进行补充。

2. 安全隐患排查的方式

(1)施工单位自行组织的定期排查。

(2)施工单位组织,有监理单位参加的定期排查。

(3)施工单位、监理单位与相关单位共同参加的专项排查。

3. 安全隐患排查的方法

(1)检查表法:通过对照安全隐患排查记录表的内容,排查安全隐患。施工安全隐患排查宜采用检查表法。

(2)询问交谈法:通过对现场安全管理人员、施工工人等的询问交谈,排查安全隐患。

(3)查阅有关资料文件法:通过对有关的安全管理台账、施工记录等进行查阅,排查安全隐患。

(4)观看影像资料法:通过观看有关的录像、照片等影像资料,排查安全隐患。

(5)现场观察法:通过现场目测观察,排查安全隐患。

(6)实物检测法:通过检测工具、仪器设备量测,或委托具有资质的第三方检测机构检测,并根据相关标准对数据加以分析研究,排查安全隐患。

(7)视频在线实时监控法:通过远程监控和信息自动采集等网络技术手段,排查安全隐患。

安全隐患排查可结合工程实际,采用上述方法中的一种或若干种。

(四)施工安全隐患的治理

1. 施工安全隐患的治理原则

施工安全隐患的治理原则,如表 5-2 所示。

表 5-2　施工安全隐患的治理原则

治理原则	概述
动态治理	发现问题及时治理,避免小隐患变大隐患
重点治理	对危险点分级治理
冗余安全度治理	设置多道防线,强调的是防,没有发生事故之前的治理。举例:某工程施工期间,安全人员发现作业区内有一处电缆井盖遗失,随即在现场既设置防护栏及警示牌,又设置照明及夜间警示灯
单项隐患综合治理	从人、机、料、法、环多角度考虑,强调整改,一般在事故发生之后的治理
直接隐患与间接隐患并治	对人、机、环系统等直接隐患与安全管理等间接隐患同时进行治理
预防与减灾并重治理	对事故减灾做充分准备、研究应急技术操作规程;减小事故发生可能性、降低事故等级。举例:无法避免的安全隐患,定期演练

典型例题

【单选题】对于施工现场易塌方的基坑部位，既设防护栏杆和警示牌，又设置照明和夜间警示灯，此措施体现了安全隐患处理中的(　　)原则。

A. 单项隐患综合处理　　B. 预防与减灾并重处理

C. 直接隐患与间接隐患并治　　D. 冗余安全度处理

D。【解析】冗余安全度处理原则主要是设置多道防线，强调的是防，并没有发生事故。故选项 D 正确。

2. 施工安全隐患治理的要求

施工项目部应在施工现场醒目处设置安全隐患告示牌，明确提示施工现场存在的安全隐患种类、安全隐患存在的部位、治理责任人、治理期限、治理目标和注意事项；并在安全隐患存在的部位设置明显的警示标志和临时防护措施。

当安全隐患涉及相邻地区、单位或公众安全的，施工项目部应当在安全隐患影响范围内张贴告示和设置警示标志，及时以书面形式告知相关单位，并加强对安全隐患治理工作的协调。

施工项目部应对排查出的安全隐患及时实施监控与治理。治理期间，应采取措施防止隐患进一步发展，使之处于受控状态。安全隐患治理前或治理过程中无法保证安全的，施工项目部应当从危险区域内撤出作业人员，并疏散可能危及的其他人员，实行局部停工整改或全部停工整改。

排查出的一般安全隐患，施工项目部应按照安全隐患排查和治理方案的要求立即进行整改。排查出的重大安全隐患，施工项目部应立即组织编制重大安全隐患治理措施，并向建设单位、监理单位和施工项目部的上级管理部门报告。

接到重大安全隐患报告后，施工单位主要负责人应立即指派专人负责，对重大安全隐患的防治工作实施跟踪、指导和监督。

当存在的重大安全隐患影响工程结构安全时，隐患治理措施需经勘察单位、设计单位审查同意。施工项目部编制的重大安全隐患治理措施宜组织专家评审，并按专家意见修改后，经施工单位技术负责人、总监理工程师和建设单位负责人签字后实施。

勘察单位、设计单位收到施工项目部提交的涉及勘察和设计的重大安全隐患治理措施，应指派专人对方案进行审查，并及时签署审查意见。

重大安全隐患治理前，施工项目技术负责人应进行安全隐患治理技术交底。

重大安全隐患的治理由施工单位主要负责人督办，一般安全隐患的治理由施工项目负责人督办。安全隐患的治理应符合安全隐患防治方案(治理措施)、规范或设计要求。

安全隐患治理的重点部位和关键环节，专职安全员应实行现场监督。

一般安全隐患消除后，施工项目部应通知监理(建设)单位检查验收。重大安全隐患治理完毕后，施工项目部应组织相关技术人员进行治理效果验收或评估，并填写安全隐患处理验收记录表，报建设行政主管部门备案。

重大安全隐患治理时，建设单位应负责与外部相关部门的协调并定期检查治理效果。

第三节 生产安全事故应急预案和事故处理

一、生产安全事故应急预案

编制生产安全事故应急预案具体可参照《生产安全事故应急预案管理办法》(2019 年修订)《生产经营单位生产安全事故应急预案编制导则》,其目的是避免紧急情况发生时出现混乱,确保按照合理的响应流程采取适当的救援措施,预防和减少可能随之引发的职业健康安全和环境影响。

《生产安全事故应急预案管理办法》规定,应急管理部负责全国应急预案的综合协调管理工作。国务院其他负有安全生产监督管理职责的部门在各自职责范围内,负责相关行业、领域应急预案的管理工作。县级以上地方各级人民政府应急管理部门负责本行政区域内应急预案的综合协调管理工作。县级以上地方各级人民政府其他负有安全生产监督管理职责的部门按照各自的职责负责有关行业、领域应急预案的管理工作。

(一)生产安全事故应急预案的体系

生产经营单位的应急预案体系主要由综合应急预案、专项应急预案和现场处置方案构成。

1. 三者定义

(1)《生产安全事故应急预案管理办法》中的规定。

①综合应急预案,是指生产经营单位为应对各种生产安全事故而制定的综合性工作方案,是本单位应对生产安全事故的总体工作程序、措施和应急预案体系的总纲。

②专项应急预案,是指生产经营单位为应对某一种或者多种类型生产安全事故,或者针对重要生产设施、重大危险源、重大活动防止生产安全事故而制定的专项性工作方案。

③现场处置方案,是指生产经营单位根据不同生产安全事故类型,针对具体场所、装置或者设施所制定的应急处置措施。

(2)《生产经营单位生产安全事故应急预案编制导则》中的规定。

①综合应急预案是生产经营单位为应对各种生产安全事故而制定的综合性工作方案,是本单位应对生产安全事故的总体工作程序、措施和应急预案体系的总纲。

②专项应急预案是生产经营单位为应对某一种或者多种类型生产安全事故,或者针对重要生产设施、重大危险源、重大活动防止生产安全事故而制定的专项工作方案。专项应急预案与综合应急预案中的应急组织机构、应急响应程序相近时,可不编写专项应急预案,相应的应急处置措施并入综合应急预案。

③现场处置方案是生产经营单位根据不同生产安全事故类型,针对具体场所、装置或者设施所制定的应急处置措施。现场处置方案重点规范事故风险描述、应急工作职责、应急处置措施和注意事项,应体现自救互救、信息报告和先期处置的特点。事故风险单一、危险性小的生产经营单位,可只编制现场处置方案。

2. 三者比较

注意区分应急预案体系中三种应急预案的特点，如表 5-3 所示。

表 5-3　三种应急预案的特点

名称	特点
综合应急预案	针对各类事件的总体描述
专项应急预案	针对具体的事故类别，如基坑开挖、脚手架拆除等；为综合应急预案的附件
现场处置方案	针对具体的装置、场所、设施、岗位

举例：某化工生产公司生产安全事故综合应急预案体系框图如图 5-5 所示。

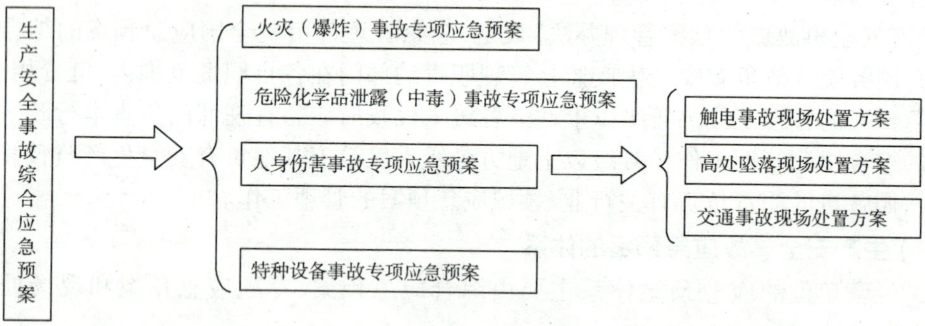

图 5-5　某化工生产公司生产安全事故综合应急预案体系

专家解读

生产规模较小、危险因素少的生产经营单位/施工单位，其生产安全事故应急预案体系可以将综合应急预案与专项应急预案合并编写。

（二）生产安全事故应急预案的编制

1. 编制要求

应急预案的编制应当遵循以人为本、依法依规、符合实际、注重实效的原则，以应急处置为核心，明确应急职责、规范应急程序、细化保障措施。

应急预案的编制应当符合下列基本要求：

(1)有关法律、法规、规章和标准的规定。

(2)本地区、本部门、本单位的安全生产实际情况。

(3)本地区、本部门、本单位的危险性分析情况。

(4)应急组织和人员的职责分工明确，并有具体的落实措施。

(5)有明确、具体的应急程序和处置措施，并与其应急能力相适应。

(6)有明确的应急保障措施，满足本地区、本部门、本单位的应急工作需要。

(7)应急预案基本要素齐全、完整，应急预案附件提供的信息准确。

(8)应急预案内容与相关应急预案相互衔接。

2. 编制的主要内容

(1)综合应急预案。综合应急预案的内容包括:总则(适用范围、响应分级);应急组织机构及职责;应急响应(信息报告、预警、响应启动、应急处置、应急支援、响应终止);后期处置;应急保障(通信与信息保障、应急队伍保障、物资装备保障、其他保障)。

(2)专项应急预案。专项应急预案的内容包括:适用范围;应急组织机构及职责;响应启动;处置措施;应急保障。

(3)现场处置方案。现场处置方案的内容包括:事故风险描述;应急工作职责;应急处置;注意事项。

(三)生产安全事故应急预案的管理

根据《生产安全事故应急预案管理办法》,建设工程生产安全事故应急预案的管理包括应急预案的评审、公布、备案、实施及监督管理。

1. 生产安全事故应急预案的评审、公布和备案

应急预案编制完成后,生产经营单位应按法律法规有关规定组织评审或论证。参加应急预案评审的人员可包括有关安全生产及应急管理方面的、有现场处置经验的专家,应急预案论证可通过推演的方式开展。

地方各级人民政府应急管理部门应当组织有关专家对本部门编制的部门应急预案进行审定;必要时,可以召开听证会,听取社会有关方面的意见。

参加应急预案评审的人员应当包括有关安全生产及应急管理方面的专家。评审人员与所评审应急预案的生产经营单位有利害关系的,应当回避。

应急预案的评审或者论证应当注重基本要素的完整性、组织体系的合理性、应急处置程序和措施的针对性、应急保障措施的可行性、应急预案的衔接性等内容。

生产经营单位的应急预案经评审或者论证后,由本单位主要负责人签署,向本单位从业人员公布,并及时发放到本单位有关部门、岗位和相关应急救援队伍。事故风险可能影响周边其他单位、人员的,生产经营单位应当将有关事故风险的性质、影响范围和应急防范措施告知周边的其他单位和人员。

地方各级人民政府应急管理部门的应急预案,应当报同级人民政府备案,同时抄送上一级人民政府应急管理部门,并依法向社会公布。地方各级人民政府其他负有安全生产监督管理职责的部门的应急预案,应当抄送同级人民政府应急管理部门。

易燃易爆物品、危险化学品等危险物品的生产、经营、储存、运输单位,矿山、金属冶炼、城市轨道交通运营、建筑施工单位,以及宾馆、商场、娱乐场所、旅游景区等人员密集场所经营单位,应当在应急预案公布之日起20个工作日内,按照分级属地原则,向县级以上人民政府应急管理部门和其他负有安全监督管理职责的部门备案,并依法向社会公布。

上述所列单位属于中央企业的,其总部(上市公司)的应急预案,报国务院主管的负有安全生产监督管理职责的部门备案,并抄送应急管理部;其所属单位的应急预案报所在地的省、自治区、直辖市或者设区的市级人民政府主管的负有安全生产监督管理职责的部门备案,并抄送同级人民政府应急管理部门。

上述所列单位不属于中央企业的,其中非煤矿山、金属冶炼和危险化学品生产、经营、储

存、运输企业，以及使用危险化学品达到国家规定数量的化工企业、烟花爆竹生产、批发经营企业的应急预案，按照隶属关系报所在地县级以上地方人民政府应急管理部门备案；上述单位以外的其他生产经营单位应急预案的备案，由省、自治区、直辖市人民政府负有安全生产监督管理职责的部门确定。

2. 生产安全事故应急预案的实施

各级人民政府应急管理管理部门、各类生产经营单位应当采取多种形式开展应急预案的宣传教育，普及生产安全事故避险、自救和互救知识，提高从业人员和社会公众的安全意识与应急处置技能。

生产经营单位应当制定本单位的应急预案演练计划，根据本单位的事故风险特点，每年至少组织 1 次综合应急预案演练或者专项应急预案演练，每半年至少组织 1 次现场处置方案演练。

应急预案演练结束后，应急预案演练组织单位应当对应急预案演练效果进行评估，撰写应急预案演练评估报告，分析存在的问题，并对应急预案提出修订意见。

应急预案编制单位应当建立应急预案定期评估制度，对预案内容的针对性和实用性进行分析，并对应急预案是否需要修订作出结论。应急预案评估可以邀请相关专业机构或者有关专家、有实际应急救援工作经验的人员参加，必要时可以委托安全生产技术服务机构实施。

有下列情形之一的，应急预案应当及时修订并归档：

(1)依据的法律、法规、规章、标准及上位预案中的有关规定发生重大变化的。

(2)应急指挥机构及其职责发生调整的。

(3)安全生产面临的风险发生重大变化的。

(4)重要应急资源发生重大变化的。

(5)在应急演练和事故应急救援中发现需要修订预案的重大问题的。

(6)编制单位认为应当修订的其他情况。

应急预案修订涉及组织指挥体系与职责、应急处置程序、主要处置措施、应急响应分级等内容变更的，修订工作应当参照规定的应急预案编制程序进行，并按照有关应急预案报备程序重新备案。

生产经营单位应当按照应急预案的规定，落实应急指挥体系、应急救援队伍、应急物资及装备，建立应急物资、装备配备及其使用档案，并对应急物资、装备进行定期检测和维护，使其处于适用状态。

生产经营单位发生事故时，应当第一时间启动应急响应，组织有关力量进行救援，并按照规定将事故信息及应急响应启动情况报告事故发生地县级以上人民政府应急管理部门和其他负有安全生产监督管理职责的部门。

3. 生产安全事故应急预案的监督管理

各级人民政府应急管理部门和煤矿安全监察机构(现为矿山安全监察机构)应当将生产经营单位应急预案工作纳入年度监督检查计划，明确检查的重点内容和标准，并严格按照计划开展执法检查。

地方各级人民政府应急管理部门应当每年对应急预案的监督管理工作情况进行总结，并报上一级人民政府应急管理部门。

对于在应急预案管理工作中做出显著成绩的单位和人员，各级人民政府应急管理部门、生产经营单位可以给予表彰和奖励。

二、企业职工伤亡事故

企业职工伤亡事故是指企业职工在生产劳动过程中，发生的人身伤害、急性中毒。

（一）事故的类别

20类：物体打击、车辆伤害、机械伤害、起重伤害、触电、淹溺、灼烫、火灾、高处坠落、坍塌、冒顶片帮、透水、放炮、火药爆炸、瓦斯爆炸、锅炉爆炸、容器爆炸、其他爆炸、中毒和窒息、其他伤害。

（二）伤害程度分类

伤害程度分类，如表5-4所示。

表5-4　伤害程度分类

类别	伤害程度
轻伤事故	损失工作日低于105日的失能伤害
重伤事故	相当于表定损失工作日等于和超过105日，不超过6 000日的失能伤害
死亡事故	损失工作日超过6 000日的失能伤害

三、生产安全事故

（一）生产安全事故等级

《生产安全事故报告和调查处理条例》规定，根据生产安全事故（以下简称事故）造成的人员伤亡或者直接经济损失，事故一般分为以下等级：

（1）特别重大事故，是指造成30人以上死亡，或者100人以上重伤（包括急性工业中毒，下同），或者1亿元以上直接经济损失的事故。

（2）重大事故，是指造成10人以上30人以下死亡，或者50人以上100人以下重伤，或者5 000万元以上1亿元以下直接经济损失的事故。

（3）较大事故，是指造成3人以上10人以下死亡，或者10人以上50人以下重伤，或者1 000万元以上5 000万元以下直接经济损失的事故。

（4）一般事故，是指造成3人以下死亡，或者10人以下重伤，或者1 000万元以下直接经济损失的事故。

国务院应急管理部门可以会同国务院有关部门，制定事故等级划分的补充性规定。

上述所称的“以上”包括本数，所称的“以下”不包括本数。

专家解读

生产安全事故分类可简化总结如下图所示，帮助记忆。

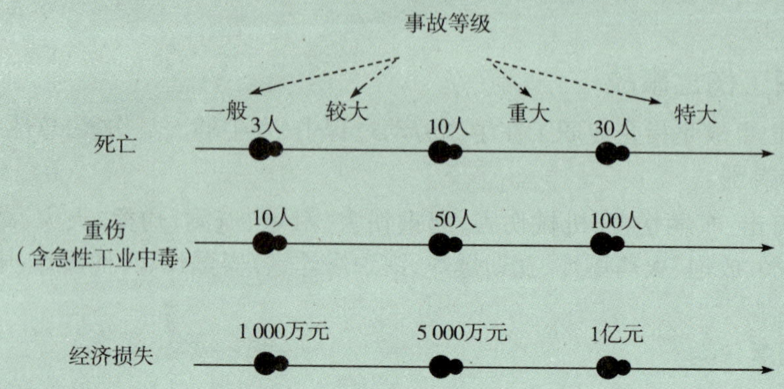

生产安全事故分类

（二）生产安全事故应急救援

《生产安全事故应急条例》规定，发生生产安全事故后，生产经营单位应当立即启动生产安全事故应急救援预案，采取下列一项或者多项应急救援措施，并按照国家有关规定报告事故情况：

（1）迅速控制危险源，组织抢救遇险人员。

（2）根据事故危害程度，组织现场人员撤离或者采取可能的应急措施后撤离。

（3）及时通知可能受到事故影响的单位和人员。

（4）采取必要措施，防止事故危害扩大和次生、衍生灾害发生。

（5）根据需要请求邻近的应急救援队伍参加救援，并向参加救援的应急救援队伍提供相关技术资料、信息和处置方法。

（6）维护事故现场秩序，保护事故现场和相关证据。

（7）法律、法规规定的其他应急救援措施。

生产安全事故应急工作的准备、演练、实施等应严格按照《生产安全事故应急条例》（国令第 708 号）进行。国务院统一领导全国的生产安全事故应急工作，县级以上地方人民政府统一领导本行政区域内的生产安全事故应急工作。生产安全事故应急工作涉及两个以上行政区域的，由有关行政区域共同的上一级人民政府负责，或者由各有关行政区域的上一级人民政府共同负责。

（三）生产安全事故报告

1. 相关规定

《生产安全事故报告和调查处理条例》规定，事故发生后，事故现场有关人员应当立即向本单位负责人报告；单位负责人接到报告后，应当于 1 小时内向事故发生地县级以上人民政府应急管理部门和负有应安全生产监督管理职责的有关部门报告。

链接

《建设工程安全生产管理条例》规定，施工单位发生生产安全事故，应当按照国家有关伤亡事故报告和调查处理的规定，及时、如实地向负责安全生产监督管理的部门、建设行政主管部门或者其他有关部门报告；特种设备发生事故的，还应当同时向特种设备安全监督管理部门报告。接到报告的部门应当按照国家有关规定，如实上报。实行施工总承包的建设工程，由总承包单位负责上报事故。

情况紧急时，事故现场有关人员可以直接向事故发生地县级以上人民政府应急管理部门和负有安全生产监督管理职责的有关部门报告。

应急管理部门和负有安全生产监督管理职责的有关部门接到事故报告后，应当依照下列规定上报事故情况，并通知公安机关、劳动保障行政部门、工会和人民检察院：

(1)特别重大事故、重大事故逐级上报至国务院应急管理部门和负有安全生产监督管理职责的有关部门。

(2)较大事故逐级上报至省、自治区、直辖市人民政府应急管理部门和负有安全生产监督管理职责的有关部门。

(3)一般事故上报至设区的市级人民政府应急管理部门和负有安全生产监督管理职责的有关部门。

应急管理部门和负有安全生产监督管理职责的有关部门依照上述规定上报事故情况，应当同时报告本级人民政府。国务院应急管理部门和负有安全生产监督管理职责的有关部门以及省级人民政府接到发生特别重大事故、重大事故的报告后，应当立即报告国务院。

必要时，应急管理部门和负有安全生产监督管理职责的有关部门可以越级上报事故情况。

应急管理部门和负有安全生产监督管理职责的有关部门逐级上报事故情况，每级上报的时间不得超过2小时。

事故报告后出现新情况的，应当及时补报。自事故发生之日起30日内，事故造成的伤亡人数发生变化的，应当及时补报。道路交通事故、火灾事故自发生之日起7日内，事故造成的伤亡人数发生变化的，应当及时补报。

2. 事故报告的内容

事故报告应包括下列内容：

(1)事故发生单位概况。

(2)事故发生的时间、地点以及事故现场情况。

(3)事故的简要经过。

(4)事故已经造成或者可能造成的伤亡人数(包括下落不明的人数)和初步估计的直接经济损失。

(5)已经采取的措施。

(6)其他应当报告的情况。

（四）生产安全事故调查

1. 事故调查组

特别重大事故由国务院或者国务院授权有关部门组织事故调查组进行调查。

重大事故、较大事故、一般事故分别由事故发生地省级人民政府、设区的市级人民政府、县级人民政府负责调查。省级人民政府、设区的市级人民政府、县级人民政府可以直接组织事故调查组进行调查，也可以授权或者委托有关部门组织事故调查组进行调查。

未造成人员伤亡的一般事故，县级人民政府也可以委托事故发生单位组织事故调查组进行调查。

专家解读

应特别注意，对于没有人员伤亡的一般事故，事故发生单位也可以组织调查。

2. 事故调查要求

上级人民政府认为必要时，可以调查由下级人民政府负责调查的事故。

自事故发生之日起 30 日内（道路交通事故、火灾事故自发生之日起 7 日内），因事故伤亡人数变化导致事故等级发生变化，依照规定应当由上级人民政府负责调查的，上级人民政府可以另行组织事故调查组进行调查。

特别重大事故以下等级事故，事故发生地与事故发生单位不在同一个县级以上行政区域的，由事故发生地人民政府负责调查，事故发生单位所在地人民政府应当派人参加。

3. 事故调查组的职责

（1）查明事故发生的经过、原因、人员伤亡情况及直接经济损失。

（2）认定事故的性质和事故责任。

（3）提出对事故责任者的处理建议。

（4）总结事故教训，提出防范和整改措施。

（5）提交事故调查报告。

4. 事故调查时限

事故调查组应当自事故发生之日起 60 日内提交事故调查报告；特殊情况下，经负责事故调查的人民政府批准，提交事故调查报告的期限可以适当延长，但延长的期限最长不超过 60 日。

5. 事故调查报告的内容

事故调查报告的内容：事故发生单位概况；事故发生经过和事故救援情况；事故造成的人员伤亡和直接经济损失；事故发生的原因和事故性质；事故责任的认定以及对事故责任者的处理建议；事故防范和整改措施。

事故调查报告应当附具有关证据材料。事故调查组成员应当在事故调查报告上签名。

（五）生产安全事故处理

重大事故、较大事故、一般事故，负责事故调查的人民政府应当自收到事故调查报告之日起15日内做出批复;特别重大事故,30日内做出批复,特殊情况下,批复时间可以适当延长,但延长的时间最长不超过30日。

事故发生单位应当认真吸取事故教训,落实防范和整改措施,防止事故再次发生。防范和整改措施的落实情况应当接受工会和职工的监督。

应急管理部门和负有安全生产监督管理职责的有关部门应当对事故发生单位落实防范和整改措施的情况进行监督检查。

事故处理的情况由负责事故调查的人民政府或者其授权的有关部门、机构向社会公布,依法应当保密的除外。

提示

落实施工生产安全事故报告和调查处理"四不放过"原则的核心环节是事故处理。

(六)生产安全事故法律责任

事故发生单位主要负责人有下列行为之一的,处上一年年收入40%至80%的罚款;属于国家工作人员的,并依法给予处分;构成犯罪的,依法追究刑事责任:

(1)不立即组织事故抢救的。

(2)迟报或者漏报事故的。

(3)在事故调查处理期间擅离职守的。

事故发生单位及其有关人员有下列行为之一的,对事故发生单位处100万元以上500万元以下的罚款;对主要负责人、直接负责的主管人员和其他直接责任人员处上一年年收入60%至100%的罚款;属于国家工作人员的,并依法给予处分;构成违反治安管理行为的,由公安机关依法给予治安管理处罚;构成犯罪的,依法追究刑事责任:

(1)谎报或者瞒报事故的。

(2)伪造或者故意破坏事故现场的。

(3)转移、隐匿资金、财产,或者销毁有关证据、资料的。

(4)拒绝接受调查或者拒绝提供有关情况和资料的。

(5)在事故调查中作伪证或者指使他人作伪证的。

(6)事故发生后逃匿的。

有关地方人民政府、应急管理部门和负有安全生产监督管理职责的有关部门有下列行为之一的,对直接负责的主管人员和其他直接责任人员依法给予处分;构成犯罪的,依法追究刑事责任:

(1)不立即组织事故抢救的。

(2)迟报、漏报、谎报或者瞒报事故的。

(3)阻碍、干涉事故调查工作的。

(4)在事故调查中作伪证或者指使他人作伪证的。

事故发生单位对事故发生负有责任的,由有关部门依法暂扣或者吊销其有关证照;对事故发生单位负有事故责任的有关人员,依法暂停或者撤销其与安全生产有关的执业资格、岗位证书;事故发生单位主要负责人受到刑事处罚或者撤职处分的,自刑罚执行完毕或者受处分之日起,5 年内不得担任任何生产经营单位的主要负责人。

链接

根据《关于进一步规范房屋建筑和市政工程生产安全事故报告和调查处理工作的若干意见》,建设主管部门应当依照有关法律法规的规定,对因降低安全生产条件导致事故发生的施工单位给予暂扣或吊销安全生产许可证的处罚;对事故负有责任的相关单位给予罚款、停业整顿、降低资质等级或吊销资质证书的处罚。建设主管部门应当依照有关法律法规的规定,对事故发生负有责任的注册执业资格人员给予罚款、停止执业或吊销其注册执业资格证书的处罚。

为发生事故的单位提供虚假证明的中介机构,由有关部门依法暂扣或者吊销其有关证照及其相关人员的执业资格;构成犯罪的,依法追究刑事责任。

参与事故调查的人员在事故调查中有下列行为之一的,依法给予处分;构成犯罪的,依法追究刑事责任:

(1)对事故调查工作不负责任,致使事故调查工作有重大疏漏的。

(2)包庇、袒护负有事故责任的人员或者借机打击报复的。

有关地方人民政府或者有关部门故意拖延或者拒绝落实经批复的对事故责任人的处理意见的,由监察机关对有关责任人员依法给予处分。

专家解读

针对生产安全事故法律责任知识点总结下表,以方便记忆。

生产安全事故法律责任

对主要负责人处上一年 年收入 40%~80% 的罚款	对主要负责人处上一年 年收入 60%~100% 的罚款
(1)不立即组织事故抢救。 (2)在事故调查处理期间擅离职守。 (3)迟报或漏报事故	(4)谎报或者瞒报事故。 (5)伪造或者故意破坏现场事故。 (6)转移、隐匿资产、财产,或者销毁有关证据、资料。 (7)拒绝接受调查或者拒绝提供有关情况和资料。 (8)事故调查中作伪证或指使他人作伪证。 (9)事故发生后逃匿
(1)~(3)条只罚个人,不罚单位;(4)~(9)条既罚个人,又罚单位(单位:处 100 万元以上 500 万元以下罚款)	
(1)~(3)条为失职情形,情节不算恶劣,但(4)~(9)条的行为情节相对恶劣,主观故意是关键。例如对比第(3)条的迟报及漏报和第(4)条的谎报及瞒报,迟报或漏报是失职,而谎报或瞒报则是主观故意欺骗	

第四节　施工现场文明施工和环境保护的要求

一、基本要求

建设工程施工总承包单位应对施工现场的环境与卫生负总责,分包单位应服从总承包单位的管理。参建单位及现场人员应有维护施工现场环境与卫生的责任和义务。

施工现场应建立环境与卫生管理制度,落实管理责任,应定期检查并记录。

施工现场临时设施、临时道路的设置应科学合理,并应符合安全、消防、节能、环保等有关规定。施工区、材料加工及存放区应与办公区、生活区划分清晰,并应采取相应的隔离措施。

施工现场应实行封闭管理,并应采用硬质围挡。市区主要路段的施工现场围挡高度不应低于2.5 m,一般路段围挡高度不应低于1.8 m。围挡应牢固、稳定、整洁。施工现场出入口应标有企业名称或企业标识。

施工现场封闭管理应符合下列规定:

(1)施工现场出入口应设置大门和门卫值班室。

(2)施工现场应建立门卫值守制度,并应配备门卫值守人员,施工机械、外来人员出入应登记。

(3)施工人员进入施工现场应佩戴工作卡(按工种统一编号管理)或其他有效证件。

施工现场应设置"五牌一图",如图5-6所示。

图5-6　五牌一图

有毒有害作业场所应在醒目位置设置安全警示标识,并应符合现行国家标准《工作场所职业病危害警示标识》的规定。施工单位应依据有关规定对从事有职业病危害作业的人员定期进行体检和培训。

施工单位应根据季节气候特点,做好施工人员的饮食卫生和防暑降温、防寒保暖、防中毒、卫生防疫等工作。

施工现场应文明施工,现场文明施工的第一责任人为项目经理。施工现场应建立消防管理制度,建立消防领导小组,落实消防责任制和责任人员。

二、绿色施工

（一）节约能源资源

施工总平面布置、临时设施的布局设计及材料选用应科学合理，节约能源。临时用电设备及器具应选用节能型产品。施工现场宜利用新能源和可再生资源。

施工现场宜利用拟建道路路基作为临时道路路基。临时设施应利用既有建筑物、构筑物和设施。土方施工应优化施工方案，减少土方开挖和回填量。

施工现场周转材料宜选择金属、化学合成材料等可回收再利用产品代替，并应加强保养维护，提高周转率。施工现场应合理安排材料进场计划，减少二次搬运，并应实行限额领料。施工现场办公应利用信息化管理，减少办公用品的使用及消耗。

施工现场生产生活用水用电等资源能源的消耗应实行计量管理。

施工现场应保护地下水资源。采取施工降水时应执行国家及当地有关水资源保护的规定，并应综合利用抽排出的地下水。

施工现场应采用节水器具，并应设置节水标识。施工现场宜设置废水回收、循环再利用设施，宜对雨水进行收集利用。施工现场应对可回收再利用物资及时分拣、回收、再利用。

（二）大气污染防治

施工现场的主要道路应进行硬化处理。裸露的场地和堆放的土方应采取覆盖、固化或绿化等措施。

施工现场土方作业应采取防止扬尘措施，主要道路应定期清扫、洒水。

拆除建筑物或构筑物时，应采用隔离、洒水等降噪、降尘措施，并应及时清理废弃物。

建筑物内垃圾应采用容器或搭设专用封闭式垃圾道的方式清运，严禁凌空抛掷。

土方和建筑垃圾的运输必须采用封闭式运输车辆或采取覆盖措施。施工现场出口处应设置车辆冲洗设施，并应对驶出车辆进行清洗。

在施工现场，禁止露天熔融沥青或者焚烧油毡、油漆，除非设有符合规定的装置。沥青防水作业施工中，使用的加热设备应密闭且具有烟尘处理装置。施工现场严禁焚烧各类废弃物。

在规定区域内的施工现场应使用预拌混凝土及预拌砂浆。采用现场搅拌混凝土或砂浆的场所应采取封闭、降尘、降噪措施。易扬尘处采用密目式安全网封闭。水泥和其他易飞扬的细颗粒建筑材料应密闭存放或采取覆盖等措施（如入库密闭）。

当市政道路施工进行铣刨、切割等作业时，应采取有效防扬尘措施。灰土和无机料应采用预拌进场，碾压过程中应洒水降尘。

城镇、旅游景点、重点文物保护区及人口密集区的施工现场应使用清洁能源。

施工现场的机械设备、车辆的尾气排放应符合国家环保排放标准。

当环境空气质量指数达到中度及以上污染时，施工现场应增加洒水频次，加强覆盖措施，减少易造成大气污染的施工作业。

（三）水土污染防治

施工现场应设置排水沟及沉淀池，施工污水应经沉淀处理达到排放标准后，方可排入市政污水管网。

废弃的降水井应及时回填，并应封闭井口，防止污染地下水。施工现场临时厕所的化粪池应进行防渗漏处理。施工现场存放的油料和化学溶剂等物品应设置专用库房，地面应进行防渗漏处理。

施工现场的危险废物应按国家有关规定处理，严禁填埋。严禁将有毒有害废弃物作土方回填。

施工现场临时食堂人数超过 100 人时，可设置隔油池进行污水排放。存放化学溶剂的库房地面和高 250 mm 墙面必须进行防渗处理。

现场气焊用的乙炔发生罐产生的污水禁止在施工现场随地倾倒，应存放在专用容器中，并倒入沉淀池处理。

（四）施工噪声及光污染防治

施工现场场界噪声排放应符合现行国家标准《建筑施工场界环境噪声排放标准》的规定，施工现场应对场界噪声排放进行监测、记录和控制，并应采取降低噪声的措施。

专家解读

施工过程中场界环境噪声限值：昼间，70 dB(A)；夜间，55 dB(A)。夜间噪声最大声级超过限值的幅度不得高于 15 dB(A)。“昼间”是指 6:00 至 22:00 之间的时段，“夜间”是指 22:00 至次日 6:00 之间的时段。

施工现场宜选用低噪声、低振动的设备（如选用电动空压机，而非柴油机），强噪声设备宜设置在远离居民区的一侧，并应采用隔声、吸声材料搭设防护棚或屏障，以控制噪声传播途径来降低噪声；尽量在工厂车间生产制作门窗、预制混凝土构件，将声源进行转移来消除噪声；在压缩机风管处设置消声器，以控制噪声声源来降低噪声。

进入施工现场的车辆严禁鸣笛。装卸材料应轻拿轻放。

因生产工艺要求或其他特殊需要，确需进行夜间施工的，施工单位应加强噪声控制，并应减少人为噪声。

施工现场应对强光作业和照明灯具采取遮挡措施（如电气焊应在工作面设置光屏障），减少对周边居民和环境的影响。

链接

除了上述防治外，施工现场还应注重固体废弃物污染的防治。《固体废物污染环境防治法》规定，固体废物污染环境防治坚持减量化、资源化和无害化的原则。任何单位和个人都应当采取措施，减少固体废物的产生量，促进固体废物的综合利用，降低固体废物的危害性。国家鼓励采用先进技术、工艺、设备和管理措施，推进建筑垃圾源头减量，建立建筑垃圾回收利用体系。施工现场的固体废弃物应分类存放，并设置专门的临时贮存场所；对于可能造成二次污染的固体废弃物必须单独贮存。

三、环境卫生

（一）临时设施

施工现场应设置办公室、宿舍、食堂、厕所、盥洗设施、淋浴房、开水间、文体活动室、职工夜校等临时设施。文体活动室应配备文体活动设施和用品。尚未竣工的建筑物内严禁设置宿舍。

施工现场应设置封闭式建筑垃圾站。办公区和生活区应设置封闭式垃圾容器。生活垃圾应分类存放，并应及时清运、消纳。

宿舍内应保证必要的生活空间，室内净高不得小于2.5 m，通道宽度不得小于0.9 m，住宿人员人均面积不得小于2.5 m^2，每间宿舍居住人员不得超过16人。宿舍应有专人负责管理，床头宜设置姓名卡。

施工现场生活区宿舍、休息室必须设置可开启式外窗，床铺不应超过2层，不得使用通铺。

食堂应设置在远离厕所、垃圾站、有毒有害场所等有污染源的地方。食堂应设置隔油池，并应定期清理。

食堂应设置独立的制作间、储藏间，门扇下方应设不低于0.2 m的防鼠挡板。制作间灶台及其周边应采取易清洁、耐擦洗措施，墙面处理高度应大于1.5 m，地面应做硬化和防滑处理，并应保持墙面、地面整洁。

食堂制作间的炊具宜存放在封闭的橱柜内，刀、盆、案板等炊具应生熟分开。食堂制作间、锅炉房、可燃材料库房及易燃易爆危险品库房等应采用单层建筑，应与宿舍和办公用房分别设置，并应按相关规定保持安全距离。临时用房内设置的食堂、库房和会议室应设在首层。

施工现场应设置水冲式或移动式厕所，厕所地面应硬化，门窗应齐全并通风良好。厕位宜设置门及隔板，高度不应小于0.9 m。厕所面积应根据施工人员数量设置。厕所应设专人负责，定期清扫、消毒，化粪池应及时清掏。高层建筑施工超过8层时，宜每隔4层设置临时厕所。

生活区应设置开水炉、电热水器或保温水桶，施工区应配备流动保温水桶。开水炉、电热水器、保温水桶应上锁由专人负责管理。未经施工总承包单位批准，施工现场和生活区不得使用电热器具。

（二）卫生防疫

办公区和生活区应设专职或兼职保洁员，并应采取灭鼠、灭蚊蝇、灭蟑螂等措施。

食堂应取得相关部门颁发的许可证，并应悬挂在制作间醒目位置。炊事人员必须经体检合格并持证上岗。食堂的炊具、餐具和公用饮水器具应及时清洗定期消毒。

生熟食品应分开加工和保管，存放成品或半成品的器皿应有耐冲洗的生熟标识。成品或半成品应遮盖，遮盖物品应有正反面标识。各种佐料和副食应存放在密闭器皿内，并应有标识。熟食容器不得使用食用塑料制品。

存放食品原料的储藏间或库房应有通风、防潮、防虫、防鼠等措施，库房不得兼作他用。粮食存放台距墙和地面应大于0.2 m。

当施工现场遇突发疫情时，应及时上报，并应按卫生防疫部门相关规定进行处理。

典型例题

【单选题】下列施工现场的环境保护措施中，正确的是(　　)。

A. 在施工现场围挡内焚烧沥青

B. 将有害废弃物作深层土方回填等

C. 将泥浆水直接有组织排入城市排水设施

D. 使用密封的圆筒处理高空废弃物

D。【解析】禁止在施工现场焚烧沥青、包装箱袋和建筑垃圾等。故选项 A 错误。为了避免水土污染，禁止将有毒有害废弃物作土方回填。故选项 B 错误。施工污水应经沉淀处理达到排放标准后，方可排入市政污水管网。故选项 C 错误。

【单选题】下列施工现场防治水污染的做法中，正确的是(　　)。

A. 乙炔发生罐产生的污水，用专用容器集中存放，然后倒入沉淀池处理

B. 将有毒有害废弃物作土方回填，避免污染水源

C. 化学药品采用封闭容器，集中露天存放

D. 100 人以上的临时食堂，污水经排水沟直接排入城市污水管

A。【解析】严禁将有毒有害废弃物作土方回填，避免污染水源。故选项 B 错误。施工现场存放的油料和化学溶剂等物品应设置专用库房，地面应进行防渗漏处理。故选项 C 错误。100 人以上的临时食堂，可设置隔油池进行污水排放，不能直接排入城市污水管。故选项 D 错误。

第六章　施工合同管理

在工程项目中，合同有着特殊的作用，对整个项目的设计、计划和实施过程有着决定性影响。合同的具体作用表现在：合同分配着工程任务；合同确定了项目的组织关系和运作规则；合同作为项目任务委托和承接的法律依据，是项目实施过程中相关方的最高行为准则；合同用于协调项目参与方的行为；合同是项目实施过程中用于解决争议的依据。

工程从开工直至竣工期间，会经常出现分歧、争议以及延误等问题，这些分歧和类似的事件往往可以通过讨论和谈判的方式得以解决，而这一切都离不开合同以及对合同的有效管理。

第一节　施工发承包模式

一、工程项目发承包模式分析

目前应用于各建筑单位的发承包模式主要有以下三种：平行发承包模式、总分包模式、CM 模式。

（一）平行发承包模式

平行发承包模式，如图 6-1 所示。

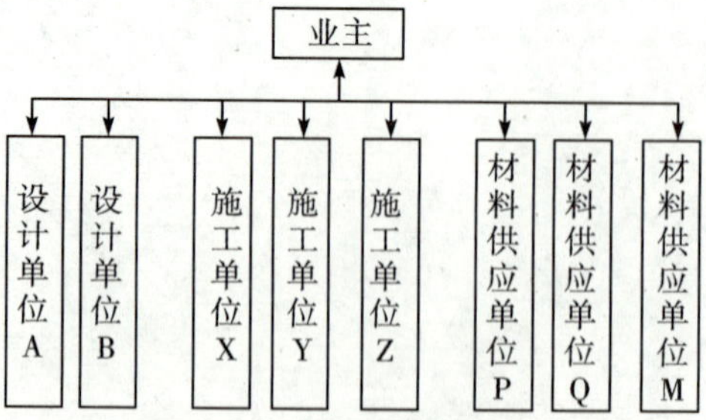

图 6-1　平行发承包模式

1. 特点

平行发承包模式是指业主将建设工程的设计、施工以及材料设备采购的任务分解后分别发包给若干个设计单位、施工单位和材料设备供应单位，并分别与各方签订合同的发承包模式。施工平行发承包模式是指发包方将建设项目进行分解，将施工任务分别发包给不同的施工单位，并与之分别签订施工承包合同的发承包模式，各个施工单位之间的关系是平行的。分解任务与确定合同数量、内容时应考虑工程情况、市场情况、贷款协议要求等因素。

2. 优点

(1)便于缩短工期和降低工程造价。设计阶段与施工阶段形成搭接关系，便于缩短工期；各部分施工招标的施工承包单位质量高，有利于降低工程造价。

(2)便于质量控制。合同约束与相互制约使每一部分能够较好地实现质量要求。

(3)便于业主选择承包单位。合同内容比较单一、合同价值小、风险小，无论大型承包单位还是中小型承包单位都有机会竞争。

(4)便于风险控制。每部分施工任务的发包均以施工图设计为基础，投标报价有依据，项目总资金投入相对较小，风险相对较小。

3. 缺点

(1)合同关系复杂，组织者协调工作管理量较大，对业主不利。

(2)工程招标任务量大，施工过程中设计变更和修改较多。

(3)全部合同签订后才得知总造价，不利于投资的早期控制；投资控制难度大，总合同价不易确定。

在这种模式下，业主把任务分别委托于多个设计单位和施工单位，其关系是平行的。平行发承包模式适合边设计边施工、涉及行业较广的项目，对质量控制较有利，但是其对项目组织和管理来说，难度较大，且对投资控制和进度协调不利。

典型例题

【单选题】某地铁工程项目，发包人将 14 座车站的土建工程分别发包给 14 个土建施工单位，对应的机电安装工程分别发包给 14 个机电安装单位，该发承包模式属于(　　)。

A. 施工总承包　　B. 施工平行发承包

C. 施工总承包管理　　D. 项目总承包

B。【解析】本题中，发包人将施工任务分别发包给不同的施工单位，应属于施工平行发承包模式。

(二)总分包模式

1. 概述

业主将整个工程项目或其中某个阶段(如设计或施工)的全部工作发包给一家符合要求的承包单位，该承包单位再将某些专业性较强的部分工程任务分别发包给不同的专业承包单位去完成，并统一协调和监督各分包单位的工作。业主只与总承包单位签订合同，而不需与各专业分包单位签订合同，易于发挥总承包单位的管理优势，有利于降低造价。

采用总分包模式的特点：

(1)有利于项目的组织管理。由于业主只与总承包商签订合同，合同结构简单。同时，由于合同数量少,使得业主的组织管理和协调工作量小,可发挥总承包商多层次协调的积极性。

(2)有利于控制工程造价。由于总承包合同价格可以较早确定,业主可以承担较少风险。

(3)有利于控制工程质量。由于总承包商与分包商之间通过分包合同建立了责、权、利关系,在承包商内部,工程质量既有分包商的自控,又有总承包商的监督管理,从而增加了工程质量监控环节。

(4)有利于缩短建设工期。总承包商具有控制的积极性,分包商之间也有相互制约作用。此外,在工程设计与施工总承包的情况下,由于设计与施工由一个单位统筹安排,使两个阶段能够有机地融合,一般均能做到设计阶段与施工阶段的相互搭接。

(5)对业主而言,选择总承包商的范围小,一般合同金额较高。

(6)对总承包商而言,责任重、风险大,需要具有较高的管理水平和丰富的实践经验。当然,获得高额利润的潜力也比较大。

2. 总分包模式的类型

总分包模式包含工程总承包模式、施工总承包(GC)模式、施工总承包管理模式(MC)等多种模式。

(1)工程总承包模式。工程总承包是国际通行的建设项目组织实施方式,是指从事工程总承包的企业按照与建设单位签订的合同,对工程项目的设计、采购、施工等实行全过程的承包,并对工程的质量、安全、工期和造价等全面负责的承包方式。工程总承包一般采用设计－采购－施工总承包或者设计－施工总承包模式。建设单位也可以根据项目特点和实际需要,按照风险合理分担原则和承包工作内容采用其他工程总承包模式。建设项目工程总承包模式的基本出发点是借鉴工业生产组织的经验,实现建设生产过程的组织集成化。其核心意义在于为项目建设增值。

(2)GC 模式。GC 模式主要应用于发包人将全部施工任务发包给具有相应资质条件的施工总承包单位,或多个单位组成的施工联合体或施工合作体,施工总承包单位主要依靠自己的力量完成施工任务。在完成自己承担的施工任务外,还应负责组织和管理分包施工单位(无论是自行分包的,还是业主指定的)的施工,并为分包施工单位提供和创造必要的施工条件以及施工资源的供应。施工总承包单位应负责施工总进度计划的编制、控制、协调,而业主方负责项目总进度计划的编制、控制、协调。在此模式下,业主对施工总承包单位的依赖性较大。

(3)MC 模式。MC 模式中,施工总承包管理单位一般不参与工程施工,只代表业主对建设工程进行全面系统的管理,对于具体的施工任务一般分包给分包商来完成。施工总承包管理单位主要负责施工的总体管理和协调,也可按业主要求负责整个施工招标和发包工作。若施工总承包管理方想承担部分施工任务时,可参加投标竞争获得。该模式下,建设周期大大缩短,在工程的设计阶段就可以开始招标,这也让施工总承包管理单位可以更早与分包商签订合同,减少了施工工期,有利于施工方。分包商的质量控制由施工总承包管理单位进行,有利于随时对工程的质量进行管理和监控。MC 模式的合同结构,如图 6-2 所示。

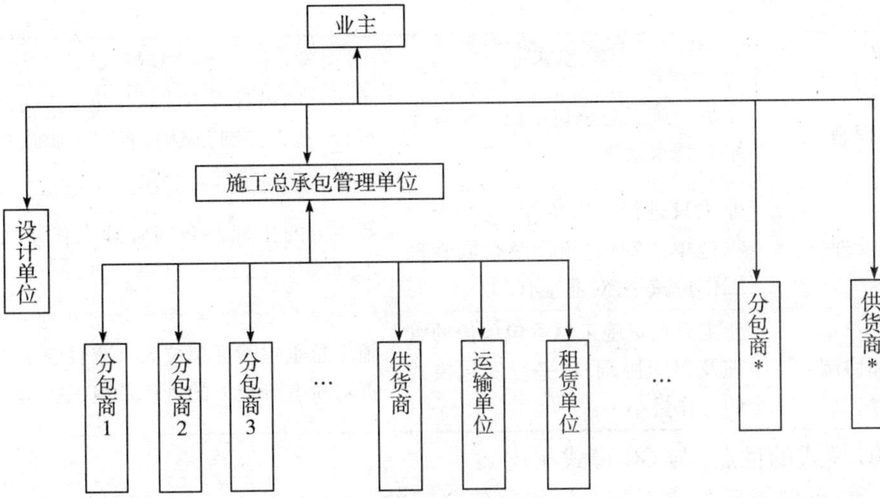

图 6-2　MC 模式的合同结构

(4)GC 模式与 MC 模式的对比，如表 6-1 所示。

表 6-1　GC 模式与 MC 模式的对比

内容	GC 模式	MC 模式
工作开展程序	设计→施工图设计完成→招标→施工	部分施工图设计完成→招标
合同关系	施工总承包单位与分包单位签合同	一般业主与分包单位直接签合同，施工总承包管理单位也可以与分包单位签合同，或者业主、施工总承包管理单位与分包单位三方共同签订合同
施工主体	直接负责施工	一般不参与施工
分包单位选择	由施工总承包单位选择，业主认可	由业主选择，但必须经过施工总承包管理单位认可
对分包单位付款	施工总承包单位负责支付	业主或施工总承包管理单位均可，但必须经施工总承包管理单位认可
合同价格/费用控制	以施工图设计为投标报价基础，较有依据，一般采用总价合同	项目合同总额分批确定，较有依据
	开工前有较明确的合同价，利于业主早期控制总造价	只确定施工总承包管理费，不用先确定工程总造价，总投资控制风险大
		分包合同价对业主是透明的
	发生设计变更时，可能会引起索赔	分包招标的竞争，利于业主节约投资
进度控制	开工日期不可能太早，建设周期会较长，不利于项目总进度控制	总包、分包可提前，缩短建设周期

（续表）

内容	GC 模式	MC 模式
质量控制	取决于施工总承包单位的管理水平和技术水平	施工总承包管理单位对分包人进行质量控制，符合“他人控制”原则，有利于质量控制，可以减轻业主管理的工作量
合同管理	业主只进行一次招标，与一个总承包单位签约，招标及合同管理工作量减小，对业主有利	业主方的招标及合同管理工作量大，对业主不利
组织和协调	业主只负责施工总承包单位的管理及组织协调，比平行发包模式的工作量小	施工总承包管理单位大大减轻业主方工作，负责对所有分包人的管理及组织协调

（5）MC 模式的优点（与 GC 模式相比）：

①施工总承包管理单位不赚总包与分包之间的差价，只收取总包管理费。

②不需要等到全部施工图设计完成后再进行招标，完成一部分施工图设计，就能进行该完成部分的招标，可以缩短建设周期。

③通过招标确定施工分包单位，有利于业主节约投资。

④合同总额的确定比较有依据，业主对于选择分包商具有控制的权利。

提示

施工总承包单位和施工总承包管理单位都对所承包的建设工程承担任务组织的总责任（如整个工程的安全、总进度、质量、组织与协调等），管理责任相同；而施工总承包单位还对施工任务的执行承担总责任。

典型例题

【单选题】关于施工总承包管理方责任的说法，正确的是（　　）。

A. 与分包单位签订分包合同

B. 承担项目施工任务并对其工程质量负责

C. 组织和指挥施工总承包单位的施工

D. 负责对所有分包单位的管理及组织协调

D。【解析】一般情况下，施工总承包管理方不与分包单位签订分包合同，也不承担施工任务。故选项 A，B 错误。施工总承包单位和施工总承包管理单位一般不在同一个项目上共存。故选项 C 错误。

（三）CM 模式

CM 模式是指由业主委托 CM 单位，以一个承包商的身份，采取“快速路径法”的生产组织方式，来进行施工管理，直接指挥施工活动，在一定程度上影响设计活动的发承包模式。CM 模式的基本指导思想是缩短建设周期，但管理工作相对复杂，管理风险较大。

CM 模式的适用范围如下：

（1）复杂的项目，如项目组成复杂、项目技术复杂、参与单位复杂等；

(2)项目实施周期长、工期要求又特别紧的项目；

(3)投资量大、规模大的项目。

二、建设工程发承包关键词及相关规定

建设工程发承包关键词及相关规定，如表6-2所示。

表6-2 建设工程发承包关键词及相关规定

关键词	相关规定
工程总承包	提倡对建筑工程实行总承包，禁止将建筑工程肢解发包。建筑工程的发包单位可以将建筑工程的勘察、设计、施工、设备采购一并发包给一个工程总承包单位，也可以将建筑工程勘察、设计、施工、设备采购的一项或者多项发包给一个工程总承包单位；但是，不得将应当由一个承包单位完成的建筑工程肢解成若干部分发包给几个承包单位
工程发包	建筑工程实行招标发包的，发包单位应当将建筑工程发包给依法中标的承包单位。建筑工程实行直接发包的，发包单位应当将建筑工程发包给具有相应资质条件的承包单位
施工分包	施工分包是指建筑业企业将其所承包的工程中的专业工程或者劳务作业发包给其他建筑业企业完成的活动
专业工程分包	专业工程分包是指施工总承包企业（以下简称专业分包工程发包人）将其所承包工程中的专业工程发包给具有相应资质的其他建筑业企业（以下简称专业分包工程承包人）完成的活动
劳务作业分包	劳务作业分包是指施工总承包企业或者专业承包企业（以下简称劳务作业发包人）将其承包工程中的劳务作业发包给劳务分包企业（以下简称劳务作业承包人）完成的活动
分包工程承包人要求	分包工程承包人必须具有相应的资质，并在其资质等级许可的范围内承揽业务。严禁个人承揽分包工程业务
专业工程分包要求	专业工程分包除在施工总承包合同中有约定外，必须经建设单位认可。专业分包工程承包人必须自行完成所承包的工程
劳务作业分包要求	劳务作业分包由劳务作业发包人与劳务作业承包人通过劳务合同约定。劳务作业承包人必须自行完成所承包的任务
禁止承包工程转包	禁止将承包的工程进行转包。不履行合同约定的责任和义务，将其承包的全部工程发包给他人，或者将其承包的全部工程肢解后以分包的名义分别发包给他人的，属于转包行为
视同转包行为	分包工程发包人将工程分包后，未在施工现场设立项目管理机构和派驻相应人员，并未对该工程的施工活动进行组织管理的，视同转包行为
违法分包	禁止将承包的工程进行违法分包

三、招投标管理

（一）工程项目招标

1. 常见招标的方式

(1)公开招标。

公开招标是指招标人按照一定的法律程序，通过报刊、广播或电视等公共传播媒介，以

发布招标公告的方式要求不特定的承包商来参加投标竞争，所有符合条件的承包商都可以平等参加，招标人从中择优选定中标者而进行的经济活动，是一种无限制的竞争，以达到节约建设资金、保证工程质量、缩短建设周期的目的。但是其工作量大、周期长，所花费的人力、物力、财力多。

（2）邀请招标。

邀请招标是指招标人选择若干符合招标条件的承包商，以投标邀请书的方式邀请这些特定承包商参加投标竞争，从中选定中标者的招标方式，是一种有限制的竞争。

《工程建设项目施工招标投标办法》规定，依法必须进行公开招标的项目，有下列情形之一的，可以邀请招标：

①项目技术复杂或有特殊要求，或者受自然地域环境限制，只有少量潜在投标人可供选择。

②涉及国家安全、国家秘密或者抢险救灾，适宜招标但不宜公开招标。

③采用公开招标方式的费用占项目合同金额的比例过大。

（3）必须招标的项目。

根据《必须招标的工程项目规定》，必须招标的项目包括：

①全部或者部分使用国有资金投资或者国家融资的项目，包括：

a. 使用预算资金 200 万元人民币以上，并且该资金占投资额 10% 以上的项目。

b. 使用国有企业事业单位资金，并且该资金占控股或者主导地位的项目。

②使用国际组织或者外国政府贷款、援助资金的项目，包括：

a. 使用世界银行、亚洲开发银行等国际组织贷款、援助资金的项目。

b. 使用外国政府及其机构贷款、援助资金的项目。

③上述规定范围内的项目，其勘察、设计、施工、监理以及与工程建设有关的重要设备、材料等的采购达到下列标准之一的，必须招标：

a. 施工单项合同估算价在 400 万元人民币以上。

b. 重要设备、材料等货物的采购，单项合同估算价在 200 万元人民币以上。

c. 勘察、设计、监理等服务的采购，单项合同估算价在 100 万元人民币以上。

同一项目中可以合并进行的勘察、设计、施工、监理以及与工程建设有关的重要设备、材料等的采购，合同估算价合计达到上述规定标准的，必须招标。

（4）可不进行招标的项目。

依法必须进行施工招标的工程建设项目有下列情形之一的，可以不进行施工招标：

①涉及国家安全、国家秘密、抢险救灾或者属于利用扶贫资金实行以工代赈、需要使用农民工等特殊情况，不适宜进行招标。

②需要采用不可替代的专利或者专有技术。

③已通过招标方式选定的特许经营项目投资人依法能够自行建设、生产或提供。

④采购人依法能够自行建设、生产或提供。

⑤需要向原中标人采购工程、货物或者服务，否则将影响施工或者功能配套要求。

⑥国家规定的其他情形。

2. 招标组织形式

招标组织形式分为自行招标和委托招标。

依法必须进行招标的项目，招标人自行招标的，应当具有与招标项目规模和复杂程度相适应的技术、经济、招标等方面的专业人员，且招标人近 3 年在招标投标活动中没有受到行政、刑事处罚。

依法必须进行招标的项目，实行委托招标的，招标人有权自行选择招标代理机构，任何单位和个人不得以指定、抽取或者其他方式为招标人确定招标代理机构。

3. 施工招标的条件

依法必须招标的工程建设项目，应当具备下列条件才能进行施工招标：

(1)招标人已经依法成立。

(2)初步设计及概算应当履行审批手续的，已经批准。

(3)有相应资金或资金来源已经落实。

(4)有招标所需的设计图纸及技术资料。

4. 施工招标的程序

施工招标的程序，如图 6-3 所示。

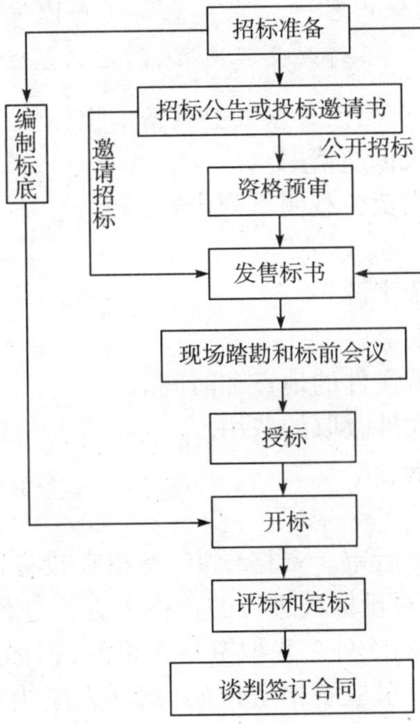

图 6-3 施工招标的程序

(1)发布招标公告或投标邀请书。

采用公开招标方式的，招标人应当发布招标公告，邀请不特定的法人或者其他组织投标。依法必须进行施工招标项目的招标公告，应当在国家指定的报刊和信息网络上发布。

《电子招标投标办法》规定，招标人或者其委托的招标代理机构应当在资格预审公告、招标公告或者投标邀请书中载明潜在投标人访问电子招标投标交易平台的网络地址和方法。依法必须进行公开招标项目的上述相关公告应当在电子招标投标交易平台和国家指定的招标公告媒介同步发布。

链接

根据《招标公告和公示信息发布管理办法》，招标公告和公示信息是指招标项目的资格预审公告、招标公告、中标候选人公示、中标结果公示等信息。依法必须招标项目的招标公告和公示信息应当根据招标投标法律法规，以及国家发展和改革委员会同有关部门制定的标准文件编制，实现标准化、格式化。依法必须招标项目的招标公告和公示信息应当在"中国招标投标公共服务平台"或者项目所在地省级电子招标投标公共服务平台(以下统一简称"发布媒介")发布。拟发布的招标公告和公示信息文本应当由招标人或其招标代理机构盖章，并由主要负责人或其授权的项目负责人签名。采用数据电文形式的，应当按规定进行电子签名。招标人或其招标代理机构发布招标公告和公示信息，应当遵守招标投标法律法规关于时限的规定。招标人或其招标代理机构应当对其提供的招标公告和公示信息的真实性、准确性、合法性负责。发布媒介和电子招标投标交易平台应当对所发布的招标公告和公示信息的及时性、完整性负责。依法必须招标项目的招标公告和公示信息除在发布媒介发布外，招标人或其招标代理机构也可以同步在其他媒介公开，并确保内容一致。其他媒介可以依法全文转载依法必须招标项目的招标公告和公示信息，但不得改变其内容，同时必须注明信息来源。

采用邀请招标方式的，招标人应当向3家以上具备承担施工招标项目的能力、资信良好的特定的法人或者其他组织发出投标邀请书。

招标公告或者投标邀请书应当至少载明下列内容：

①招标人的名称和地址。

②招标项目的内容、规模、资金来源。

③招标项目的实施地点和工期。

④获取招标文件或者资格预审文件的地点和时间。

⑤对招标文件或者资格预审文件收取的费用。

⑥对招标人的资质等级的要求。

(2)资格预审。

资格审查分为资格预审和资格后审。资格预审，是指在投标前对潜在投标人进行的资格审查。资格后审，是指在开标后对投标人进行的资格审查。进行资格预审的，一般不再进行资格后审，但招标文件另有规定的除外。采取资格预审的，招标人应当在资格预审文件中载明资格预审的条件、标准和方法；采取资格后审的，招标人应当在招标文件中载明对投标人资格要求的条件、标准和方法。

资格预审结束后，招标人应当及时向资格预审申请人发出资格预审结果通知书。未通过资格预审的申请人不具有投标资格。通过资格预审的申请人少于3个的，应当重新招标。

专家解读

资格预审主要是指招标人在发放招标文件前，对报名参加投标的申请人的承包能力、业绩、资格和资质、历史工程情况、财务状况和信誉等进行审查，并确定合格的投标人名单的过程。资格预审可以采用强制性标准法，也可以采用定向打分法。

(3)发售标书。

招标人应当按招标公告或者投标邀请书规定的时间、地点出售招标文件或资格预审文件。自招标文件或者资格预审文件出售之日起至停止出售之日止，最短不得少于5日。

招标人可以通过信息网络或者其他媒介发布招标文件，通过信息网络或者其他媒介发布的招标文件与书面招标文件具有同等法律效力，出现不一致时以书面招标文件为准，国家另有规定的除外。

对招标文件或者资格预审文件的收费应当限于补偿印刷、邮寄的成本支出，不得以营利为目的。对于所附的设计文件，招标人可以向投标人酌收押金；对于开标后投标人退还设计文件的，招标人应当向投标人退还押金。

招标文件或者资格预审文件售出后，不予退还。除不可抗力原因外，招标人在发布招标公告、发出投标邀请书后或者售出招标文件或资格预审文件后不得终止招标。

链接

根据《招标投标法实施条例》，招标人可以对已发出的资格预审文件或者招标文件进行必要的澄清或者修改。澄清或者修改的内容可能影响资格预审申请文件或者投标文件编制的，招标人应当在提交资格预审申请文件截止时间至少3日前，或者投标截止时间至少15日前，以书面形式通知所有获取资格预审文件或者招标文件的潜在投标人；不足3日或者15日的，招标人应当顺延提交资格预审申请文件或者投标文件的截止时间。

(4)现场踏勘和标前会议。

根据《标准施工招标文件》，投标人须知前附表规定组织踏勘现场的，招标人按投标人须知前附表规定的时间、地点组织投标人踏勘项目现场。投标人踏勘现场发生的费用自理。除招标人的原因外，投标人自行负责在踏勘现场中所发生的人员伤亡和财产损失。招标人在踏勘现场中介绍的工程场地和相关的周边环境情况，供投标人在编制投标文件时参考，招标人不对投标人据此作出的判断和决策负责。

标前会议也称投标预备会。根据《标准施工招标文件》，投标人须知前附表规定召开投标预备会的，招标人按投标人须知前附表规定的时间和地点召开投标预备会，澄清投标人提出的问题。投标人应在投标人须知前附表规定的时间前，以书面形式将提出的问题送达招标人，以便招标人在会议期间澄清。投标预备会后，招标人在投标人须知前附表规定的时间内，将对投标人所提问题的澄清，以书面方式通知所有购买招标文件的投标人(答复函件不需要注明问题来源)。该澄清内容为招标文件的组成部分。

提示

标前会议纪要和答复函件均作为招标文件的组成部分，法律效力与招标文件同等。当标前会议纪要和答复函件与招标文件内容不一致时，应以标前会议纪要和答复函件为准。此外，招标人可以根据实际情况在标前会议上确定延长投标截止时间。

(5)评标和定标。

有下列情形之一的，评标委员会应当否决其投标：

①投标文件未经投标单位盖章和单位负责人签字。

②投标联合体没有提交共同投标协议。

③投标人不符合国家或者招标文件规定的资格条件。

④同一投标人提交两个以上不同的投标文件或者投标报价,但招标文件要求提交备选投标的除外。

⑤投标报价低于成本或者高于招标文件设定的最高投标限价。

⑥投标文件没有对招标文件的实质性要求和条件作出响应。

⑦投标人有串通投标、弄虚作假、行贿等违法行为。

评标委员会在对实质上响应招标文件要求的投标进行报价评估时,除招标文件另有约定外,应当按下列原则进行修正:

①用数字表示的数额与用文字表示的数额不一致时,以文字数额为准。

②单价与工程量的乘积与总价之间不一致时,以单价为准。若单价有明显的小数点错位,应以总价为准,并修改单价。

链接

根据《标准施工招标文件》,投标文件正本一份,副本份数见投标人须知前附表。正本和副本的封面上应清楚地标记"正本"或"副本"的字样。当副本和正本不一致时,以正本为准。

招标人设有标底的,标底在评标中应当作为参考,但不得作为评标的唯一依据。

评标委员会完成评标后,应向招标人提出书面评标报告。评标报告由评标委员会全体成员签字。

链接

评标委员会对投标文件的评审主要有初步评审和详细评审,初步评审是对标书的符合性审查,详细评审(包括技术评审和商务评审)是对标书的实质性审查。评标方法有综合评分法、评标价法、评议法等。

依法必须进行招标的项目,招标人应当自收到评标报告之日起3日内公示中标候选人,公示期不得少于3日。中标通知书由招标人发出。

评标委员会推荐的中标候选人应当限定在1~3人。招标人应当接受评标委员会推荐的中标候选人,不得在评标委员会推荐的中标候选人之外确定中标人。

国有资金占控股或者主导地位的依法必须进行招标的项目,招标人应当确定排名第一的中标候选人为中标人。排名第一的中标候选人放弃中标、因不可抗力提出不能履行合同、不按照招标文件的要求提交履约保证金,或者被查实存在影响中标结果的违法行为等情形,不符合中标条件的,招标人可以按照评标委员会提出的中标候选人名单排序依次确定其他中标候选人为中标人。依次确定其他中标候选人与招标人预期差距较大,或者对招标人明显不利的,招标人可以重新招标。

招标人可以授权评标委员会直接确定中标人。国务院对中标人的确定另有规定的,从其规定。

(6)谈判签订合同。

招标人不得向中标人提出压低报价、增加工作量、缩短工期或其他违背中标人意愿的要求,以此作为发出中标通知书和签订合同的条件。

中标通知书对招标人和中标人具有法律效力。中标通知书发出后,招标人改变中标结果的,或者中标人放弃中标项目的,应当依法承担法律责任。

招标人和中标人应当在投标有效期内并在自中标通知书发出之日起 30 日内,按照招标文件和中标人的投标文件订立书面合同。招标人和中标人不得再行订立背离合同实质性内容的其他协议。

招标人要求中标人提供履约保证金或其他形式履约担保的,招标人应当同时向中标人提供工程款支付担保。招标人不得擅自提高履约保证金,不得强制要求中标人垫付中标项目建设资金。

招标人最迟应当在与中标人签订合同后 5 日内,向中标人和未中标的投标人退还投标保证金及银行同期存款利息。

典型例题

【单选题】施工招标过程中,若招标人在招标文件发布后,发现有问题需要进一步澄清和修改,正确的是(　　)。

A. 所有澄清文件必须以书面形式进行

B. 在招标文件要求的提交投标文件截止时间至少 10 天前发出通知

C. 可以用间接方式通知所有招标文件收受人

D. 所有澄清和修改文件必须公示

A。【解析】招标文件的澄清或者修改内容应以书面形式通知所有获取招标文件的潜在投标人。故选项 A 正确。

(二)工程项目投标

1. 编制投标文件

投标人应当按照招标文件的要求编制投标文件。投标文件应当对招标文件提出的实质性要求和条件作出响应。投标人在招标范围以外提出的新要求,招标人不予接受。

投标文件应包括下列内容:投标函及投标函附录;法定代表人身份证明或附有法定代表人身份证明的授权委托书;联合体协议书;投标保证金;已标价工程量清单;施工组织设计;项目管理机构;拟分包项目情况表;资格审查资料;投标人须知前附表规定的其他材料。投标人须知前附表规定不接受联合体投标的,或投标人没有组成联合体的,投标文件不包括联合体协议书。

投标文件编制前,投标人阅读招标文件"投标人须知"时,应重点关注的信息有:招标工程的详细范围和内容;投标文件的组成;重要的时间安排(投标截止时间、招标答疑时间等)。

投标人编制投标文件过程中应复核工程量,应核对招标文件中的每一细目具体内容。对于单价合同,投标人应复核所有工程量,发现工程量相差较大时,投标人应向招标人要求澄清;对于总价合同,招标人对争议工程量不予更正且对投标人不利时,投标人应按实际工程量调整报价,或在投标时注明工程量表存在错误,应按实结算。

2. 投标文件的提交

投标人应当在招标文件要求提交投标文件的截止时间前(投标截止日即为提交投标文件最后期限),将投标文件密封送达投标地点。招标人收到投标文件后,应当向投标人出具标明签收人和签收时间的凭证,在开标前任何单位和个人不得开启投标文件。

未通过资格预审的申请人提交的投标文件,以及逾期送达或者不按照招标文件要求密封的投标文件,招标人应当拒收。招标人应当如实记载投标文件的送达时间和密封情况,并存档备查。

依法必须进行施工招标的项目提交投标文件的投标人少于3个的,招标人在分析招标失败的原因并采取相应措施后,应当依法重新招标。重新招标后投标人仍少于3个的,属于必须审批、核准的工程建设项目,报经原审批、核准部门审批、核准后可以不再进行招标;其他工程建设项目,招标人可自行决定不再进行招标。

3. 投标文件的补充、修改

投标人在招标文件要求提交投标文件的截止时间前,可以补充、修改、替代或者撤回已提交的投标文件,并书面通知招标人。补充、修改的内容为投标文件的组成部分。

(三)《标准施工招标文件》中的相关内容

1. 合同文件的优先顺序

组成合同的各项文件应互相解释,互为说明。除专用合同条款另有约定外,解释合同文件的优先顺序如下:

(1)合同协议书。

(2)中标通知书。

(3)投标函及投标函附录。

(4)专用合同条款。

(5)通用合同条款。

(6)技术标准和要求。

(7)图纸。

(8)已标价工程量清单。

(9)其他合同文件。

2. 发包人义务

(1)遵守法律。发包人在履行合同过程中应遵守法律,并保证承包人免于承担因发包人违反法律而引起的任何责任。

(2)发出开工通知。发包人应委托监理人按约定向承包人发出开工通知。

(3)提供施工场地。发包人应按专用合同条款约定向承包人提供施工场地,以及施工场地内地下管线和地下设施等有关资料,并保证资料的真实、准确、完整。

(4)协助承包人办理证件和批件。发包人应协助承包人办理法律规定的有关施工证件和批件。

(5)组织设计交底。发包人应根据合同进度计划,组织设计单位向承包人进行设计交底。

(6)支付合同价款。发包人应按合同约定向承包人及时支付合同价款。

(7)组织竣工验收。发包人应按合同约定及时组织竣工验收。

(8)其他义务。发包人应履行合同约定的其他义务。

3. 承包人

(1)承包人的一般义务。

①遵守法律。承包人在履行合同过程中应遵守法律,并保证发包人免于承担因承包人违反法律而引起的任何责任。

②依法纳税。承包人应按有关法律规定纳税,应缴纳的税金包括在合同价格内。

③完成各项承包工作。承包人应按合同约定以及监理人作出的指示,实施、完成全部工程,并修补工程中的任何缺陷。除专用合同条款另有约定外,承包人应提供为完成合同工作所需的劳务、材料、施工设备、工程设备和其他物品,并按合同约定负责临时设施的设计、建造、运行、维护、管理和拆除。

④对施工作业和施工方法的完备性负责。承包人应按合同约定的工作内容和施工进度要求,编制施工组织设计和施工措施计划,并对所有施工作业和施工方法的完备性和安全可靠性负责。

⑤保证工程施工和人员的安全。承包人应按约定采取施工安全措施,确保工程及其人员、材料、设备和设施的安全,防止因工程施工造成的人身伤害和财产损失。

⑥负责施工场地及其周边环境与生态的保护工作。承包人应按照约定负责施工场地及其周边环境与生态的保护工作。

⑦避免施工对公众与他人的利益造成损害。承包人在进行合同约定的各项工作时,不得侵害发包人与他人使用公用道路、水源、市政管网等公共设施的权利,避免对邻近的公共设施产生干扰。承包人占用或使用他人的施工场地,影响他人作业或生活的,应承担相应责任。

⑧为他人提供方便。承包人应按监理人的指示为他人在施工场地或附近实施与工程有关的其他各项工作提供可能的条件。除合同另有约定外,提供有关条件的内容和可能发生的费用,由监理人按约定进行商定或确定。

⑨工程的维护和照管。工程接收证书颁发前,承包人应负责照管和维护工程。工程接收证书颁发时尚有部分未竣工工程的,承包人还应负责该未竣工工程的照管和维护工作,直至竣工后移交给发包人为止。

⑩其他义务。承包人应履行合同约定的其他义务。

(2)分包。

①承包人不得将其承包的全部工程转包给第三人,或将其承包的全部工程肢解后以分包的名义转包给第三人。

②承包人不得将工程主体、关键性工作分包给第三人。除专用合同条款另有约定外,未经发包人同意,承包人不得将工程的其他部分或工作分包给第三人。

③分包人的资格能力应与其分包工程的标准和规模相适应。

④按投标函附录约定分包工程的,承包人应向发包人和监理人提交分包合同副本。

⑤承包人应与分包人就分包工程向发包人承担连带责任。

(3)承包人人员的管理。

承包人应在接到开工通知后28天内,向监理人提交承包人在施工场地的管理机构以及人员安排的报告,其内容应包括管理机构的设置、各主要岗位的技术和管理人员名单及其资格,以及各工种技术工人的安排状况。承包人应向监理人提交施工场地人员变动情况的报告。

承包人安排在施工场地的主要管理人员和技术骨干应相对稳定。承包人更换主要管理人员和技术骨干时,应取得监理人的同意。

(4)工程价款应专款专用。

发包人按合同约定支付给承包人的各项价款应专用于合同工程。

(5)承包人现场查勘。

发包人应将其持有的现场地质勘探资料、水文气象资料提供给承包人,并对其准确性负责。但承包人应对其阅读上述有关资料后所作出的解释和推断负责。

承包人应对施工场地和周围环境进行查勘,并收集有关地质、水文、气象条件、交通条件、风俗习惯以及其他为完成合同工作有关的当地资料。在全部合同工作中,应视为承包人已充分估计了应承担的责任和风险。

(6)不利物质条件。

承包人遇到不利物质条件时,应采取适应不利物质条件的合理措施继续施工,并及时通知监理人。监理人应当及时发出指示,指示构成变更的,按"变更"约定办理。监理人没有发出指示的,承包人因采取合理措施而增加的费用和(或)工期延误,由发包人承担。

4. 交通运输

(1)除专用合同条款另有约定外,发包人应根据合同工程的施工需要,负责办理取得出入施工场地的专用和临时道路的通行权,以及取得为工程建设所需修建场外设施的权利,并承担有关费用。承包人应协助发包人办理上述手续。

(2)除专用合同条款另有约定外,承包人修建的临时道路和交通设施应免费提供发包人和监理人使用。

5. 测量放线

(1)发包人应在专用合同条款约定的期限内,通过监理人向承包人提供测量基准点、基准线和水准点及其书面资料。

(2)承包人应负责管理施工控制网点。施工控制网点丢失或损坏的,承包人应及时修复。

(3)发包人应对其提供的测量基准点、基准线和水准点及其书面资料的真实性、准确性和完整性负责。发包人提供上述基准资料错误导致承包人测量放线工作的返工或造成工程损失的,发包人应当承担由此增加的费用和(或)工期延误,并向承包人支付合理利润。承包人发现发包人提供的上述基准资料存在明显错误或疏忽的,应及时通知监理人。

6. 施工安全、治安保卫和环境保护

(1)发包人的施工安全责任。

发包人应按合同约定履行安全职责,授权监理人按合同约定的安全工作内容监督、检查

承包人安全工作的实施，组织承包人和有关单位进行安全检查。

发包人应对其现场机构雇佣的全部人员的工伤事故承担责任，但由于承包人原因造成发包人人员工伤的，应由承包人承担责任。

发包人应负责赔偿以下各种情况造成的第三者人身伤亡和财产损失：

①工程或工程的任何部分对土地的占用所造成的第三者财产损失。

②由于发包人原因在施工场地及其毗邻地带造成的第三者人身伤亡和财产损失。

(2)承包人的施工安全责任。

承包人应按合同约定履行安全职责，执行监理人有关安全工作的指示，并在专用合同条款约定的期限内，按合同约定的安全工作内容，编制施工安全措施计划报送监理人审批。

(3)治安保卫。

除合同另有约定外，发包人应与当地公安部门协商，在现场建立治安管理机构或联防组织，统一管理施工场地的治安保卫事项，履行合同工程的治安保卫职责。

发包人和承包人除应协助现场治安管理机构或联防组织维护施工场地的社会治安外，还应做好包括生活区在内的各自管辖区的治安保卫工作。

除合同另有约定外，发包人和承包人应在工程开工后，共同编制施工场地治安管理计划，并制定应对突发治安事件的紧急预案。在工程施工过程中，发生暴乱、爆炸等恐怖事件，以及群殴、械斗等群体性突发治安事件的，发包人和承包人应立即向当地政府报告。发包人和承包人应积极协助当地有关部门采取措施平息事态，防止事态扩大，尽量减少财产损失和避免人员伤亡。

(4)环境保护。

承包人在施工过程中，应遵守有关环境保护的法律，履行合同约定的环境保护义务，并对违反法律和合同约定义务所造成的环境破坏、人身伤害和财产损失负责。

(5)事故处理。

工程施工过程中发生事故的，承包人应立即通知监理人，监理人应立即通知发包人。发包人和承包人应立即组织人员和设备进行紧急抢救和抢修，减少人员伤亡和财产损失，防止事故扩大，并保护事故现场。需要移动现场物品时，应作出标记和书面记录，妥善保管有关证据。发包人和承包人应按国家有关规定，及时如实地向有关部门报告事故发生的情况，以及正在采取的紧急措施等。

7. 进度计划

(1)合同进度计划。

承包人应按专用合同条款约定的内容和期限，编制详细的施工进度计划和施工方案说明报送监理人。监理人应在专用合同条款约定的期限内批复或提出修改意见，否则该进度计划视为已得到批准。经监理人批准的施工进度计划称合同进度计划，是控制合同工程进度的依据。承包人还应根据合同进度计划，编制更为详细的分阶段或分项进度计划，报监理人审批。

(2)合同进度计划的修订。

不论何种原因造成工程的实际进度与上述的合同进度计划不符时，承包人可以在专用合同条款约定的期限内向监理人提交修订合同进度计划的申请报告,并附有关措施和相关资料,报监理人审批;监理人也可以直接向承包人作出修订合同进度计划的指示,承包人应按该指示修订合同进度计划,报监理人审批。监理人应在专用合同条款约定的期限内批复。监理人在批复前应获得发包人同意。

8. 开工和竣工

(1)开工。

监理人应在开工日期7天前向承包人发出开工通知。监理人在发出开工通知前应获得发包人同意。工期自监理人发出的开工通知中载明的开工日期起计算。承包人应在开工日期后尽快施工。

承包人应按约定的合同进度计划,向监理人提交工程开工报审表,经监理人审批后执行。

(2)竣工。

承包人应在约定的期限内完成合同工程。实际竣工日期在接收证书中写明。

(3)发包人的工期延误。

在履行合同过程中,由于发包人的下列原因造成工期延误的,承包人有权要求发包人延长工期和(或)增加费用,并支付合理利润。需要修订合同进度计划的,按照约定办理。

①增加合同工作内容。

②改变合同中任何一项工作的质量要求或其他特性。

③发包人迟延提供材料、工程设备或变更交货地点的。

④因发包人原因导致的暂停施工。

⑤提供图纸延误。

⑥未按合同约定及时支付预付款、进度款。

⑦发包人造成工期延误的其他原因。

(4)异常恶劣的气候条件。

由于出现专用合同条款规定的异常恶劣气候的条件导致工期延误的,承包人有权要求发包人延长工期。

(5)承包人的工期延误。

由于承包人原因,未能按合同进度计划完成工作,或监理人认为承包人施工进度不能满足合同工期要求的,承包人应采取措施加快进度,并承担加快进度所增加的费用。由于承包人原因造成工期延误,承包人应支付逾期竣工违约金。逾期竣工违约金的计算方法在专用合同条款中约定。承包人支付逾期竣工违约金,不免除承包人完成工程及修补缺陷的义务。

(6)工期提前。

发包人要求承包人提前竣工,或承包人提出提前竣工的建议能够给发包人带来效益的,应由监理人与承包人共同协商采取加快工程进度的措施和修订合同进度计划。发包人应承担承包人由此增加的费用,并向承包人支付专用合同条款约定的相应奖金。

9. 暂停施工

(1)承包人暂停施工的责任。

因下列暂停施工增加的费用和(或)工期延误由承包人承担:

①承包人违约引起的暂停施工。

②由于承包人原因为工程合理施工和安全保障所必需的暂停施工。

③承包人擅自暂停施工。

④承包人其他原因引起的暂停施工。

⑤专用合同条款约定由承包人承担的其他暂停施工。

(2)发包人暂停施工的责任。

由于发包人原因引起的暂停施工造成工期延误的,承包人有权要求发包人延长工期和(或)增加费用,并支付合理利润。

(3)监理人暂停施工指示。

监理人认为有必要时,可向承包人作出暂停施工的指示,承包人应按监理人指示暂停施工。不论由于何种原因引起的暂停施工,暂停施工期间承包人应负责妥善保护工程并提供安全保障。

由于发包人的原因发生暂停施工的紧急情况,且监理人未及时下达暂停施工指示的,承包人可先暂停施工,并及时向监理人提出暂停施工的书面请求。监理人应在接到书面请求后的24小时内予以答复,逾期未答复的,视为同意承包人的暂停施工请求。

(4)暂停施工后的复工。

暂停施工后,监理人应与发包人和承包人协商,采取有效措施积极消除暂停施工的影响。当工程具备复工条件时,监理人应立即向承包人发出复工通知。承包人收到复工通知后,应在监理人指定的期限内复工。

承包人无故拖延和拒绝复工的,由此增加的费用和工期延误由承包人承担;因发包人原因无法按时复工的,承包人有权要求发包人延长工期和(或)增加费用,并支付合理利润。

(5)暂停施工持续56天以上。

监理人发出暂停施工指示后56天内未向承包人发出复工通知,除了该项停工属于承包人应承担的情况外,承包人可向监理人提交书面通知,要求监理人在收到书面通知后28天内准许已暂停施工的工程或其中一部分工程继续施工。如监理人逾期不予批准,则承包人可以通知监理人,将工程受影响的部分视为按变更约定中的可取消工作。如暂停施工影响到整个工程,可视为发包人违约,应按发包人违约规定办理。

由于承包人责任引起的暂停施工,如承包人在收到监理人暂停施工指示后56天内不认真采取有效的复工措施,造成工期延误,可视为承包人违约,应按承包人违约规定办理。

10. 工程质量

(1)工程质量要求。

工程质量验收按合同约定验收标准执行。因承包人原因造成工程质量达不到合同约定验收标准的,监理人有权要求承包人返工直至符合合同要求为止,由此造成的费用增加和(或)工期延误由承包人承担。因发包人原因造成工程质量达不到合同约定验收标准的,发包人应承担由于承包人返工造成的费用增加和(或)工期延误,并支付承包人合理利润。

(2)承包人的质量管理。

承包人应在施工场地设置专门的质量检查机构,配备专职质量检查人员,建立完善的质量检查制度。承包人应在合同约定的期限内,提交工程质量保证措施文件,包括质量检查机构的组织和岗位责任、质检人员的组成、质量检查程序和实施细则等,报送监理人审批。

承包人应加强对施工人员的质量教育和技术培训,定期考核施工人员的劳动技能,严格执行规范和操作规程。

(3)承包人的质量检查。

承包人应按合同约定对材料、工程设备以及工程的所有部位及其施工工艺进行全过程的质量检查和检验,并作详细记录,编制工程质量报表,报送监理人审查。

(4)监理人的质量检查。

监理人有权对工程的所有部位及其施工工艺、材料和工程设备进行检查和检验。承包人应为监理人的检查和检验提供方便,包括监理人到施工场地,或制造、加工地点,或合同约定的其他地方进行察看和查阅施工原始记录。承包人还应按监理人指示,进行施工场地取样试验、工程复核测量和设备性能检测,提供试验样品、提交试验报告和测量成果以及监理人要求进行的其他工作。监理人的检查和检验,不免除承包人按合同约定应负的责任。

(5)工程隐蔽部位覆盖前的检查。

①通知监理人检查。

经承包人自检确认的工程隐蔽部位具备覆盖条件后,承包人应通知监理人在约定的期限内检查。承包人的通知应附有自检记录和必要的检查资料。监理人应按时到场检查。经监理人检查确认质量符合隐蔽要求,并在检查记录上签字后,承包人才能进行覆盖。监理人检查确认质量不合格的,承包人应在监理人指示的时间内修整返工后,由监理人重新检查。

②监理人未到场检查。

监理人未按约定的时间进行检查的,除监理人另有指示外,承包人可自行完成覆盖工作,并作相应记录报送监理人,监理人应签字确认。监理人事后对检查记录有疑问的,可按约定重新检查。

③监理人重新检查。

承包人按上述规定覆盖工程隐蔽部位后,监理人对质量有疑问的,可要求承包人对已覆盖的部位进行钻孔探测或揭开重新检验,承包人应遵照执行,并在检验后重新覆盖恢复原状。经检验证明工程质量符合合同要求的,由发包人承担由此增加的费用和(或)工期延误,并支付承包人合理利润;经检验证明工程质量不符合合同要求的,由此增加的费用和(或)工期延误由承包人承担。

④承包人私自覆盖。

承包人未通知监理人到场检查,私自将工程隐蔽部位覆盖的,监理人有权指示承包人钻孔探测或揭开检查,由此增加的费用和(或)工期延误由承包人承担。

提示

隐蔽工程检查中,不论哪种情况,只要是隐蔽工程质量不合格的,产生的费用及工期损失均由承包人承担。

(6)清除不合格工程。

承包人使用不合格材料、工程设备,或采用不适当的施工工艺,或施工不当,造成工程不合格的,监理人可以随时发出指示,要求承包人立即采取措施进行补救,直至达到合同要求的质量标准,由此增加的费用和(或)工期延误由承包人承担。

由于发包人提供的材料或工程设备不合格造成的工程不合格,需要承包人采取措施补救的,发包人应承担由此增加的费用和(或)工期延误,并支付承包人合理利润。

11. 试验和检验

(1)材料、工程设备和工程的试验和检验。

承包人应按合同约定进行材料、工程设备和工程的试验和检验,并为监理人对上述材料、工程设备和工程的质量检查提供必要的试验资料和原始记录。按合同约定应由监理人与承包人共同进行试验和检验的,由承包人负责提供必要的试验资料和原始记录。

监理人未按合同约定派员参加试验和检验的,除监理人另有指示外,承包人可自行试验和检验,并应立即将试验和检验结果报送监理人,监理人应签字确认。

监理人对承包人的试验和检验结果有疑问的,或为查清承包人试验和检验成果的可靠性要求承包人重新试验和检验的,可按合同约定由监理人与承包人共同进行。重新试验和检验的结果证明该项材料、工程设备或工程的质量不符合合同要求的,由此增加的费用和(或)工期延误由承包人承担;重新试验和检验结果证明该项材料、工程设备和工程符合合同要求,由发包人承担由此增加的费用和(或)工期延误,并支付承包人合理利润。

(2)现场材料试验。

承包人根据合同约定或监理人指示进行的现场材料试验,应由承包人提供试验场所、试验人员、试验设备器材以及其他必要的试验条件。

监理人在必要时可以使用承包人的试验场所、试验设备器材以及其他试验条件,进行以工程质量检查为目的的复核性材料试验,承包人应予以协助。

(3)现场工艺试验。

承包人应按合同约定或监理人指示进行现场工艺试验。对大型的现场工艺试验,监理人认为必要时,应由承包人根据监理人提出的工艺试验要求,编制工艺试验措施计划,报送监理人审批。

12. 变更

(1)变更的范围和内容。

除专用合同条款另有约定外,在履行合同中发生以下情形之一,应按照规定进行变更:

①取消合同中任何一项工作,但被取消的工作不能转由发包人或其他人实施。

②改变合同中任何一项工作的质量或其他特性。

③改变合同工程的基线、标高、位置或尺寸。

④改变合同中任何一项工作的施工时间或改变已批准的施工工艺或顺序。

⑤为完成工程需要追加的额外工作。

链接

在施工过程中，引起工程变更的原因有：发包人修改项目计划；设计错误导致图纸修改；工程环境变化；政府部门提出新的环保要求；发包人指令原因造成施工方案变化；因施工技术更新发生设计方案的变化；合同实施发生偏差需调整、修改目标和合同条款等。

(2)变更权。

在履行合同过程中，经发包人同意，监理人可按约定的变更程序向承包人作出变更指示，承包人应遵照执行。没有监理人的变更指示，承包人不得擅自变更。

(3)变更程序。

①变更的提出。

在合同履行过程中，可能发生"应进行变更"情形的，监理人可向承包人发出变更意向书。变更意向书应说明变更的具体内容和发包人对变更的时间要求，并附必要的图纸和相关资料。变更意向书应要求承包人提交包括拟实施变更工作的计划、措施和竣工时间等内容的实施方案。发包人同意承包人根据变更意向书要求提交的变更实施方案的，由监理人按约定发出变更指示。

在合同履行过程中，发生"应进行变更"情形的，监理人应按照约定向承包人发出变更指示。

承包人收到监理人按合同约定发出的图纸和文件，经检查认为其中存在"应进行变更"情形的，可向监理人提出书面变更建议。变更建议应阐明要求变更的依据，并附必要的图纸和说明。监理人收到承包人书面建议后，应与发包人共同研究，确认存在变更的，应在收到承包人书面建议后的14天内作出变更指示。经研究后不同意作为变更的，应由监理人书面答复承包人。

若承包人收到监理人的变更意向书后认为难以实施此项变更，应立即通知监理人，说明原因并附详细依据。监理人与承包人和发包人协商后确定撤销、改变或不改变原变更意向书。

典型例题

【单选题】根据《标准施工招标文件》，监理人在收到承包人提出的书面变更建议后，确认存在变更的，应在(　　)天内作出变更指示。

A. 5　　　　B. 7

C. 14　　　　D. 28

C。【解析】监理人在收到承包人提出的书面变更建议后，确认存在变更的，应在14天内作出变更指示。

②变更估价。

除专用合同条款对期限另有约定外，承包人应在收到变更指示或变更意向书后的14天内，向监理人提交变更报价书，报价内容应根据约定的估价原则，详细开列变更工作的价格组成及其依据，并附必要的施工方法说明和有关图纸。

变更工作影响工期的，承包人应提出调整工期的具体细节。监理人认为有必要时，可要求承包人提交要求提前或延长工期的施工进度计划及相应施工措施等详细资料。

除专用合同条款对期限另有约定外，监理人收到承包人变更报价书后的 14 天内，根据约定的估价原则，商定或确定变更价格。

③变更指示。

变更指示只能由监理人发出。

变更指示应说明变更的目的、范围、变更内容以及变更的工程量及其进度和技术要求，并附有关图纸和文件。承包人收到变更指示后，应按变更指示进行变更工作。

(4)变更的估价原则。

除专用合同条款另有约定外，因变更引起的价格调整按照下列约定处理：

①已标价工程量清单中有适用于变更工作的子目的，采用该子目的单价。

②已标价工程量清单中无适用于变更工作的子目，但有类似子目的，可在合理范围内参照类似子目的单价，由监理人按规定商定或确定变更工作的单价。

③已标价工程量清单中无适用或类似子目的单价，可按照成本加利润的原则，由监理人按规定商定或确定变更工作的单价。

13. 计量与支付

(1)计量。

除专用合同条款另有约定外，单价子目已完成工程量按月计量，总价子目的计量周期按批准的支付分解报告确定。

(2)预付款。

预付款用于承包人为合同工程施工购置材料、工程设备、施工设备、修建临时设施以及组织施工队伍进场等。预付款的额度和预付办法在专用合同条款中约定。预付款必须专用于合同工程。

除专用合同条款另有约定外，承包人应在收到预付款的同时向发包人提交预付款保函，预付款保函的担保金额应与预付款金额相同。保函的担保金额可根据预付款扣回的金额相应递减。预付款在进度付款中扣回，扣回办法在专用合同条款中约定。

(3)工程进度付款。

付款周期同计量周期。承包人应在每个付款周期末，按监理人批准的格式和专用合同条款约定的份数，向监理人提交进度付款申请单，并附相应的支持性证明文件。除专用合同条款另有约定外，进度付款申请单应包括下列内容：截至本次付款周期末已实施工程的价款；应增加和扣减的变更金额；应增加和扣减的索赔金额；应支付的预付款和扣减的返还预付款；应扣减的质量保证金；根据合同应增加和扣减的其他金额。

进度付款证书和支付时间：

①监理人在收到承包人进度付款申请单以及相应的支持性证明文件后的 14 天内完成核查，提出发包人到期应支付给承包人的金额以及相应的支持性材料，经发包人审查同意后，由监理人向承包人出具经发包人签认的进度付款证书。监理人有权扣发承包人未能按照合同要求履行任何工作或义务的相应金额。

②发包人应在监理人收到进度付款申请单后的 28 天内，将进度应付款支付给承包人。

发包人不按期支付的,按专用合同条款的约定支付逾期付款违约金。

③监理人出具进度付款证书,不应视为监理人已同意、批准或接受了承包人完成的该部分工作。

④进度付款涉及政府投资资金的,按照国库集中支付等国家相关规定和专用合同条款的约定办理。

在对以往历次已签发的进度付款证书进行汇总和复核中发现错、漏或重复的,监理人有权予以修正,承包人也有权提出修正申请。经双方复核同意的修正,应在本次进度付款中支付或扣除。

(4)质量保证金。

监理人应从第一个付款周期开始,在发包人的进度付款中,按专用合同条款的约定扣留质量保证金,直至扣留的质量保证金总额达到专用合同条款约定的金额或比例为止。质量保证金的计算额度不包括预付款的支付、扣回以及价格调整的金额。

在约定的缺陷责任期满时,承包人向发包人申请到期应返还承包人剩余的质量保证金金额,发包人应在 14 天内会同承包人按照合同约定的内容核实承包人是否完成缺陷责任。如无异议,发包人应当在核实后将剩余保证金返还承包人。

在约定的缺陷责任期满时,承包人没有完成缺陷责任的,发包人有权扣留与未履行责任剩余工作所需金额相应的质量保证金余额,并有权根据约定要求延长缺陷责任期,直至完成剩余工作为止。

(5)竣工结算。

①竣工付款申请单。

工程接收证书颁发后,承包人应按专用合同条款约定的份数和期限向监理人提交竣工付款申请单,并提供相关证明材料。除专用合同条款另有约定外,竣工付款申请单应包括下列内容:竣工结算合同总价;发包人已支付承包人的工程价款;应扣留的质量保证金;应支付的竣工付款金额。

监理人对竣工付款申请单有异议的,有权要求承包人进行修正和提供补充资料。经监理人和承包人协商后,由承包人向监理人提交修正后的竣工付款申请单。

②竣工付款证书及支付时间。

监理人在收到承包人提交的竣工付款申请单后的 14 天内完成核查,提出发包人到期应支付给承包人的价款送发包人审核并抄送承包人。发包人应在收到后 14 天内审核完毕,由监理人向承包人出具经发包人签认的竣工付款证书。监理人未在约定时间内核查,又未提出具体意见的,视为承包人提交的竣工付款申请单已经监理人核查同意;发包人未在约定时间内审核又未提出具体意见的,监理人提出发包人到期应支付给承包人的价款视为已经发包人同意。

发包人应在监理人出具竣工付款证书后的 14 天内,将应支付款支付给承包人。发包人不按期支付的,按约定将逾期付款违约金支付给承包人。

承包人对发包人签认的竣工付款证书有异议的,发包人可出具竣工付款申请单中承包人已同意部分的临时付款证书。存在争议的部分,按约定办理。

竣工付款涉及政府投资资金的,按约定办理。

(6)最终结清。

①最终结清申请单。

缺陷责任期终止证书签发后,承包人可按专用合同条款约定的份数和期限向监理人提交最终结清申请单,并提供相关证明材料。

发包人对最终结清申请单内容有异议的,有权要求承包人进行修正和提供补充资料,由承包人向监理人提交修正后的最终结清申请单。

②最终结清证书和支付时间。

监理人收到承包人提交的最终结清申请单后的 14 天内,提出发包人应支付给承包人的价款送发包人审核并抄送承包人。发包人应在收到后 14 天内审核完毕,由监理人向承包人出具经发包人签认的最终结清证书。监理人未在约定时间内核查,又未提出具体意见的,视为承包人提交的最终结清申请已经监理人核查同意;发包人未在约定时间内审核又未提出具体意见的,监理人提出应支付给承包人的价款视为已经发包人同意。

发包人应在监理人出具最终结清证书后的 14 天内,将应支付款支付给承包人。发包人不按期支付的,按约定将逾期付款违约金支付给承包人。

承包人对发包人签认的最终结清证书有异议的,按约定办理。最终结清付款涉及政府投资资金的,按约定办理。

14. 竣工验收

(1)竣工验收的含义。

竣工验收指承包人完成了全部合同工作后,发包人按合同要求进行的验收。

国家验收是政府有关部门根据法律、规范、规程和政策要求,针对发包人全面组织实施的整个工程正式交付投运前的验收。

需要进行国家验收的,竣工验收是国家验收的一部分。竣工验收所采用的各项验收和评定标准应符合国家验收标准。发包人和承包人为竣工验收提供的各项竣工验收资料应符合国家验收的要求。

(2)竣工验收申请报告。

当工程具备以下条件时,承包人即可向监理人报送竣工验收申请报告:

①除监理人同意列入缺陷责任期内完成的尾工(甩项)工程和缺陷修补工作外,合同范围内的全部单位工程以及有关工作,包括合同要求的试验、试运行以及检验和验收均已完成,并符合合同要求。

②已按合同约定的内容和份数备齐了符合要求的竣工资料。

③已按监理人的要求编制了在缺陷责任期内完成的尾工(甩项)工程和缺陷修补工作清单以及相应施工计划。

④监理人要求在竣工验收前应完成的其他工作。

⑤监理人要求提交的竣工验收资料清单。

(3)验收。

监理人收到承包人按约定提交的竣工验收申请报告后,应审查申请报告的各项内容,并按以下不同情况进行处理:

①监理人审查后认为尚不具备竣工验收条件的，应在收到竣工验收申请报告后的28天内通知承包人，指出在颁发接收证书前承包人还需进行的工作内容。承包人完成监理人通知的全部工作内容后，应再次提交竣工验收申请报告，直至监理人同意为止。

②监理人审查后认为已具备竣工验收条件的，应在收到竣工验收申请报告后的28天内提请发包人进行工程验收。

③发包人经过验收后同意接受工程的，应在监理人收到竣工验收申请报告后的56天内，由监理人向承包人出具经发包人签认的工程接收证书。发包人验收后同意接收工程但提出整修和完善要求的，限期修好，并缓发工程接收证书。整修和完善工作完成后，监理人复查达到要求的，经发包人同意后，再向承包人出具工程接收证书。

④发包人验收后不同意接收工程的，监理人应按照发包人的验收意见发出指示，要求承包人对不合格工程认真返工重作或进行补救处理，并承担由此产生的费用。承包人在完成不合格工程的返工重作或补救工作后，应重新提交竣工验收申请报告，按上述约定进行。

⑤除专用合同条款另有约定外，经验收合格工程的实际竣工日期，以提交竣工验收申请报告的日期为准，并在工程接收证书中写明。

⑥发包人在收到承包人竣工验收申请报告56天后未进行验收的，视为验收合格，实际竣工日期以提交竣工验收申请报告的日期为准，但发包人由于不可抗力不能进行验收的除外。

(4)单位工程验收。

发包人根据合同进度计划安排，在全部工程竣工前需要使用已经竣工的单位工程时，或承包人提出经发包人同意时，可进行单位工程验收。验收的程序可参照上述约定进行。验收合格后，由监理人向承包人出具经发包人签认的单位工程验收证书。已签发单位工程接收证书的单位工程由发包人负责照管。单位工程的验收成果和结论作为全部工程竣工验收申请报告的附件。

发包人在全部工程竣工前，使用已接收的单位工程导致承包人费用增加的，发包人应承担由此增加的费用和(或)工期延误，并支付承包人合理利润。

(5)施工期运行。

施工期运行是指合同工程尚未全部竣工，其中某项或某几项单位工程或工程设备安装已竣工，根据专用合同条款约定，需要投入施工期运行的，经发包人按约定验收合格，证明能确保安全后，才能在施工期投入运行。

在施工期运行中发现工程或工程设备损坏或存在缺陷的，由承包人按约定进行修复。

(6)试运行。

除专用合同条款另有约定外，承包人应按专用合同条款约定进行工程及工程设备试运行，负责提供试运行所需的人员、器材和必要的条件，并承担全部试运行费用。

由于承包人的原因导致试运行失败的，承包人应采取措施保证试运行合格，并承担相应费用。由于发包人的原因导致试运行失败的，承包人应当采取措施保证试运行合格，发包人应承担由此产生的费用，并支付承包人合理利润。

(7)竣工清场。

除合同另有约定外，工程接收证书颁发后，承包人应按以下要求对施工场地进行清理，直至监理人检验合格为止。竣工清场费用由承包人承担。

①施工场地内残留的垃圾已全部清除出场。

②临时工程已拆除，场地已按合同要求进行清理、平整或复原。

③按合同约定应撤离的承包人设备和剩余的材料，包括废弃的施工设备和材料，已按计划撤离施工场地。

④工程建筑物周边及其附近道路、河道的施工堆积物，已按监理人指示全部清理。

⑤监理人指示的其他场地清理工作已全部完成。

承包人未按监理人的要求恢复临时占地，或者场地清理未达到合同约定的，发包人有权委托其他人恢复或清理，所发生的金额从拟支付给承包人的款项中扣除。

(8)施工队伍的撤离。

工程接收证书颁发后的56天内，除了经监理人同意需在缺陷责任期内继续工作和使用的人员、施工设备和临时工程外，其余的人员、施工设备和临时工程均应撤离施工场地或拆除。除合同另有约定外，缺陷责任期满时，承包人的人员和施工设备应全部撤离施工场地。

15. 缺陷责任与保修责任

(1)缺陷责任期的起算时间。

缺陷责任期自实际竣工日期起计算。在全部工程竣工验收前，已经发包人提前验收的单位工程，其缺陷责任期的起算日期相应提前。

(2)缺陷责任。

承包人应在缺陷责任期内对已交付使用的工程承担缺陷责任。

缺陷责任期内，发包人对已接收使用的工程负责日常维护工作。发包人在使用过程中，发现已接收的工程存在新的缺陷或已修复的缺陷部位或部件又遭损坏的，承包人应负责修复，直至检验合格为止。

监理人和承包人应共同查清缺陷和(或)损坏的原因。经查明属承包人原因造成的，应由承包人承担修复和查验的费用。经查验属发包人原因造成的，发包人应承担修复和查验的费用，并支付承包人合理利润。

承包人不能在合理时间内修复缺陷的，发包人可自行修复或委托其他人修复，所需费用和利润的承担，按约定办理。

(3)缺陷责任期的延长。

由于承包人原因造成某项缺陷或损坏使某项工程或工程设备不能按原定目标使用而需要再次检查、检验和修复的，发包人有权要求承包人相应延长缺陷责任期，但缺陷责任期最长不超过2年。

(4)进一步试验和试运行。

任何一项缺陷或损坏修复后，经检查证明其影响了工程或工程设备的使用性能，承包人应重新进行合同约定的试验和试运行，试验和试运行的全部费用应由责任方承担。

(5)承包人的进入权。

缺陷责任期内承包人为缺陷修复工作需要，有权进入工程现场，但应遵守发包人的保安和保密规定。

(6)缺陷责任期终止证书。

在约定的缺陷责任期,包括根据延长的期限终止后14天内,由监理人向承包人出具经发包人签认的缺陷责任期终止证书,并退还剩余的质量保证金。

(7)保修责任。

合同当事人根据有关法律规定,在专用合同条款中约定工程质量保修范围、期限和责任。保修期自实际竣工日期起计算。在全部工程竣工验收前,已经发包人提前验收的单位工程,其保修期的起算日期相应提前。

16. 索赔

(1)承包人索赔的提出。

根据合同约定,承包人认为有权得到追加付款和(或)延长工期的,应按以下程序向发包人提出索赔:

①承包人应在知道或应当知道索赔事件发生后28天内,向监理人递交索赔意向通知书,并说明发生索赔事件的事由。承包人未在前述28天内发出索赔意向通知书的,丧失要求追加付款和(或)延长工期的权利。

②承包人应在发出索赔意向通知书后28天内,向监理人正式递交索赔通知书。索赔通知书应详细说明索赔理由以及要求追加的付款金额和(或)延长的工期,并附必要的记录和证明材料。

③索赔事件具有连续影响的,承包人应按合理时间间隔继续递交延续索赔通知,说明连续影响的实际情况和记录,列出累计的追加付款金额和(或)工期延长天数。

④在索赔事件影响结束后的28天内,承包人应向监理人递交最终索赔通知书,说明最终要求索赔的追加付款金额和延长的工期,并附必要的记录和证明材料。

(2)承包人索赔处理程序。

①监理人收到承包人提交的索赔通知书后,应及时审查索赔通知书的内容、查验承包人的记录和证明材料,必要时监理人可要求承包人提交全部原始记录副本。

②监理人应按商定或确定追加的付款和(或)延长的工期,并在收到上述索赔通知书或有关索赔的进一步证明材料后的42天内,将索赔处理结果答复承包人。

③承包人接受索赔处理结果的,发包人应在作出索赔处理结果答复后28天内完成赔付。承包人不接受索赔处理结果的,按约定办理。

(3)承包人提出索赔的期限。

①承包人按约定接受了竣工付款证书后,应被认为已无权再提出在合同工程接收证书颁发前所发生的任何索赔。

②承包人按约定提交的最终结清申请单中,只限于提出工程接收证书颁发后发生的索赔。提出索赔的期限自接受最终结清证书时终止。

(4)发包人的索赔。

①发生索赔事件后,监理人应及时书面通知承包人,详细说明发包人有权得到的索赔金额和(或)延长缺陷责任期的细节和依据。发包人提出索赔的期限和要求与约定相同,延长缺陷责任期的通知应在缺陷责任期届满前发出。

②监理人应商定或确定发包人从承包人处得到赔付的金额和(或)缺陷责任期的延长期。承包人应付给发包人的金额可从拟支付给承包人的合同价款中扣除,或由承包人以其他方式支付给发包人。

第二节 施工合同与物资采购合同

一、《建设工程施工合同（示范文本）》中的相关内容

(一)示范文本的组成

示范文本由合同协议书、通用合同条款和专用合同条款三部分组成。

(二)发包人

1. 许可或批准

发包人应遵守法律,并办理法律规定由其办理的许可、批准或备案,包括但不限于建设用地规划许可证、建设工程规划许可证、建设工程施工许可证、施工所需临时用水、临时用电、中断道路交通、临时占用土地等许可和批准。发包人应协助承包人办理法律规定的有关施工证件和批件。

因发包人原因未能及时办理完毕前述许可、批准或备案,由发包人承担由此增加的费用和(或)延误的工期,并支付承包人合理的利润。

2. 发包人代表

发包人应在专用合同条款中明确其派驻施工现场的发包人代表的姓名、职务、联系方式及授权范围等事项。发包人代表在发包人的授权范围内,负责处理合同履行过程中与发包人有关的具体事宜。发包人代表在授权范围内的行为由发包人承担法律责任。

3. 发包人人员

发包人应要求在施工现场的发包人人员遵守法律及有关安全、质量、环境保护、文明施工等规定,并保障承包人免于承受因发包人人员未遵守上述要求给承包人造成的损失和责任。

发包人人员包括发包人代表及其他由发包人派驻施工现场的人员。

4. 施工现场、施工条件和基础资料的提供

(1)提供施工现场。除专用合同条款另有约定外,发包人应最迟于开工日期 7 天前向承包人移交施工现场。

(2)提供施工条件。除专用合同条款另有约定外,发包人应负责提供施工所需要的条件,包括:

①将施工用水、电力、通信线路等施工所必需的条件接至施工现场内。

②保证向承包人提供正常施工所需要的进入施工现场的交通条件。

③协调处理施工现场周围地下管线和邻近建筑物、构筑物、古树名木的保护工作,并承担相关费用。

④按照专用合同条款约定应提供的其他设施和条件。

(3)提供基础资料。发包人应当在移交施工现场前向承包人提供施工现场及工程施工所必需的毗邻区域内供水、排水、供电、供气、供热、通信、广播电视等地下管线资料,气象和水文观测资料,地质勘察资料,相邻建筑物、构筑物和地下工程等有关基础资料,并对所提供资料的真实性、准确性和完整性负责。按照法律规定确需在开工后方能提供的基础资料,发包人应尽其努力及时地在相应工程施工前的合理期限内提供,合理期限应以不影响承包人的正常施工为限。

(4)逾期提供的责任。因发包人原因未能按合同约定及时向承包人提供施工现场、施工条件、基础资料的,由发包人承担由此增加的费用和(或)延误的工期。

5. 资金来源证明及支付担保

除专用合同条款另有约定外,发包人应在收到承包人要求提供资金来源证明的书面通知后28天内,向承包人提供能够按照合同约定支付合同价款的相应资金来源证明。

除专用合同条款另有约定外,发包人要求承包人提供履约担保的,发包人应当向承包人提供支付担保。支付担保可以采用银行保函或担保公司担保等形式,具体由合同当事人在专用合同条款中约定。

6. 支付合同价款

发包人应按合同约定向承包人及时支付合同价款。

7. 组织竣工验收

发包人应按合同约定及时组织竣工验收。

8. 现场统一管理协议

发包人应与承包人、由发包人直接发包的专业工程的承包人签订施工现场统一管理协议,明确各方的权利义务。施工现场统一管理协议作为专用合同条款的附件。

(三)承包人

1. 承包人的一般义务

承包人在履行合同过程中应遵守法律和工程建设标准规范,并履行以下义务:

(1)办理法律规定应由承包人办理的许可和批准,并将办理结果书面报送发包人留存。

(2)按法律规定和合同约定完成工程,并在保修期内承担保修义务。

(3)按法律规定和合同约定采取施工安全和环境保护措施,办理工伤保险,确保工程及人员、材料、设备和设施的安全。

(4)按合同约定的工作内容和施工进度要求,编制施工组织设计和施工措施计划,并对所有施工作业和施工方法的完备性和安全可靠性负责。

(5)在进行合同约定的各项工作时,不得侵害发包人与他人使用公用道路、水源、市政管网等公共设施的权利,避免对邻近的公共设施产生干扰。承包人占用或使用他人的施工场地,影响他人作业或生活的,应承担相应责任。

(6)按照“环境保护”约定负责施工场地及其周边环境与生态的保护工作。

(7)按“安全文明施工”约定采取施工安全措施,确保工程及其人员、材料、设备和设施的安全,防止因工程施工造成的人身伤害和财产损失。

(8)将发包人按合同约定支付的各项价款专用于合同工程,且应及时支付其雇用人员工资,并及时向分包人支付合同价款。

(9)按照法律规定和合同约定编制竣工资料,完成竣工资料立卷及归档,并按专用合同条款约定的竣工资料的套数、内容、时间等要求移交发包人。

(10)应履行的其他义务。

2. 分包

承包人不得将其承包的全部工程转包给第三人,或将其承包的全部工程肢解后以分包的名义转包给第三人。承包人不得将工程主体结构、关键性工作及专用合同条款中禁止分包的专业工程分包给第三人,主体结构、关键性工作的范围由合同当事人按照法律规定在专用合同条款中予以明确。

承包人不得以劳务分包的名义转包或违法分包工程。

(四)监理人

工程实行监理的,发包人和承包人应在专用合同条款中明确监理人的监理内容及监理权限等事项。监理人应当根据发包人授权及法律规定,代表发包人对工程施工相关事项进行检查、查验、审核、验收,并签发相关指示,但监理人无权修改合同,且无权减轻或免除合同约定的承包人的任何责任与义务。

除专用合同条款另有约定外,监理人在施工现场的办公场所、生活场所由承包人提供,所发生的费用由发包人承担。

(五)工程质量

1. 质量要求

工程质量标准必须符合现行国家有关工程施工质量验收规范和标准的要求。有关工程质量的特殊标准或要求由合同当事人在专用合同条款中约定。

因发包人原因造成工程质量未达到合同约定标准的,由发包人承担由此增加的费用和(或)延误的工期,并支付承包人合理的利润。

因承包人原因造成工程质量未达到合同约定标准的,发包人有权要求承包人返工直至工程质量达到合同约定的标准为止,并由承包人承担由此增加的费用和(或)延误的工期。

2. 隐蔽工程检查

(1)承包人自检。承包人应当对工程隐蔽部位进行自检,并经自检确认是否具备覆盖条件。

(2)检查程序,如表 6-3 所示。

表 6-3　隐蔽工程检查

检查程序	具体要求
承包人自检	除专用合同条款另有约定外,工程隐蔽部位经承包人自检确认具备覆盖条件的,承包人应在共同检查前 48 小时书面通知监理人检查,通知中应载明隐蔽检查的内容、时间和地点,并应附有自检记录和必要的检查资料

（续表）

检查程序	具体要求	
监理人检查	监理人按时到场	经监理人检查确认质量符合隐蔽要求，并在验收记录上签字后，承包人才能进行覆盖
		经监理人检查质量不合格的，承包人应在监理人指示的时间内完成修复，并由监理人重新检查，由此增加的费用和（或）延误的工期由承包人承担
	监理人不能按时到场检查	应在检查前 24 小时向承包人提交书面延期要求，但延期不能超过 48 小时，由此导致工期延误的，工期应予以顺延
		监理人未按时进行检查，也未提出延期要求的，视为隐蔽工程检查合格，承包人可自行完成覆盖工作，并作相应记录报送监理人，监理人应签字确认

（3）重新检查。承包人覆盖工程隐蔽部位后，发包人或监理人对质量有疑问的，可要求承包人对已覆盖的部位进行钻孔探测或揭开重新检查，承包人应遵照执行，并在检查后重新覆盖恢复原状。经检查证明工程质量符合合同要求的，由发包人承担由此增加的费用和（或）延误的工期，并支付承包人合理的利润；经检查证明工程质量不符合合同要求的，由此增加的费用和（或）延误的工期由承包人承担。

（4）承包人私自覆盖。承包人未通知监理人到场检查，私自将工程隐蔽部位覆盖的，监理人有权指示承包人钻孔探测或揭开检查，无论工程隐蔽部位质量是否合格，由此增加的费用和（或）延误的工期均由承包人承担。

（六）工期和进度

1. 测量放线

除专用合同条款另有约定外，发包人应在至迟不得晚于“开工通知”载明的开工日期前 7 天通过监理人向承包人提供测量基准点、基准线和水准点及其书面资料。发包人应对其提供的测量基准点、基准线和水准点及其书面资料的真实性、准确性和完整性负责。

2. 工期延误

在合同履行过程中，因下列情况导致工期延误和（或）费用增加的，由发包人承担由此延误的工期和（或）增加的费用，且发包人应支付承包人合理的利润：

（1）发包人未能按合同约定提供图纸或所提供图纸不符合合同约定的；

（2）发包人未能按合同约定提供施工现场、施工条件、基础资料、许可、批准等开工条件的；

（3）发包人提供的测量基准点、基准线和水准点及其书面资料存在错误或疏漏的；

（4）发包人未能在计划开工日期之日起 7 天内同意下达开工通知的；

（5）发包人未能按合同约定日期支付工程预付款、进度款或竣工结算款的；

（6）监理人未按合同约定发出指示、批准等文件的；

（7）专用合同条款中约定的其他情形。

因发包人原因未按计划开工日期开工的，发包人应按实际开工日期顺延竣工日期，确保实际工期不低于合同约定的工期总日历天数。因发包人原因导致工期延误需要修订施工进度计划的，按照“施工进度计划的修订”执行。

因承包人原因造成工期延误的，可以在专用合同条款中约定逾期竣工违约金的计算方法和逾期竣工违约金的上限。承包人支付逾期竣工违约金后，不免除承包人继续完成工程及修补缺陷的义务。

3. 不利物质条件

不利物质条件是指有经验的承包人在施工现场遇到的不可预见的自然物质条件、非自然的物质障碍和污染物，包括地表以下物质条件和水文条件以及专用合同条款约定的其他情形，但不包括气候条件。

承包人遇到不利物质条件时，应采取克服不利物质条件的合理措施继续施工，并及时通知发包人和监理人。通知应载明不利物质条件的内容以及承包人认为不可预见的理由。监理人经发包人同意后应当及时发出指示，指示构成变更的，按“变更”约定执行。承包人因采取合理措施而增加的费用和（或）延误的工期由发包人承担。

4. 异常恶劣的气候条件

异常恶劣的气候条件是指在施工过程中遇到的，有经验的承包人在签订合同时不可预见的，对合同履行造成实质性影响的，但尚未构成不可抗力事件的恶劣气候条件。合同当事人可以在专用合同条款中约定异常恶劣的气候条件的具体情形。

承包人应采取克服异常恶劣的气候条件的合理措施继续施工，并及时通知发包人和监理人。监理人经发包人同意后应当及时发出指示，指示构成变更的，按“变更”约定办理。承包人因采取合理措施而增加的费用和（或）延误的工期由发包人承担。

5. 暂停施工

（1）暂停施工的不同情形，如表 6-4 所示。

表 6-4　暂停施工的情形

暂停施工的情形	具体要求
发包人原因引起的暂停施工	因发包人原因引起暂停施工的，监理人经发包人同意后，应及时下达暂停施工指示。情况紧急且监理人未及时下达暂停施工指示的，按照“紧急情况下的暂停施工”执行
	因发包人原因引起的暂停施工，发包人应承担由此增加的费用和（或）延误的工期，并支付承包人合理的利润
承包人原因引起的暂停施工	因承包人原因引起的暂停施工，承包人应承担由此增加的费用和（或）延误的工期，且承包人在收到监理人复工指示后 84 天内仍未复工的，视为“承包人违约的情形”约定的承包人无法继续履行合同的情形
监理人指示暂停施工	监理人认为有必要时，并经发包人批准后，可向承包人作出暂停施工的指示，承包人应按监理人指示暂停施工
紧急情况下的暂停施工	因紧急情况需暂停施工，且监理人未及时下达暂停施工指示的，承包人可先暂停施工，并及时通知监理人
	监理人应在接到通知后 24 小时内发出指示，逾期未发出指示，视为同意承包人暂停施工
	监理人不同意承包人暂停施工的，应说明理由，承包人对监理人的答复有异议，按照“争议解决”约定处理

（2）暂停施工后的复工。

①暂停施工后，发包人和承包人应采取有效措施积极消除暂停施工的影响。在工程复

工前，监理人会同发包人和承包人确定因暂停施工造成的损失，并确定工程复工条件。当工程具备复工条件时，监理人应经发包人批准后向承包人发出复工通知，承包人应按照复工通知要求复工。

②承包人无故拖延和拒绝复工的，承包人承担由此增加的费用和(或)延误的工期；因发包人原因无法按时复工的，按照"因发包人原因导致工期延误"约定办理。

(3)暂停施工持续56天以上。

①监理人发出暂停施工指示后56天内未向承包人发出复工通知，除该项停工属于"承包人原因引起的暂停施工"及"不可抗力"约定的情形外，承包人可向发包人提交书面通知，要求发包人在收到书面通知后28天内准许已暂停施工的部分或全部工程继续施工。发包人逾期不予批准的，则承包人可以通知发包人，将工程受影响的部分视为变更中的可取消工作。

②暂停施工持续84天以上不复工的，且不属于"承包人原因引起的暂停施工"及"不可抗力"约定的情形，并影响到整个工程以及合同目的实现的，承包人有权提出价格调整要求，或者解除合同。解除合同的，按照"因发包人违约解除合同"执行。

(4)暂停施工期间的工程照管。暂停施工期间，承包人应负责妥善照管工程并提供安全保障，由此增加的费用由责任方承担。

(5)暂停施工的措施。暂停施工期间，发包人和承包人均应采取必要的措施确保工程质量及安全，防止因暂停施工扩大损失。

(七)变更

1. 变更的范围

除专用合同条款另有约定外，合同履行过程中发生以下情形的，如图6-4所示，应按照约定进行变更。

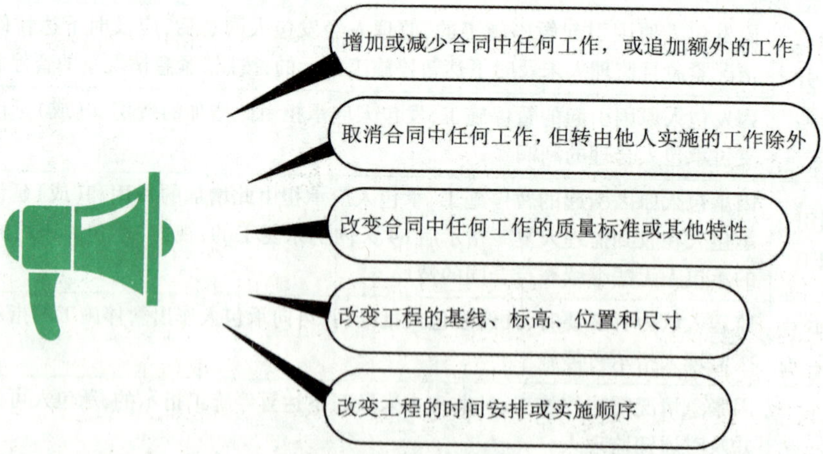

图6-4 变更的情形

专家解读

变更的情形可利用口诀"一取消、一增减、三改变"进行记忆。

2. 变更权

发包人和监理人均可以提出变更。变更指示均通过监理人发出，监理人发出变更指示前应征得发包人同意。承包人收到经发包人签认的变更指示后，方可实施变更。未经许可，承包人不得擅自对工程的任何部分进行变更。

涉及设计变更的，应由设计人提供变更后的图纸和说明。如变更超过原设计标准或批准的建设规模时，发包人应及时办理规划、设计变更等审批手续。

3. 变更程序

变更程序如表 6-5 所示。

表 6-5 变更程序

变更程序	具体要求
发包人提出变更	发包人提出变更的，应通过监理人向承包人发出变更指示，变更指示应说明计划变更的工程范围和变更的内容
监理人提出变更建议	监理人提出变更建议的，需要向发包人以书面形式提出变更计划，说明计划变更工程范围和变更的内容、理由，以及实施该变更对合同价格和工期的影响
	发包人同意变更的，由监理人向承包人发出变更指示
	发包人不同意变更的，监理人无权擅自发出变更指示
变更执行	承包人收到监理人下达的变更指示后，认为不能执行，应立即提出不能执行该变更指示的理由
	承包人认为可以执行变更的，应当书面说明实施该变更指示对合同价格和工期的影响，且合同当事人应当按照“变更估价”约定确定变更估价

4. 变更估价

(1)变更估价原则。除专用合同条款另有约定外，变更估价按照下列约定处理：

①已标价工程量清单或预算书有相同项目的，按照相同项目单价认定。

②已标价工程量清单或预算书中无相同项目，但有类似项目的，参照类似项目的单价认定。

③变更导致实际完成的变更工程量与已标价工程量清单或预算书中列明的该项目工程量的变化幅度超过 15% 的，或已标价工程量清单或预算书中无相同项目及类似项目单价的，按照合理的成本与利润构成的原则，由合同当事人按照约定确定变更工作的单价。

(2)变更估价程序。承包人应在收到变更指示后 14 天内，向监理人提交变更估价申请。监理人应在收到承包人提交的变更估价申请后 7 天内审查完毕并报送发包人，监理人对变更估价申请有异议，通知承包人修改后重新提交。发包人应在承包人提交变更估价申请后 14 天内审批完毕。发包人逾期未完成审批或未提出异议的，视为认可承包人提交的变更估价申请。因变更引起的价格调整应计入最近一期的进度款中支付。

5. 承包人的合理化建议

承包人提出合理化建议的，应向监理人提交合理化建议说明，说明建议的内容和理由，以及实施该建议对合同价格和工期的影响。

6. 变更引起的工期调整

因变更引起工期变化的，合同当事人均可要求调整合同工期，由合同当事人按照合同约定并参考工程所在地的工期定额标准确定增减工期天数。

7. 暂估价

暂估价专业分包工程、服务、材料和工程设备的明细由合同当事人在专用合同条款中约定。具体要求如表 6-6 所示。

表 6-6　暂估价的具体要求

暂估价项目	确定方式	具体要求
依法必须招标的暂估价项目	方式 1(由承包人招标)	承包人应当根据施工进度计划,在招标工作启动前 14 天将招标方案通过监理人报送发包人审查,发包人应当在收到承包人报送的招标方案后 7 天内批准或提出修改意见。承包人应当按照经过发包人批准的招标方案开展招标工作
		承包人应当根据施工进度计划,提前 14 天将招标文件通过监理人报送发包人审批,发包人应当在收到承包人报送的相关文件后 7 天内完成审批或提出修改意见;发包人有权确定招标控制价并按照法律规定参加评标
		承包人与供应商、分包人在签订暂估价合同前,应当提前 7 天将确定的中标候选供应商或中标候选分包人的资料报送发包人,发包人应在收到资料后 3 天内与承包人共同确定中标人;承包人应当在签订合同后 7 天内,将暂估价合同副本报送发包人留存
	方式 2(由发包人和承包人共同招标)	承包人应按照施工进度计划,在招标工作启动前 14 天通知发包人,并提交暂估价招标方案和工作分工。发包人应在收到后 7 天内确认。确定中标人后,由发包人、承包人与中标人共同签订暂估价合同
不属于依法必须招标的暂估价项目	方式 1	承包人应根据施工进度计划,在签订暂估价项目的采购合同、分包合同前 28 天向监理人提出书面申请。监理人应当在收到申请后 3 天内报送发包人,发包人应当在收到申请后 14 天内给予批准或提出修改意见,发包人逾期未予批准或提出修改意见的,视为该书面申请已获得同意
		发包人认为承包人确定的供应商、分包人无法满足工程质量或合同要求的,发包人可以要求承包人重新确定暂估价项目的供应商、分包人
		承包人应当在签订暂估价合同后 7 天内,将暂估价合同副本报送发包人留存
	方式 2	承包人按照“依法必须招标的暂估价项目”约定的方式 1 确定暂估价项目
	方式 3(承包人直接实施的暂估价项目)	承包人具备实施暂估价项目的资格和条件的,经发包人和承包人协商一致后,可由承包人自行实施暂估价项目,合同当事人可以在专用合同条款约定具体事项

因发包人原因导致暂估价合同订立和履行迟延的,由此增加的费用和(或)延误的工期由发包人承担,并支付承包人合理的利润。因承包人原因导致暂估价合同订立和履行迟延的,由此增加的费用和(或)延误的工期由承包人承担。

8. 暂列金额

暂列金额应按照发包人的要求使用,发包人的要求应通过监理人发出。合同当事人可以在专用合同条款中协商确定有关事项。

9. 计日工

需要采用计日工方式的，经发包人同意后，由监理人通知承包人以计日工计价方式实施相应的工作，其价款按列入已标价工程量清单或预算书中的计日工计价项目及其单价进行计算；已标价工程量清单或预算书中无相应的计日工单价的，按照合理的成本与利润构成的原则，由合同当事人按照约定确定计日工的单价。

采用计日工计价的任何一项工作，承包人应在该项工作实施过程中，每天提交以下报表和有关凭证报送监理人审查：

（1）工作名称、内容和数量。

（2）投入该工作的所有人员的姓名、专业、工种、级别和耗用工时。

（3）投入该工作的材料类别和数量。

（4）投入该工作的施工设备型号、台数和耗用台时。

（5）其他有关资料和凭证。

计日工由承包人汇总后，列入最近一期进度付款申请单，由监理人审查并经发包人批准后列入进度付款。

（八）价格调整

1. 市场价格波动引起的调整

除专用合同条款另有约定外，市场价格波动超过合同当事人约定的范围，合同价格应当调整。具体调整方式详见本书中第二章第四节的“三、合同价款调整”中“（八）物价变化（市场价格波动）”的内容。

2. 法律变化引起的调整

基准日期后，法律变化导致承包人在合同履行过程中所需要的费用发生除“市场价格波动引起的调整”约定以外的增加时，由发包人承担由此增加的费用；减少时，应从合同价格中予以扣减。基准日期后，因法律变化造成工期延误时，工期应予以顺延。

因法律变化引起的合同价格和工期调整，合同当事人无法达成一致的，由总监理工程师按“商定或确定”的约定处理。

因承包人原因造成工期延误，在工期延误期间出现法律变化的，由此增加的费用和（或）延误的工期由承包人承担。

（九）验收和工程试车

1. 分部分项工程验收

分部分项工程质量应符合国家有关工程施工验收规范、标准及合同约定，承包人应按照施工组织设计的要求完成分部分项工程施工。

除专用合同条款另有约定外，分部分项工程经承包人自检合格并具备验收条件的，承包人应提前 48 小时通知监理人进行验收。监理人不能按时进行验收的，应在验收前 24 小时向承包人提交书面延期要求，但延期不能超过 48 小时。监理人未按时进行验收，也未提出延期要求的，承包人有权自行验收，监理人应认可验收结果。分部分项工程未经验收的，不得进入下一道工序施工。

分部分项工程的验收资料应当作为竣工资料的组成部分。

2. 竣工验收

(1)竣工验收条件。

工程具备以下条件的,承包人可以申请竣工验收:

①除发包人同意的甩项工作和缺陷修补工作外,合同范围内的全部工程以及有关工作,包括合同要求的试验、试运行以及检验均已完成,并符合合同要求。

②已按合同约定编制了甩项工作和缺陷修补工作清单以及相应的施工计划。

③已按合同约定的内容和份数备齐竣工资料。

(2)竣工验收程序。

除专用合同条款另有约定外,承包人申请竣工验收的,应当按照以下程序进行:

①承包人向监理人报送竣工验收申请报告,监理人应在收到竣工验收申请报告后14天内完成审查并报送发包人。监理人审查后认为尚不具备验收条件的,应通知承包人在竣工验收前承包人还需完成的工作内容,承包人应在完成监理人通知的全部工作内容后,再次提交竣工验收申请报告。

②监理人审查后认为已具备竣工验收条件的,应将竣工验收申请报告提交发包人,发包人应在收到经监理人审核的竣工验收申请报告后28天内审批完毕并组织监理人、承包人、设计人等相关单位完成竣工验收。

③竣工验收合格的,发包人应在验收合格后14天内向承包人签发工程接收证书。发包人无正当理由逾期不颁发工程接收证书的,自验收合格后第15天起视为已颁发工程接收证书。

④竣工验收不合格的,监理人应按照验收意见发出指示,要求承包人对不合格工程返工、修复或采取其他补救措施,由此增加的费用和(或)延误的工期由承包人承担。承包人在完成不合格工程的返工、修复或采取其他补救措施后,应重新提交竣工验收申请报告,并按本项约定的程序重新进行验收。

⑤工程未经验收或验收不合格,发包人擅自使用的,应在转移占有工程后7天内向承包人颁发工程接收证书;发包人无正当理由逾期不颁发工程接收证书的,自转移占有后第15天起视为已颁发工程接收证书。

除专用合同条款另有约定外,发包人不按照本项约定组织竣工验收、颁发工程接收证书的,每逾期一天,应以签约合同价为基数,按照中国人民银行发布的同期同类贷款基准利率支付违约金。

(3)竣工日期。

工程经竣工验收合格的,以承包人提交竣工验收申请报告之日为实际竣工日期,并在工程接收证书中载明;因发包人原因,未在监理人收到承包人提交的竣工验收申请报告42天内完成竣工验收,或完成竣工验收不予签发工程接收证书的,以提交竣工验收申请报告的日期为实际竣工日期;工程未经竣工验收,发包人擅自使用的,以转移占有工程之日为实际竣工日期。

(4)拒绝接收全部或部分工程。

对于竣工验收不合格的工程,承包人完成整改后,应当重新进行竣工验收,经重新组织验收仍不合格的且无法采取措施补救的，则发包人可以拒绝接收不合格工程，因不合格工程导致其他工程不能正常使用的，承包人应采取措施确保相关工程的正常使用，由此增加的费用和（或）延误的工期由承包人承担。

（5）移交、接收全部与部分工程。

除专用合同条款另有约定外，合同当事人应当在颁发工程接收证书后7天内完成工程的移交。

发包人无正当理由不接收工程的，发包人自应当接收工程之日起，承担工程照管、成品保护、保管等与工程有关的各项费用，合同当事人可以在专用合同条款中另行约定发包人逾期接收工程的违约责任。

承包人无正当理由不移交工程的，承包人应承担工程照管、成品保护、保管等与工程有关的各项费用，合同当事人可以在专用合同条款中另行约定承包人无正当理由不移交工程的违约责任。

3. 工程试车

（1）试车程序。

工程需要试车的，除专用合同条款另有约定外，试车内容应与承包人承包范围相一致，试车费用由承包人承担。工程试车应按如下程序进行：

①具备单机无负荷试车条件，承包人组织试车，并在试车前48小时书面通知监理人，通知中应载明试车内容、时间、地点。承包人准备试车记录，发包人根据承包人要求为试车提供必要条件。试车合格的，监理人在试车记录上签字。监理人在试车合格后不在试车记录上签字，自试车结束满24小时后视为监理人已经认可试车记录，承包人可继续施工或办理竣工验收手续。

监理人不能按时参加试车，应在试车前24小时以书面形式向承包人提出延期要求，但延期不能超过48小时，由此导致工期延误的，工期应予以顺延。监理人未能在前述期限内提出延期要求，又不参加试车的，视为认可试车记录。

②具备无负荷联动试车条件，发包人组织试车，并在试车前48小时以书面形式通知承包人。通知中应载明试车内容、时间、地点和对承包人的要求，承包人按要求做好准备工作。试车合格，合同当事人在试车记录上签字。承包人无正当理由不参加试车的，视为认可试车记录。

（2）试车中的责任。

因设计原因导致试车达不到验收要求，发包人应要求设计人修改设计，承包人按修改后的设计重新安装。发包人承担修改设计、拆除及重新安装的全部费用，工期相应顺延。因承包人原因导致试车达不到验收要求，承包人按监理人要求重新安装和试车，并承担重新安装和试车的费用，工期不予顺延。

因工程设备制造原因导致试车达不到验收要求的，由采购该工程设备的合同当事人负责重新购置或修理，承包人负责拆除和重新安装，由此增加的修理、重新购置、拆除及重新安装的费用及延误的工期由采购该工程设备的合同当事人承担。

(3)投料试车。

如需进行投料试车的,发包人应在工程竣工验收后组织投料试车。发包人要求在工程竣工验收前进行或需要承包人配合时,应征得承包人同意,并在专用合同条款中约定有关事项。

投料试车合格的,费用由发包人承担;因承包人原因造成投料试车不合格的,承包人应按照发包人要求进行整改,由此产生的整改费用由承包人承担;非因承包人原因导致投料试车不合格的,如发包人要求承包人进行整改的,由此产生的费用由发包人承担。

4. 提前交付单位工程的验收

(1)发包人需要在工程竣工前使用单位工程的,或承包人提出提前交付已经竣工的单位工程且经发包人同意的,可进行单位工程验收,验收的程序按照“竣工验收”的约定进行。

验收合格后,由监理人向承包人出具经发包人签认的单位工程接收证书。已签发单位工程接收证书的单位工程由发包人负责照管。单位工程的验收成果和结论作为整体工程竣工验收申请报告的附件。

(2)发包人要求在工程竣工前交付单位工程,由此导致承包人费用增加和(或)工期延误的,由发包人承担由此增加的费用和(或)延误的工期,并支付承包人合理的利润。

5. 施工期运行

(1)施工期运行是指合同工程尚未全部竣工,其中某项或某几项单位工程或工程设备安装已竣工,根据专用合同条款约定,需要投入施工期运行的,经发包人按“提前交付单位工程的验收”的约定验收合格,证明能确保安全后,才能在施工期投入运行。

(2)在施工期运行中发现工程或工程设备损坏或存在缺陷的,由承包人按“缺陷责任期”约定进行修复。

6. 竣工退场

(1)竣工退场。

颁发工程接收证书后,承包人应按以下要求对施工现场进行清理:

①施工现场内残留的垃圾已全部清除出场。

②临时工程已拆除,场地已进行清理、平整或复原。

③按合同约定应撤离的人员、承包人施工设备和剩余的材料,包括废弃的施工设备和材料,已按计划撤离施工现场。

④施工现场周边及其附近道路、河道的施工堆积物,已全部清理。

⑤施工现场其他场地清理工作已全部完成。

施工现场的竣工退场费用由承包人承担。承包人应在专用合同条款约定的期限内完成竣工退场,逾期未完成的,发包人有权出售或另行处理承包人遗留的物品,由此支出的费用由承包人承担,发包人出售承包人遗留物品所得款项在扣除必要费用后应返还承包人。

(2)地表还原。

承包人应按发包人要求恢复临时占地及清理场地,承包人未按发包人的要求恢复临时占地,或者场地清理未达到合同约定要求的,发包人有权委托其他人恢复或清理,所发生的费用由承包人承担。

（十）竣工结算

1. 竣工结算申请

除专用合同条款另有约定外，承包人应在工程竣工验收合格后 28 天内向发包人和监理人提交竣工结算申请单，并提交完整的结算资料，有关竣工结算申请单的资料清单和份数等要求由合同当事人在专用合同条款中约定。

除专用合同条款另有约定外，竣工结算申请单应包括下列内容：

(1)竣工结算合同价格。

(2)发包人已支付承包人的款项。

(3)应扣留的质量保证金，已缴纳履约保证金的或提供其他工程质量担保方式的除外。

(4)发包人应支付承包人的合同价款。

2. 竣工结算审核

(1)除专用合同条款另有约定外，监理人应在收到竣工结算申请单后 14 天内完成核查并报送发包人。发包人应在收到监理人提交的经审核的竣工结算申请单后 14 天内完成审批，并由监理人向承包人签发经发包人签认的竣工付款证书。监理人或发包人对竣工结算申请单有异议的，有权要求承包人进行修正和提供补充资料，承包人应提交修正后的竣工结算申请单。发包人在收到承包人提交竣工结算申请书后 28 天内未完成审批且未提出异议的，视为发包人认可承包人提交的竣工结算申请单，并自发包人收到承包人提交的竣工结算申请单后第 29 天起视为已签发竣工付款证书。

(2)除专用合同条款另有约定外，发包人应在签发竣工付款证书后的 14 天内，完成对承包人的竣工付款。发包人逾期支付的，按照中国人民银行发布的同期同类贷款基准利率支付违约金；逾期支付超过 56 天的，按照中国人民银行发布的同期同类贷款基准利率的两倍支付违约金。

(3)承包人对发包人签认的竣工付款证书有异议的，对于有异议部分应在收到发包人签认的竣工付款证书后 7 天内提出异议，并由合同当事人按照专用合同条款约定的方式和程序进行复核，或按照“争议解决”约定处理。对于无异议部分，发包人应签发临时竣工付款证书，并按第(2)条完成付款。承包人逾期未提出异议的，视为认可发包人的审批结果。

3. 甩项竣工协议

发包人要求甩项竣工的，合同当事人应签订甩项竣工协议。在甩项竣工协议中应明确，合同当事人按照“竣工结算申请”及“竣工结算审核”的约定，对已完合格工程进行结算，并支付相应合同价款。

4. 最终结清

(1)最终结清申请单。

①除专用合同条款另有约定外，承包人应在缺陷责任期终止证书颁发后 7 天内，按专用合同条款约定的份数向发包人提交最终结清申请单，并提供相关证明材料。除专用合同条款另有约定外，最终结清申请单应列明质量保证金、应扣除的质量保证金、缺陷责任期内发生的增减费用。

②发包人对最终结清申请单内容有异议的，有权要求承包人进行修正和提供补充资料，

承包人应向发包人提交修正后的最终结清申请单。

(2)最终结清证书和支付。

①除专用合同条款另有约定外,发包人应在收到承包人提交的最终结清申请单后14天内完成审批并向承包人颁发最终结清证书。发包人逾期未完成审批,又未提出修改意见的,视为发包人同意承包人提交的最终结清申请单,且自发包人收到承包人提交的最终结清申请单后15天起视为已颁发最终结清证书。

②除专用合同条款另有约定外,发包人应在颁发最终结清证书后7天内完成支付。发包人逾期支付的,按照中国人民银行发布的同期同类贷款基准利率支付违约金;逾期支付超过56天的,按照中国人民银行发布的同期同类贷款基准利率的两倍支付违约金。

③承包人对发包人颁发的最终结清证书有异议的,按"争议解决"的约定办理。

(十一)缺陷责任与保修

1. 工程保修的原则

在工程移交发包人后,因承包人原因产生的质量缺陷,承包人应承担质量缺陷责任和保修义务。缺陷责任期届满,承包人仍应按合同约定的工程各部位保修年限承担保修义务。

2. 缺陷责任期

(1)缺陷责任期的起算时间如表6-7所示。

表6-7 缺陷责任期的起算时间

不同情形	缺陷责任期的起算时间
一般情形	工程通过竣工验收之日
单位工程先于全部工程进行验收的	该单位工程验收合格之日
因承包人原因导致工程无法按时进行竣工验收的	实际通过竣工验收之日
因发包人原因导致工程无法按时进行竣工验收的	承包人提交竣工验收报告90天后
发包人未经竣工验收擅自使用工程的	工程转移占有之日

(2)缺陷责任期内的责任。

①缺陷责任期内,由承包人原因造成的缺陷,承包人应负责维修,并承担鉴定及维修费用。如承包人不维修也不承担费用,发包人可按合同约定从保证金或银行保函中扣除,费用超出保证金额的,发包人可按合同约定向承包人进行索赔。承包人维修并承担相应费用后,不免除对工程的损失赔偿责任。发包人有权要求承包人延长缺陷责任期,并应在原缺陷责任期届满前发出延长通知。但缺陷责任期(含延长部分)最长不能超过24个月。

②由他人原因造成的缺陷,发包人负责组织维修,承包人不承担费用,且发包人不得从保证金中扣除费用。

③任何一项缺陷或损坏修复后,经检查证明其影响了工程或工程设备的使用性能,承包人应重新进行合同约定的试验和试运行,试验和试运行的全部费用应由责任方承担。

(3)缺陷责任期届满。除专用合同条款另有约定外,承包人应于缺陷责任期届满后7天内向发包人发出缺陷责任期届满通知,发包人应在收到缺陷责任期满通知后14天内核实承包人是否履行缺陷修复义务，承包人未能履行缺陷修复义务的，发包人有权扣除相应金额的维修费用。发包人应在收到缺陷责任期届满通知后 14 天内，向承包人颁发缺陷责任期终止证书。

3. 质量保证金

经合同当事人协商一致扣留质量保证金的，应在专用合同条款中予以明确。在工程项目竣工前，承包人已经提供履约担保的，发包人不得同时预留工程质量保证金。

(1)承包人提供质量保证金的方式，如图 6-5 所示。

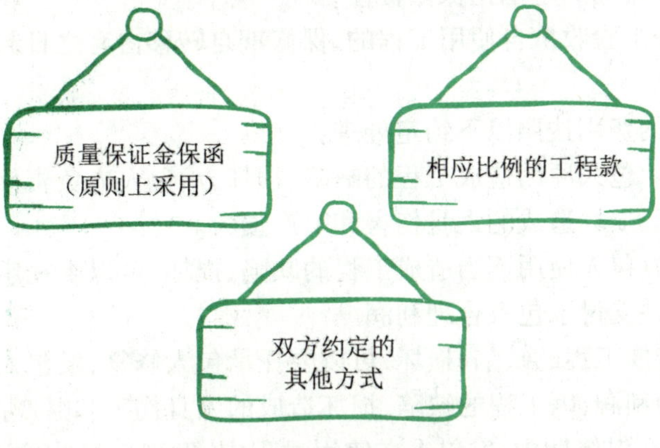

图 6-5 质量保证金的方式

(2)质量保证金的扣留。

质量保证金的扣留有下列三种方式：

①在支付工程进度款时逐次扣留，在此情形下，质量保证金的计算基数不包括预付款的支付、扣回以及价格调整的金额。

②工程竣工结算时一次性扣留质量保证金。

③双方约定的其他扣留方式。

除专用合同条款另有约定外，质量保证金的扣留原则上采用上述第①种方式。

发包人累计扣留的质量保证金不得超过工程价款结算总额的 3%。如承包人在发包人签发竣工付款证书后 28 天内提交质量保证金保函，发包人应同时退还扣留的作为质量保证金的工程价款；保函金额不得超过工程价款结算总额的 3%。

发包人在退还质量保证金的同时按照中国人民银行发布的同期同类贷款基准利率支付利息。

(3)质量保证金的退还。

①缺陷责任期内，承包人认真履行合同约定的责任，到期后，承包人可向发包人申请返还保证金。

②发包人在接到承包人返还保证金申请后，应于 14 天内会同承包人按照合同约定的内容进行核实。如无异议，发包人应当按照约定将保证金返还给承包人。对返还期限没有约定或者约定不明确的，发包人应当在核实后 14 天内将保证金返还承包人，逾期未返还的，依法承担违约责任。发包人在接到承包人返还保证金申请后 14 天内不予答复，经催告后14 天

内仍不予答复,视同认可承包人的返还保证金申请。

③发包人和承包人对保证金预留、返还以及工程维修质量、费用有争议的,按“争议解决”约定的争议和纠纷解决程序处理。

4. 保修

(1)保修责任。

①工程保修期从工程竣工验收合格之日起算,具体分部分项工程的保修期由合同当事人在专用合同条款中约定,但不得低于法定最低保修年限。在工程保修期内,承包人应当根据有关法律规定以及合同约定承担保修责任。

②发包人未经竣工验收擅自使用工程的,保修期自转移占有之日起算。

(2)修复费用。

保修期内,修复的费用按照以下约定处理:

①保修期内,因承包人原因造成工程的缺陷、损坏,承包人应负责修复,并承担修复的费用以及因工程的缺陷、损坏造成的人身伤害和财产损失。

②保修期内,因发包人使用不当造成工程的缺陷、损坏,可以委托承包人修复,但发包人应承担修复的费用,并支付承包人合理利润。

③因其他原因造成工程的缺陷、损坏,可以委托承包人修复,发包人应承担修复的费用,并支付承包人合理的利润,因工程的缺陷、损坏造成的人身伤害和财产损失由责任方承担。

(3)修复通知。在保修期内,发包人在使用过程中,发现已接收的工程存在缺陷或损坏的,应书面通知承包人予以修复,但情况紧急必须立即修复缺陷或损坏的,发包人可以口头通知承包人并在口头通知后48小时内书面确认,承包人应在专用合同条款约定的合理期限内到达工程现场并修复缺陷或损坏。

(4)未能修复。因承包人原因造成工程的缺陷或损坏,承包人拒绝维修或未能在合理期限内修复缺陷或损坏,且经发包人书面催告后仍未修复的,发包人有权自行修复或委托第三方修复,所需费用由承包人承担。但修复范围超出缺陷或损坏范围的,超出范围部分的修复费用由发包人承担。

(5)承包人出入权。在保修期内,为了修复缺陷或损坏,承包人有权出入工程现场,除情况紧急必须立即修复缺陷或损坏外,承包人应提前24小时通知发包人进场修复的时间。承包人进入工程现场前应获得发包人同意,且不应影响发包人正常的生产经营,并应遵守发包人有关保安和保密等规定。

(十二)违约

1. 发包人违约

(1)发包人违约的情形。

在合同履行过程中发生的下列情形,属于发包人违约:

①因发包人原因未能在计划开工日期前7天内下达开工通知的。

②因发包人原因未能按合同约定支付合同价款的。

③发包人违反“变更的范围”中“取消合同中任何工作,但转由他人实施的工作除外”的约定,自行实施被取消的工作或转由他人实施的。

④发包人提供的材料、工程设备的规格、数量或质量不符合合同约定，或因发包人原因导致交货日期延误或交货地点变更等情况的。

⑤因发包人违反合同约定造成暂停施工的。

⑥发包人无正当理由没有在约定期限内发出复工指示，导致承包人无法复工的。

⑦发包人明确表示或者以其行为表明不履行合同主要义务的。

⑧发包人未能按照合同约定履行其他义务的。

发包人发生除上述第⑦条以外的违约情况时，承包人可向发包人发出通知，要求发包人采取有效措施纠正违约行为。发包人收到承包人通知后28天内仍不纠正违约行为的，承包人有权暂停相应部位工程施工，并通知监理人。

(2)发包人违约的责任。

发包人应承担因其违约给承包人增加的费用和(或)延误的工期，并支付承包人合理的利润。此外，合同当事人可在专用合同条款中另行约定发包人违约责任的承担方式和计算方法。

(3)因发包人违约解除合同。

除专用合同条款另有约定外，承包人按"发包人违约的情形"约定暂停施工满28天后，发包人仍不纠正其违约行为并致使合同目的不能实现的，或出现"发包人违约的情形"第⑦条约定的违约情况，承包人有权解除合同，发包人应承担由此增加的费用，并支付承包人合理的利润。

(4)因发包人违约解除合同后的付款。

承包人按照约定解除合同的，发包人应在解除合同后28天内支付下列款项，并解除履约担保：

①合同解除前所完成工作的价款。

②承包人为工程施工订购并已付款的材料、工程设备和其他物品的价款。

③承包人撤离施工现场以及遣散承包人人员的款项。

④按照合同约定在合同解除前应支付的违约金。

⑤按照合同约定应当支付给承包人的其他款项。

⑥按照合同约定应退还的质量保证金。

⑦因解除合同给承包人造成的损失。

合同当事人未能就解除合同后的结清达成一致的，按照"争议解决"的约定处理。

承包人应妥善做好已完工程和与工程有关的已购材料、工程设备的保护和移交工作，并将施工设备和人员撤出施工现场，发包人应为承包人撤出提供必要条件。此外，合同当事人可在专用合同条款中另行约定发包人违约责任的承担方式和计算方法。

2. 承包人违约

(1)承包人违约的情形。

在合同履行过程中发生的下列情形，属于承包人违约：

①承包人违反合同约定进行转包或违法分包的。

②承包人违反合同约定采购和使用不合格的材料和工程设备的。

③因承包人原因导致工程质量不符合合同要求的。

④承包人违反“材料与设备专用要求”的约定，未经批准，私自将已按照合同约定进入施工现场的材料或设备撤离施工现场的。

⑤承包人未能按施工进度计划及时完成合同约定的工作，造成工期延误的。

⑥承包人在缺陷责任期及保修期内，未能在合理期限对工程缺陷进行修复，或拒绝按发包人要求进行修复的。

⑦承包人明确表示或者以其行为表明不履行合同主要义务的。

⑧承包人未能按照合同约定履行其他义务的。

承包人发生除上述第⑦条约定以外的其他违约情况时，监理人可向承包人发出整改通知，要求其在指定的期限内改正。

(2)承包人违约的责任。

承包人应承担因其违约行为而增加的费用和(或)延误的工期。此外，合同当事人可在专用合同条款中另行约定承包人违约责任的承担方式和计算方法。

(3)因承包人违约解除合同。

除专用合同条款另有约定外，出现“承包人违约的情形”第⑦条约定的违约情况时，或监理人发出整改通知后，承包人在指定的合理期限内仍不纠正违约行为并致使合同目的不能实现的，发包人有权解除合同。合同解除后，因继续完成工程的需要，发包人有权使用承包人在施工现场的材料、设备、临时工程、承包人文件和由承包人或以其名义编制的其他文件，合同当事人应在专用合同条款约定相应费用的承担方式。发包人继续使用的行为不免除或减轻承包人应承担的违约责任。

(4)因承包人违约解除合同后的处理。

因承包人原因导致合同解除的，则合同当事人应在合同解除后 28 天内完成估价、付款和清算，并按以下约定执行：

①合同解除后，按“商定或确定”商定或确定承包人实际完成工作对应的合同价款，以及承包人已提供的材料、工程设备、施工设备和临时工程等的价值。

②合同解除后，承包人应支付的违约金。

③合同解除后，因解除合同给发包人造成的损失。

④合同解除后，承包人应按照发包人要求和监理人的指示完成现场的清理和撤离。

⑤发包人和承包人应在合同解除后进行清算，出具最终结清付款证书，结清全部款项。

因承包人违约解除合同的，发包人有权暂停对承包人的付款，查清各项付款和已扣款项。发包人和承包人未能就合同解除后的清算和款项支付达成一致的，按照“争议解决”的约定处理。

(5)采购合同权益转让。

因承包人违约解除合同的，发包人有权要求承包人将其为实施合同而签订的材料和设备的采购合同的权益转让给发包人，承包人应在收到解除合同通知后 14 天内，协助发包人与采购合同的供应商达成相关的转让协议。

3. 第三人造成的违约

在履行合同过程中，一方当事人因第三人的原因造成违约的，应当向对方当事人承担违约责任。一方当事人和第三人之间的纠纷，依照法律规定或者按照约定解决。

（十三）不可抗力

1. 不可抗力的确认

不可抗力是指合同当事人在签订合同时不可预见，在合同履行过程中不可避免且不能克服的自然灾害和社会性突发事件，如地震、海啸、瘟疫、骚乱、戒严、暴动、战争和专用合同条款中约定的其他情形。

不可抗力发生后，发包人和承包人应收集证明不可抗力发生及不可抗力造成损失的证据，并及时认真统计所造成的损失。合同当事人对是否属于不可抗力或其损失的意见不一致的，由监理人按“商定或确定”约定处理。发生争议时，按“争议解决”的约定处理。

2. 不可抗力的通知

合同一方当事人遇到不可抗力事件，使其履行合同义务受到阻碍时，应立即通知合同另一方当事人和监理人，书面说明不可抗力和受阻碍的详细情况，并提供必要的证明。

不可抗力持续发生的，合同一方当事人应及时向合同另一方当事人和监理人提交中间报告，说明不可抗力和履行合同受阻的情况，并于不可抗力事件结束后28天内提交最终报告及有关资料。

3. 不可抗力后果的承担

不可抗力引起的后果及造成的损失由合同当事人按照法律规定及合同约定各自承担。不可抗力发生前已完成的工程应当按照合同约定进行计量支付。

不可抗力导致的人员伤亡、财产损失、费用增加和（或）工期延误等后果，由合同当事人按以下原则承担，如图6-6所示。

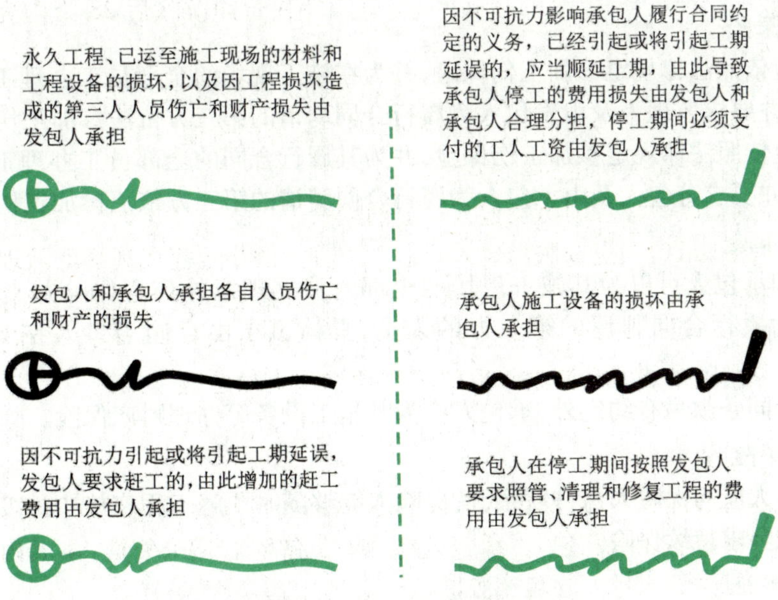

图6-6　不可抗力后果的承担

不可抗力发生后，合同当事人均应采取措施尽量避免和减少损失的扩大，任何一方当事人没有采取有效措施导致损失扩大的,应对扩大的损失承担责任。

因合同一方迟延履行合同义务,在迟延履行期间遭遇不可抗力的,不免除其违约责任。

4. 因不可抗力解除合同

因不可抗力导致合同无法履行连续超过84天或累计超过140天的,发包人和承包人均有权解除合同。合同解除后,由双方当事人按照“商定或确定”商定或确定发包人应支付的款项,该款项包括:

(1)合同解除前承包人已完成工作的价款。

(2)承包人为工程订购的并已交付给承包人,或承包人有责任接受交付的材料、工程设备和其他物品的价款。

(3)发包人要求承包人退货或解除订货合同而产生的费用,或因不能退货或解除合同而产生的损失。

(4)承包人撤离施工现场以及遣散承包人人员的费用。

(5)按照合同约定在合同解除前应支付给承包人的其他款项。

(6)扣减承包人按照合同约定应向发包人支付的款项。

(7)双方商定或确定的其他款项。

除专用合同条款另有约定外,合同解除后,发包人应在商定或确定上述款项后28天内完成上述款项的支付。

(十四)保险

1. 工程保险

除专用合同条款另有约定外,发包人应投保建筑工程一切险或安装工程一切险;发包人委托承包人投保的,因投保产生的保险费和其他相关费用由发包人承担。

2. 工伤保险

发包人应依照法律规定参加工伤保险,并为在施工现场的全部员工办理工伤保险,缴纳工伤保险费,并要求监理人及由发包人为履行合同聘请的第三方依法参加工伤保险。

承包人应依照法律规定参加工伤保险,并为其履行合同的全部员工办理工伤保险,缴纳工伤保险费,并要求分包人及由承包人为履行合同聘请的第三方依法参加工伤保险。

3. 其他保险

发包人和承包人可以为其施工现场的全部人员办理意外伤害保险并支付保险费,包括其员工及为履行合同聘请的第三方的人员,具体事项由合同当事人在专用合同条款约定。

除专用合同条款另有约定外,承包人应为其施工设备等办理财产保险。

4. 持续保险

合同当事人应与保险人保持联系,使保险人能够随时了解工程实施中的变动,并确保按保险合同条款要求持续保险。

5. 保险凭证

合同当事人应及时向另一方当事人提交其已投保的各项保险的凭证和保险单复印件。

（十五）索赔

1. 承包人的索赔

（1）承包人的索赔要求，如表 6-8 所示。

表 6-8　承包人的索赔要求

程序	具体要求
提交索赔意向通知书	承包人应在知道或应当知道索赔事件发生后 28 天内，向监理人递交索赔意向通知书，并说明发生索赔事件的事由
	承包人未在上述 28 天内发出索赔意向通知书的，丧失要求追加付款和（或）延长工期的权利
正式递交索赔报告	承包人应在发出索赔意向通知书后 28 天内，向监理人正式递交索赔报告
	索赔报告应详细说明索赔理由以及要求追加的付款金额和（或）延长的工期，并附必要的记录和证明材料
递交延续索赔通知	索赔事件具有持续影响的，承包人应按合理时间间隔继续递交延续索赔通知，说明持续影响的实际情况和记录，列出累计的追加付款金额和（或）工期延长天数
递交最终索赔报告	在索赔事件影响结束后 28 天内，承包人应向监理人递交最终索赔报告，说明最终要求索赔的追加付款金额和（或）延长的工期，并附必要的记录和证明材料

典型例题

【单选题】根据《建设工程施工合同（示范文本）》，承包人应在发出索赔意向通知书后（　　）天内向监理人正式递交索赔报告。

A. 7　　　　B. 14

C. 21　　　　D. 28

D。**【解析】**承包人应在发出索赔意向通知书后 28 天内向监理人正式递交索赔报告。

（2）对承包人索赔的处理。

监理人应在收到索赔报告后 14 天内完成审查并报送发包人。监理人对索赔报告存在异议的，有权要求承包人提交全部原始记录副本。

发包人应在监理人收到索赔报告或有关索赔的进一步证明材料后的 28 天内，由监理人向承包人出具经发包人签认的索赔处理结果。发包人逾期答复的，则视为认可承包人的索赔要求。

承包人接受索赔处理结果的，索赔款项在当期进度款中进行支付；承包人不接受索赔处理结果的，按照“争议解决”约定处理。

2. 发包人的索赔

根据合同约定，发包人认为有权得到赔付金额和（或）延长缺陷责任期的，监理人应向承包人发出通知并附有详细的证明。

发包人应在知道或应当知道索赔事件发生后 28 天内通过监理人向承包人提出索赔意向通知书，发包人未在前述 28 天内发出索赔意向通知书的，丧失要求赔付金额和（或）延长缺陷责任期的权利。发包人应在发出索赔意向通知书后28天内,通过监理人向承包人正式递交索赔报告。

3. 提出索赔的期限

(1)承包人按"竣工结算审核"约定接收竣工付款证书后,应被视为已无权再提出在工程接收证书颁发前所发生的任何索赔。

(2)承包人按"最终结清"提交的最终结清申请单中,只限于提出工程接收证书颁发后发生的索赔。提出索赔的期限自接受最终结清证书时终止。

(十六)争议解决

1. 和解

合同当事人可以就争议自行和解,自行和解达成协议的经双方签字并盖章后作为合同补充文件,双方均应遵照执行。

2. 调解

合同当事人可以就争议请求建设行政主管部门、行业协会或其他第三方进行调解,调解达成协议的,经双方签字并盖章后作为合同补充文件,双方均应遵照执行。

3. 争议评审

合同当事人在专用合同条款中约定采取争议评审方式解决争议以及评审规则,并按下列约定执行。

(1)争议评审小组的确定。

合同当事人可以共同选择一名或三名争议评审员,组成争议评审小组。除专用合同条款另有约定外,合同当事人应当自合同签订后28天内,或者争议发生后14天内,选定争议评审员。

选择一名争议评审员的,由合同当事人共同确定;选择三名争议评审员的,各自选定一名,第三名成员为首席争议评审员,由合同当事人共同确定或由合同当事人委托已选定的争议评审员共同确定,或由专用合同条款约定的评审机构指定第三名首席争议评审员。

除专用合同条款另有约定外,评审员报酬由发包人和承包人各承担一半。

(2)争议评审小组的决定。

合同当事人可在任何时间将与合同有关的任何争议共同提请争议评审小组进行评审。争议评审小组应秉持客观、公正原则,充分听取合同当事人的意见,依据相关法律、规范、标准、案例经验及商业惯例等,自收到争议评审申请报告后14天内作出书面决定,并说明理由。合同当事人可以在专用合同条款中对本项事项另行约定。

(3)争议评审小组决定的效力。

争议评审小组作出的书面决定经合同当事人签字确认后,对双方具有约束力,双方应遵照执行。

任何一方当事人不接受争议评审小组决定或不履行争议评审小组决定的,双方可选择采用其他争议解决方式。

(4)仲裁或诉讼。

因合同及合同有关事项产生的争议,合同当事人可以在专用合同条款中约定以下一种方式解决争议:

①向约定的仲裁委员会申请仲裁。

②向有管辖权的人民法院起诉。

(5)争议解决条款效力。

合同有关争议解决的条款独立存在,合同的变更、解除、终止、无效或者被撤销均不影响其效力。

二、《建设工程施工专业分包合同（示范文本）》中的相关内容

（一）双方一般权利和义务

1.总包合同

(1)分包人对总包合同的了解。承包人应提供总包合同(有关总包工程的价格及支付内容除外)供分包人查阅。当分包人要求时,承包人应向分包人提供一份总包合同(有关总包工程的价格及支付内容除外)的副本或复印件。分包人应全面了解总包合同的各项规定(有关总包工程的价格及支付内容除外)。

(2)分包人对有关分包工程的责任。除合同条款另有约定,分包人应履行并承担总包合同中与分包工程有关的承包人的所有义务与责任,同时应避免因分包人自身行为或疏漏造成承包人违反总包合同中约定的承包人义务的情况发生。

(3)分包人与发包人的关系。分包人须服从承包人转发的发包人或工程师(监理人,下同)与分包工程有关的指令。未经承包人允许,分包人不得以任何理由与发包人或工程师发生直接工作联系,分包人不得直接致函发包人或工程师,也不得直接接受发包人或工程师的指令。如分包人与发包人或工程师发生直接工作联系,将被视为违约,并承担违约责任。

专家解读

分包合同中,相关参与方不得越级,他们的相互关系应为:分包方↔总承包方(承包人)↔监理人(工程师)↔发包人(业主或建设单位)↔设计方。

2.指令和决定

(1)承包人指令。就分包工程范围内的有关工作,承包人随时可以向分包人发出指令,分包人应执行承包人根据分包合同所发出的所有指令,承包人指令违反法律或强制性标准的除外。分包人拒不执行指令,承包人可委托其他施工单位完成该指令事项,发生的费用从应付给分包人的相应款项中扣除。

(2)发包人或工程师指令。就分包工程范围内的有关工作,分包人应执行经承包人确认和转发的发包人或工程师发出的所有指令和决定。

3.项目经理和分包项目经理

项目经理的姓名、职称在本合同专用条款内写明。承包人所发出的指令、通知,由项目经理(或其授权人)签字后,以书面形式交给分包人,分包项目经理在回执上签署自己的姓名及收到时间后生效。

分包项目经理的姓名、职称在本合同专用条款内写明。分包项目经理按项目经理批准的施工组织设计(或施工方案)和依据分包合同发出的指令组织施工。

4. 承包人的工作

承包人应按合同专用条款约定的内容和时间，一次或分阶段完成下列工作（见图 6-7）。

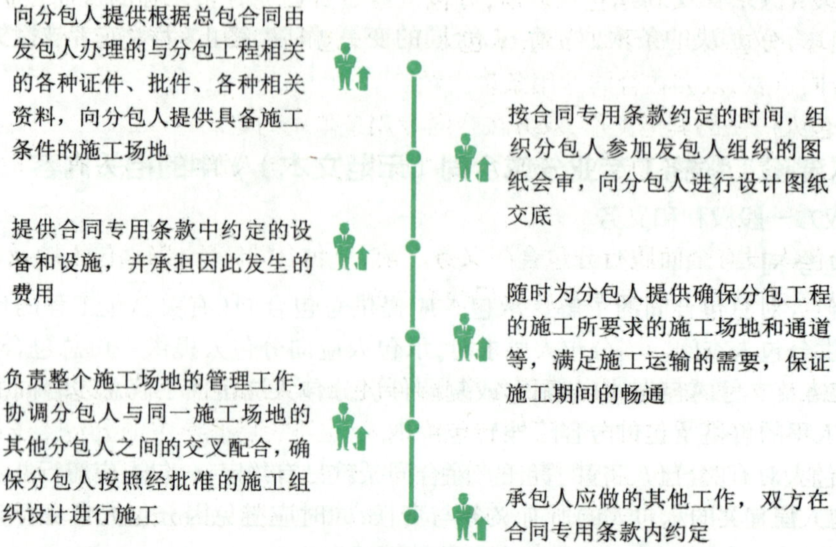

图 6-7　承包人的工作内容

专家解读

承包人的工作主要是提供施工条件、组织协调。

5. 分包人的工作

分包人应按合同专用条款约定的内容和时间，完成下列工作：

(1)分包人应按照分包合同的约定，对分包工程进行设计（分包合同有约定时）、施工、竣工和保修。分包人在审阅分包合同和（或）总包合同时，或在分包合同的施工中，如发现分包工程的设计或工程建设标准、技术要求存在错误、遗漏、失误或其他缺陷，应立即通知承包人。

(2)按照合同专用条款约定的时间，完成规定的设计内容，报承包人确认后在分包工程中使用。承包人承担由此发生的费用。

(3)在合同专用条款约定的时间内，向承包人提供年、季、月度工程进度计划及相应进度统计报表。分包人不能按承包人批准的进度计划施工时，应根据承包人的要求提交一份修订的进度计划，以保证分包工程如期竣工。

(4)分包人应在专用条款约定的时间内，向承包人提交一份详细施工组织设计，承包人应在专用条款约定的时间内批准，分包人方可执行。

(5)遵守政府有关主管部门对施工场地交通、施工噪音以及环境保护和安全文明生产等的管理规定，按规定办理有关手续，并以书面形式通知承包人，承包人承担由此发生的费用，因分包人责任造成的罚款除外。

(6)分包人应允许承包人、发包人、工程师及其三方中任何一方授权的人员在工作时间内,合理进入分包工程施工场地或材料存放的地点,以及施工场地以外与分包合同有关的分包人的任何工作或准备的地点,分包人应提供方便。

(7)已竣工工程未交付承包人之前,分包人应负责已完分包工程的成品保护工作,保护期间发生损坏,分包人自费予以修复;承包人要求分包人采取特殊措施保护的工程部位和相应的追加合同价款,双方在合同专用条款内约定。

(8)分包人应做的其他工作,双方在合同专用条款内约定。

分包人未履行上述各项义务,造成承包人损失的,分包人赔偿承包人有关损失。

6. 总包合同解除

如在分包人没有全面履行分包合同义务之前,总包合同解除,则承包人应及时通知分包人解除分包合同,分包人接到通知后应尽快撤离现场。

7. 转包与再分包

除分包人经承包人同意可以将劳务作业再分包给具有相应劳务分包资质的劳务分包企业外,分包人不得将其承包的分包工程转包给他人,也不得将其承包的分包工程的全部或部分再分包给他人。如分包人将其承包的分包工程转包或再分包,将被视为违约,并承担违约责任。分包人应对再分包的劳务作业的质量等相关事宜进行督促和检查,并承担相关连带责任。

(二)工期延误

因下列原因之一造成分包工程工期延误,经项目经理确认,工期相应顺延:

(1)承包人根据总包合同从工程师处获得与分包合同相关的竣工时间延长;

(2)承包人未按合同专用条款的约定提供图纸、开工条件、设备设施、施工场地;

(3)承包人未按约定日期支付工程预付款、进度款,致使分包工程施工不能正常进行;

(4)项目经理未按分包合同约定提供所需的指令、批准或所发出的指令错误,致使分包工程施工不能正常进行;

(5)非分包人原因的分包工程范围内的工程变更及工程量增加;

(6)不可抗力的原因;

(7)合同专用条款中约定的或项目经理同意工期顺延的其他情况。

分包合同履行过程中,因承包人原因造成工期延误的,由承包人承担延误的工期和(或)增加的费用,并向分包人支付合理的利润。

因分包人原因造成工期延误的,分包人应按照专用合同条款的约定承担逾期完工的违约责任。分包人支付逾期完工违约金后,不免除或减轻分包人继续完成工程及修补缺陷的义务。

(三)安全施工

分包人应遵守工程建设安全生产有关管理规定,严格按照安全标准组织施工,承担由于自身安全措施不力造成事故的责任和因此发生的费用。

在施工场地涉及危险地区或需要安全防护措施施工时,分包人应提出安全防护措施,经承包人批准后实施,发生的相应费用由承包人承担。

（四）合同价款与支付

1. 合同价款及调整

分包工程合同价款在合同协议书内约定后，任何一方不得擅自改变。下列三种确定合同价款的方式，双方可在合同专用条款内约定采用其中一种（应与总包合同约定的方式一致）：

（1）固定价格。双方在合同专用条款内约定合同价款包含的风险范围和风险费用的计算方法，在约定的风险范围内合同价款不再调整。风险范围以外的合同价款调整方法，应当在专用条款内约定。

（2）可调价格。合同价款可根据双方的约定而调整，双方在合同专用条款内约定合同价款调整方法。

（3）成本加酬金。合同价款包括成本和酬金两部分，双方在合同专用条款内约定成本构成和酬金的计算方法。

可调价格计价方式中合同价款的调整因素包括：

（1）法律、行政法规和国家有关政策变化影响合同价款。

（2）工程造价管理部门公布的价格调整。

（3）一周内非分包人原因停水、停电、停气造成停工累计超过 8 小时。

（4）双方约定的其他因素。

分包合同价款与总包合同相应部分价款无任何连带关系。

2. 工程量的确认

分包人应按合同专用条款约定的时间向承包人提交已完工程量报告，承包人接到报告后 7 天内自行按设计图纸计量或报经工程师计量。

分包人未按合同专用条款约定的时间向承包人提交已完工程量报告，或其所提交的报告不符合承包人要求且未做整改的，承包人不予计量。

对分包人自行超出设计图纸范围和因分包人原因造成返工的工程量，承包人不予计量。

3. 合同价款的支付

实行工程预付款的，双方应在合同专用条款内约定承包人向分包人预付工程款的时间和数额，开工后按约定的时间和比例逐次扣回。

在确认计量结果后 10 天内，承包人应按专用条款约定的时间和方式，向分包人支付工程款（进度款）。按约定时间承包人应扣回的预付款，与工程款（进度款）同期结算。

分包合同约定的工程变更调整的合同价款、合同价款的调整、索赔的价款或费用以及其他约定的追加合同价款，应与工程进度款同期调整支付。

承包人超过约定的支付时间不支付工程款（预付款、进度款），分包人可向承包人发出要求付款的通知。

承包人不按分包合同约定支付工程款（预付款、进度款），导致施工无法进行，分包人可停止施工，由承包人承担违约责任。

4. 竣工结算

分包工程竣工验收报告经承包人认可后 14 天内，分包人向承包人递交分包工程竣工结算报告及完整的结算资料，双方按照合同协议书约定的合同价款及合同专用条款约定的合同价款调整内容，进行工程竣工结算。

承包人收到分包工程竣工结算报告及结算资料后28天内无正当理由不支付工程竣工结算价款，从第29天起按分包人同期向银行贷款利率支付拖欠工程价款的利息，并承担违约责任。

三、《建设工程施工劳务分包合同（示范文本）》中的相关内容

（一）工程承包人义务

工程承包人义务，如图6-8所示。

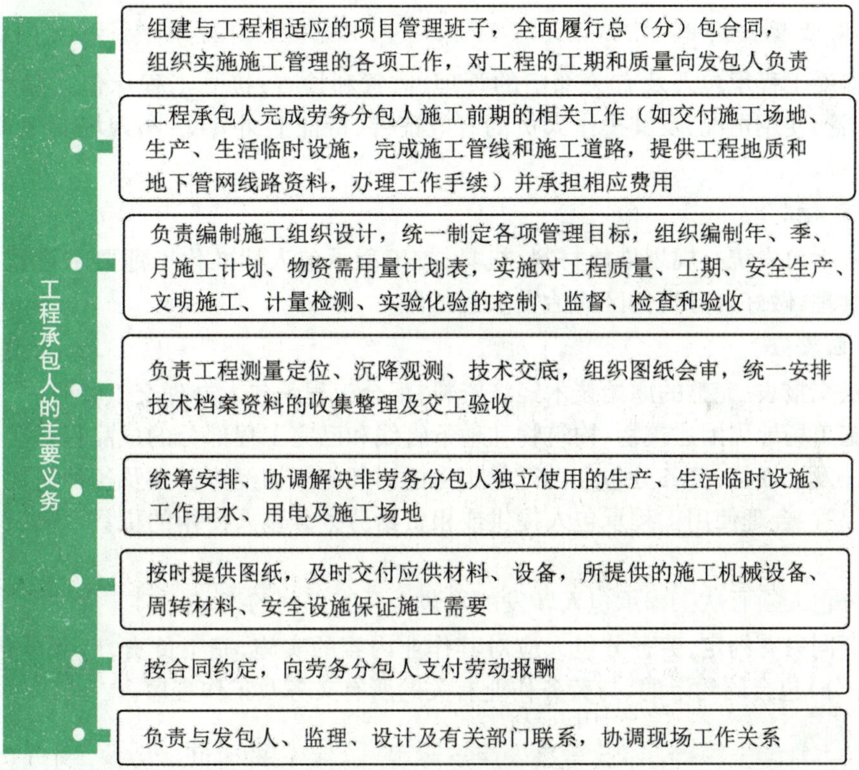

图6-8 工程承包人的主要义务

（二）劳务分包人义务

1. 保证工程质量

对合同劳务分包范围内的工程质量向工程承包人负责，组织具有相应资格证书的熟练工人投入工作；未经工程承包人授权或允许，不得擅自与发包人及有关部门建立工作联系；自觉遵守法律法规及有关规章制度。

2. 提交施工计划

劳务分包人根据施工组织设计总进度计划的要求，按约定时间提交下月施工计划，有阶段工期要求的提交阶段施工计划，必要时按工程承包人要求提交旬、周施工计划，以及与完

成上述阶段、时段施工计划相应的劳动力安排计划，经工程承包人批准后严格实施。

3. 组织施工

严格按照设计图纸、施工验收规范、有关技术要求及施工组织设计精心组织施工，确保工程质量达到约定的标准。

科学安排作业计划，投入足够的人力、物力，保证工期。

加强安全教育，认真执行安全技术规范，严格遵守安全制度，落实安全措施，确保施工安全。

加强现场管理，严格执行建设主管部门及生态环境、消防、环卫等有关部门对施工现场的管理规定，做到文明施工。

承担由于自身责任造成的质量修改、返工、工期拖延、安全事故、现场脏乱造成的损失及各种罚款。

4. 接受监督、检查

自觉接受工程承包人及有关部门的管理、监督和检查；接受工程承包人随时检查其设备、材料保管、使用情况，及其操作人员的有效证件、持证上岗情况；与现场其他单位协调配合，照顾全局。

5. 设置标牌

按工程承包人统一规划堆放材料、机具，按工程承包人标准化工地要求设置标牌，搞好生活区的管理，做好自身责任区的治安保卫工作。

6. 其他义务

按时提交报表、完整的原始技术经济资料，配合工程承包人办理交工验收。

做好施工场地周围建筑物、构筑物和地下管线和已完工程部分的成品保护工作，因劳务分包人责任发生损坏，劳务分包人自行承担由此引起的一切经济损失及各种罚款。

妥善保管、合理使用工程承包人提供或租赁给劳务分包人使用的机具、周转材料及其他设施。

劳务分包人须服从工程承包人转发的发包人及工程师的指令。

除非合同另有约定，劳务分包人应对其作业内容的实施、完工负责，劳务分包人应承担并履行总(分)包合同约定的、与劳务作业有关的所有义务及工作程序。

典型例题

【单选题】根据《建设工程施工劳务分包合同(示范文本)》，下列合同规定的相关义务中，属于劳务分包人义务的是(　　)。

A. 组建项目管理班子　　B. 投入人力和物力，科学安排作业计划

C. 负责编制施工组织设计　　D. 负责工程测量定位和沉降观测

B。【解析】劳务分包人应科学安排作业计划，投入足够的人力、物力，保证工期。故选项 B 正确。

(三) 安全施工与检查

劳务分包人应遵守工程建设安全生产有关管理规定，严格按安全标准进行施工，并随时接受行业安全检查人员依法实施的监督检查，采取必要的安全防护措施，消除事故隐患。由

于劳务分包人安全措施不力造成事故的责任和因此而发生的费用,由劳务分包人承担。

工程承包人应对其在施工场地的工作人员进行安全教育,并对他们的安全负责。工程承包人不得要求劳务分包人违反安全管理的规定进行施工。因工程承包人原因导致的安全事故,由工程承包人承担相应责任及发生的费用。

(四)保险

保险的具体要求,如图 6-9 所示。

- **相关人员生命财产保险办理**

  劳务分包人施工开始前，工程承包人应获得发包人为施工场地内的自有人员及第三人人员生命财产办理的保险，且不需劳务分包人支付保险费用

- **材料、待安装设备保险办理**

  运至施工场地用于劳务施工的材料和待安装设备，由工程承包人办理或获得保险，且不需劳务分包人支付保险费用

- **施工机械设备保险办理**

  工程承包人必须为租赁或提供给劳务分包人使用的施工机械设备办理保险，并支付保险费用

- **意外伤害保险办理**

  劳务分包人必须为从事危险作业的职工办理意外伤害保险，并为施工场地内自有人员生命财产和施工机械设备办理保险，支付保险费用

- **保险事故**

  保险事故发生时，劳务分包人和工程承包人有责任采取必要的措施，防止或减少损失

图 6-9　保险的具体要求

(五)材料、设备供应

劳务分包人应妥善保管、合理使用工程承包人供应的材料、设备。因保管不善发生丢失、损坏,劳务分包人应赔偿,并承担因此造成的工期延误等发生的一切经济损失。

(六)劳务报酬

工程的劳务报酬采用下列任何一种方式计算:

(1)固定劳务报酬(含管理费)。

(2)约定不同工种劳务的计时单价(含管理费),按确认的工时计算。

(3)约定不同工作成果的计件单价(含管理费),按确认的工程量计算。

固定劳务报酬,除下述规定的情况外,均为一次包死,不再调整。在下列情况下,固定劳务报酬或单价可以调整:

(1)以合同约定价格为基准,市场人工价格的变化幅度超过约定比例时,按变化前后价格的差额予以调整。

(2)后续法律及政策变化,导致劳务价格变化的,按变化前后价格的差额予以调整。

(3)双方约定的其他情形。

(七)工时及工程量的确认

采用固定劳务报酬方式的,施工过程中不计算工时和工程量。

采用按确定的工时计算劳务报酬的,由劳务分包人每日将提供劳务人数报工程承包人,由工程承包人确认。

采用按确认的工程量计算劳务报酬的,由劳务分包人按月(或旬、日)将完成的工程量报工程承包人,由工程承包人确认。对劳务分包人未经工程承包人认可,超出设计图纸范围和因劳务分包人原因造成返工的工程量,工程承包人不予计量。

(八)劳务报酬的中间支付

采用固定劳务报酬方式支付劳务报酬的,劳务分包人与工程承包人约定按下列方法支付:

(1)合同生效即支付预付款。

(2)中间支付,约定支付的时间和金额。

采用计时单价或计件单价方式支付劳务报酬的,劳务分包人与工程承包人双方约定支付方法。

合同确定调整的劳务报酬、工程变更调整的劳务报酬及其他条款中约定的追加劳务报酬,应与上述劳务报酬同期调整支付。

(九)施工验收

全部工程竣工(包括劳务分包人完成工作在内)一经发包人验收合格,劳务分包人对其分包的劳务作业的施工质量不再承担责任,在质量保修期内的质量保修责任由工程承包人承担。

(十)劳务报酬最终支付

全部工作完成,经工程承包人认可后 14 天内,劳务分包人向工程承包人递交完整的结算资料,双方按照合同约定的计价方式,进行劳务报酬的最终支付。

工程承包人收到劳务分包人递交的结算资料后 14 天内进行核实,给予确认或者提出修改意见。工程承包人确认结算资料后 14 天内向劳务分包人支付劳务报酬尾款。

劳务分包人和工程承包人对劳务报酬结算价款发生争议时,按合同关于争议的约定处理。

(十一)争议

工程承包人和劳务分包人在履行合同时发生争议,可以自行和解或要求有关主管部门调解,任何一方不愿和解、调解或和解、调解不成的,双方约定采用下列其中一种方式解决争议:双方达成仲裁协议,向约定仲裁委员会申请仲裁;向有管辖权的人民法院起诉。

四、建设工程物资采购合同

(一)建设工程物资采购合同的概念

建设工程物资采购合同是指具有平等主体的自然人、法人、其他组织之间为实现建设工程物资买卖，设立、变更、终止相互权利义务关系的协议。按照协议，出卖人(简称卖方)转移建设工程物资的所有权于买受人(简称买方)，买受人接受该项建设工程物资并支付价款。

(二)建设工程物资采购合同的分类

1.材料采购合同

(1)材料采购合同的订立方式。公开招标；邀请招标；询价、报价、签订合同；直接订购。

(2)材料采购合同的主要条款。

①双方当事人的名称、地址，法定代表人的姓名；委托代订合同的，应有授权委托书并注明委托代理人的姓名、职务等。

②合同标的。主要包括所采购材料的名称、规格、型号、品种等。

③技术标准和质量要求。标的物的质量应符合国家或行业的相关技术标准，达到要求的质量标准。约定质量标准的一般原则有：按国家标准执行；无国家标准时，按行业标准执行；无国家标准和行业标准时，按企业标准执行；无上述标准，按合同约定执行。

典型例题

【多选题】建筑材料采购合同中，约定质量标准的一般原则有(　　)。

A.按颁布的国家标准执行

B.没有任何标准的，按第三方提供标准执行

C.没有国家标准而有标准的，按行业标准执行

D.没有国家标准和行业标准的，按企业标准执行

E.对于采购方有特殊要求的，按合同中约定技术条件、样品或补充的要求执行

ACDE。【解析】约定质量标准的一般原则有选项A,C,D,E。

④材料数量及计量方法。合同中应该明确所采用的计量方法及计量单位。要按照国家或主管部门的规定执行，或者按照供需双方商定的方法执行。对于某些建筑材料，还应在合同中写明交货数量的正负尾数差、合理磅差和运输途中的自然损耗的规定及计算方法。

⑤材料的包装及装卸费。若卖方负责送货，卖方应负责对材料采用相应标准的保护措施进行包装，因包装或防护措施不当引起材料损坏、灭失的一切责任均应由卖方承担；若买方提货，卖方应按国家相关标准对材料进行包装，应告知买方材料在运输过程中的注意事项。包装物一般由卖方负责提供，且一般不另外向买方收取费用。包装物回收的方式可以采用押金回收或折价回收。材料的装卸费用一般由卖方承担。

⑥材料的交付方式、时间、地点。合同中应明确材料的交付方式、时间、地点，一般先确定交付方式，再确定交付时间和地点。材料交货期限的确定方式为：由买方提货的材料→合同约定的提货日期；由卖方负责送货的材料→买方收货戳记日期；由承运单位送货、运输的材料→承运单位签发日期。

专家解读

交货期限在历年考试中考查频率较高，应着重掌握，一定先确定材料的交付方式，再确定交货期限。

典型例题

【单选题】由采购方负责提货的建筑材料，其交货期限应以（　　）为准。

A. 采购方收货戳记的日期

B. 采购方向承运单位提出申请的日期

C. 供货方发运产品时承运单位签发的日期

D. 供货方按照合同规定通知的提货日期

D。【解析】由采购方（买方）负责提货的建筑材料，其交货期限应以供货方（卖方）按照合同约定的提货日期为准。

⑦材料的价格。合同中应约定材料的价格确定方式，一般材料的价格确定方式为：有国家定价的→执行国家定价；不属于国家定价的→由供需双方协商确定；应由国家定价，但尚无定价的→报请物价主管部门批准。

⑧材料的验收。材料交货时，买方应根据验收标准（证件齐全、质量符合标准等）和验收时间对材料进行验收。材料验收的方式有提运验收、接运验收、驻厂验收和入库验收等。

⑨货款支付。合同中应明确材料货款结算的方式、时间。结算的方式可以采用现金支付（材料数量较少、金额较小的合同）和转账结算（同城、同区、异地均可）。

⑩违约责任。合同中应约定双方违约情形及违约的责任，如采用违约金、赔偿金和各种经济损失补偿等。

⑪特殊条款。合同中双方当事人有特殊要求的，可以在合同中协商约定特殊条款。

⑫争议的解决方式。合同履行中双方当事人发生争议时，应采取相关解决方式。

（3）材料采购合同的履行。

①按约定的标的履行。

②按合同规定的期限、地点交付货物。

③按合同规定的数量和质量交付货物。

④买方的相关义务。

⑤违约应承担的责任等。

2. 设备采购合同

（1）设备供应方式。委托承包；按设备包干；招标投标。

（2）设备采购合同的主要条款。

①设备采购合同中应包含定义、技术规范、专利权、包装要求、装运条件及通知、保险、支付、质量保证、检验与保修、违约罚款、不可抗力、履约保证金、争议解决、破产终止合同、转让或分包及其他内容。

②设备采购合同通常采用的计价方式是固定总价合同。在设备价款支付过程中，一般分三次进行，即在设备制造前，先预付10%；按约定时间交货时，支付80%；最后10%作为设备保证金，在最终验收证书签发后支付。

（三）建设工程物资采购合同的特点

建设工程物资采购合同属于买卖合同，主要有以下特点：

（1）当事人双方订立的物资采购合同的目的是转移财产所有权。

(2)采购人必须支付相应的价款以取得合同约定的建筑材料和设备。

(3)物资采购合同是双务、有偿合同。双方互负一定义务,供货人应当保质、保量、按期交付合同订购的物资、设备,采购人应当按合同约定的条件接收货物并及时支付货款。

(4)具有买卖合同的一般特点。买卖合同是诺成合同,除了法律有特殊规定的情况外,当事人在合同上签字盖章合同即成立,并不以实物的交付为合同成立的条件。

第三节　施工合同计价方式

一、施工合同最典型计价方式

不同种类的合同,有不同的应用条件、不同的权利和责任分配、不同的付款方式,对合同双方有不同的风险,因此应按照具体情况选择合同类型。在一份工程承包合同中,可以在不同工程分项中采用不同的计价方式。最典型的合同类型有单价合同、总价合同、工程成本加酬金合同。

根据《建设工程工程量清单计价规范》,不同工程特点应采用的合同形式:

(1)实行工程量清单计价的工程应采用单价合同方式。即合同约定的工程价款中包含的工程量清单项目综合单价在约定条件内是固定的,不予调整,工程量允许调整。工程量清单项目综合单价在约定的条件外,允许调整。调整方式、方法应在合同中约定。

(2)建设规模较小、技术难度较低、施工工期较短,并且施工图设计审查已经完备的工程,可以采用总价合同。采用总价合同,除工程变更外,其工程量不予调整。

(3)紧急抢险、救灾以及施工技术特别复杂的建设工程可以采用成本加酬金合同。

(一)单价合同

单价合同是指合同当事人约定以工程量清单及其综合单价进行合同价格计算、调整和确认的建设工程施工合同,在约定的范围内合同单价不作调整。合同当事人应在专用合同条款中约定综合单价包含的风险范围和风险费用的计算方法,并约定风险范围以外的合同价格的调整方法,其中因市场价格波动引起的调整按“市场价格波动引起的调整”约定执行。

单价合同又分为固定单价合同和可调单价合同(变动单价合同)等形式,如图 6-10 所示。

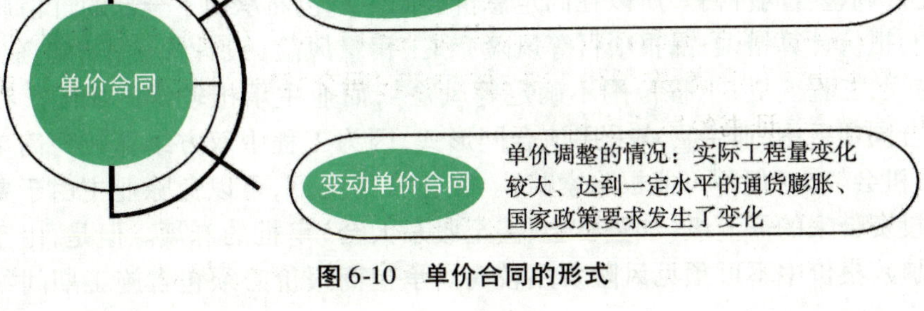

图 6-10　单价合同的形式

固定单价合同下，工程单价不受任何因素影响而发生变化。而在可调单价合同下，工程单价可能受工程量偏差大小，国家政策等因素进行适当的调整，以保证发承包双方之间的公平公正。工程单价调整的方式，一般在合同中进行约定。

单价合同具有单价优先的特点，即若投标书中的总价和单价的计算结果不一致时，应以单价为准进行总价的调整。业主在招标文件中给出的工程量表通常是按照规定的工程量清单编制方法编制的。但其中的工程量只是参考数字，应按实际完成的工程量和承包商所报的单价（合同单价）计算实际合同价款。若招标文件中存在明显数字计算错误的，业主在评标前可以先对其进行修改。

单价合同使用范围广，是最常见的合同类型。FIDIC 施工合同和我国的建设工程施工合同都属于该类合同。承包商仅按合同规定承担报价的风险，即对报价（主要为单价）的正确性和适宜性承担责任。单价合同一般可以随着工程量变化而调整合同总价，所以工程量方面的风险基本不存在。单价合同的风险分配比较合理，能够适应大多数工程，能调动承包商和业主双方的管理积极性。但对于业主而言，采用单价合同需安排专门力量核实已完工程量，协调工作量大，且实际投资易超过计划投资，不利于投资控制。

典型例题

【单选题】某招标工程采用单价合同，当投标书中出现明显的总价和单价计算结果不一致时，正确的做法是（　　）。

A. 以单价为准调整总价　　B. 以总价为准调整单价

C. 同时调整单价和总价　　D. 以市场价为依据调整单价

A。【解析】单价优先是单价合同的特点之一，即当投标书中的总价和单价的计算结果不一致时，应以单价为准进行总价的调整；当出现明显的计算错误时，业主可先修改再评标。

（二）总价合同

总价合同是指合同当事人约定以施工图、已标价工程量清单或预算书及有关条件进行合同价格计算、调整和确认的建设工程施工合同，在约定的范围内合同总价不作调整。

总价合同又可分为固定总价合同和变动总价合同。合同当事人应在专用合同条款中约定总价包含的风险范围和风险费用的计算方法，并约定风险范围以外的合同价格的调整方法，其中因市场价格波动引起的调整按"市场价格波动引起的调整"，因法律变化引起的调整按"法律变化引起的调整"约定执行。

固定总价合同以一次包死的总价格委托，一般除设计有重大变更或累计变更超过一定幅度外不允许调整合同价格。所以在固定总价合同中承包商承担了全部的价格风险（物价、人工费上调，报价计算错误，漏报项目等风险）和工程量风险（设计深度不够造成的误差，工程量计算错误，工程变更，工程范围不确定等风险），而业主承担较低的风险。在现代工程中，特别在合同项目中，业主喜欢采用该合同形式，因为工程中双方结算较为简单、省事，承包商的索赔机会较少（但不可能根除索赔）。在正常情况下，可以免除业主由于要追加合同价款、追加投资带来的需上级（如董事会、甚至股东大会）审批的麻烦。但是，由于承包商承担了全部风险，报价中不可预见风险费用较高。承包商报价必须包含施工期间物价变化以及工程量变化带来的影响。固定总价合同的应用范围较小,通常用于工程任务内容明确、技术和结构简单、工程条件稳定、工程量小、工期短(1 年左右)、风险小、图纸完整清楚、设计详细、投标期充足、权利义务清晰等情形。

变动总价合同相比于固定总价合同,合同价款可按合同双方约定的条件进行调整,承包商承担的风险较小,但业主承担的风险较大,业主需要承担通货膨胀等不可预见因素的风险。变动总价合同通常用于工程规模较大、技术比较复杂、建设工期较长(1.5 年以上)等情形。采用变动总价合同的项目,应考虑下列因素引起的价格变化问题:劳务工资以及材料价格的上涨;燃料费及电力价格的变化;外汇汇率的波动;法规变化引起的工程费用的上涨。

链接

根据《建设工程施工专业分包合同(示范文本)》,采可调价格计价方式中合同价款的调整因素包括:(1)法律、行政法规和国家有关政策变化影响合同价款。(2)工程造价管理部门公布的价格调整。(3)一周内非分包人原因停水、停电、停气造成停工累计超过 8 小时。(4)双方约定的其他因素。

(三)工程成本加酬金合同

采用成本加酬金合同时,承包人不承担任何价格变化和工程量变化的风险,发包人承担的风险较大,不利于发包人对工程造价和投资的控制。对承包人而言,风险比固定总价合同的低,利润较有保证。对业主而言,不需等待所有施工图完成后才开始招标和施工,可通过分段施工缩短工期;可深入工程施工和管理;可减轻承包人的对立情绪等。

通常在下列情况下,选择成本加酬金合同:

(1)工程特别复杂,工程技术、结构方案不能预先确定,或者尽管可以确定工程技术和结构方案,但不可能进行竞争性的招标活动并以总价合同或单价合同的形式确定承包人。

(2)时间特别紧迫,来不及进行详细的计划和商谈,如抢险、救灾工程。

1. 成本加固定百分比酬金合同

成本加固定百分比酬金合同也可称为成本加固定比例费用合同,采用这种合同方式,发包方对承包方支付的实际直接成本全部根据实际补偿(实报实销),并按照实际直接成本的固定百分比付给承包方一笔酬金,作为承包方的利润。此合同形式适用于工期紧,无法按一般规定编制招标文件,或者工程初期工作范围和性质难以明确的情况。工程的合同价计算表达式为:

$$C = C_d + C_d \times P$$

式中,C——合同价;

C_d——实际发生的成本;

P——双方事先商定的酬金的固定百分比。

这种合同形式的弊端是建筑安装工程总造价及付给承包方的酬金随工程成本而水涨船高,不利于鼓励承包方降低成本和缩短工期,这也是此种合同形式的弊病所在,因而很少被采用。这种合同计价方式的风险全部由发包方承担,所以一定要选择一个好的承包人以控制风险。

2. 成本加固定金额酬金合同

成本加固定金额酬金合同也可称为成本加固定费用合同，这种合同形式与成本加固定百分比酬金合同的不同之处在于所增加费用是一笔固定金额的酬金。酬金一般是按估算的工程成本的一定百分比确定的，数额是固定不变的。若发生设计变更或增加新项目，当直接费（人材机费等）超过原估算成本的10%时，固定的报酬也要增加。此合同形式适用于一开始估计工程总成本不准，变化可能不大的情况。计算表达式为：

$$C = C_d + F$$

式中，C——合同价；

C_d——实际发生的成本；

F——双方事先商定的酬金具体数额（作为管理费和利润）。

这种合同计价方式，虽可能促使承包方缩短工期，但不能鼓励降低成本，风险的承担仍在发包方，对风险的管理仍是选择一个合适的承包人。

3. 成本加奖罚金合同

采用这种形式的合同，在签订合同时双方事先确定一个目标成本 C_0。在此基础上根据目标成本来确定酬金的数额，可以是百分数的形式或是一笔固定酬金。然后根据工程实际成本支出情况，确定奖罚的额度。当实际成本低于目标成本时，承包方除从发包方获得实际成本、酬金外，还可根据成本降低额得到一笔奖金；当实际成本等于目标成本时，承包方仅能从发包方处得到实际成本补偿和酬金；当实际成本高于目标成本时，承包方只能得到实际成本补偿和酬金，并视实际成本高出目标成本的情况，被处罚一笔罚金。其计算表达式为：

$$C = C_d + F + \Delta F$$

式中，C——合同价；

C_d——实际发生的成本；

F——双方事先商定的酬金具体数额；

ΔF——奖罚金额，$\Delta F = C_0 - C_d$；

C_0——签订合同时双方约定的目标成本。

提示

奖金的大小，可按照标书中的估算指标规定一个底点（工程成本估算的60% ~ 75%）和一个顶点（工程成本估算的110% ~ 135%）。若承包商在估算成本顶点（即目标成本）以下完成工程时可获得奖金；若承包商在估算成本底点以下完成工程时，可加大酬金值或酬金百分比。但承包商在估算成本顶点（即目标成本）以上完成工程时，对承包商的最大罚款额度不超过原先商定的最高酬金值。

这种合同形式可鼓励承包方降低成本，缩短工期，而且目标成本随着设计进展加以调整，承发包双方都不会承担太大的风险。这种合同风险管理的关键在于承发包双方能公平合理地确定目标成本、酬金及实际成本。此合同形式适用于图纸、规范等准备不充分，招标方仅能制订一个估算指标的情况。

4. 最大成本加费用合同

最大成本加费用合同是在最大成本的基础上，加一个固定酬金（包含管理费、风险费、利润)，承包方承担全部额外费用，若有节约，节约部分可归业主，或者承包方与业主按比例分享。适用于非代理型(风险型)CM 合同模式。

不同合同类型在应用范围、投资控制、承发包双方风险等方面有不同特点，其比较如表 6-9 所示。

表 6-9 不同合同类型比较

项目	总价合同	单价合同	成本加酬金合同		
			百分比酬金	固定酬金	成本加奖罚金
应用范围	广泛	广泛	有局限性		酌情采用
投资控制	容易	较易	最难	难	有可能
发包方风险	风险小	有风险	风险大		有风险
承包方风险	风险大	有风险	基本无风险		有风险

二、施工合同计量

不管是单价合同还是总价合同，他们都有一定的计量原则。工程量计量按照合同约定的工程量计算规则、图纸及变更指示等进行计量。工程量计算规则应以相关的国家标准、行业标准等为依据，由合同当事人在专用合同条款中约定。除专用合同条款另有约定外，工程量的计量按月进行。

(一)单价合同的计量

根据《建设工程工程量清单计价规范》，单价合同的计量应符合下列规定：

(1)工程量必须以承包人完成合同工程应予计量的工程量确定。

(2)施工中进行工程计量，当发现招标工程量清单中出现缺项、工程量偏差，或因工程变更引起工程量增减时，应按承包人在履行合同义务中完成的工程量计算。

(3)承包人完成已标价工程量清单中每个项目的工程量并经发包人核实无误后，发承包双方应对每个项目的历次计量报表进行汇总，以核实最终结算工程量，并应在汇总表上签字确认。

根据《建设工程施工合同(示范文本)》，除专用合同条款另有约定外，单价合同的计量按照以下约定执行：

(1)承包人应于每月 25 日向监理人报送上月 20 日至当月 19 日已完成的工程量报告，并附具进度付款申请单、已完成工程量报表和有关资料。

(2)监理人应在收到承包人提交的工程量报告后 7 天内完成对承包人提交的工程量报表的审核并报送发包人，以确定当月实际完成的工程量。监理人对工程量有异议的，有权要求承包人进行共同复核或抽样复测。承包人应协助监理人进行复核或抽样复测，并按监理人要求提供补充计量资料。承包人未按监理人要求参加复核或抽样复测的，监理人复核或修正的工程量视为承包人实际完成的工程量。

(3)监理人未在收到承包人提交的工程量报表后的 7 天内完成审核的，承包人报送的工程量报告中的工程量视为承包人实际完成的工程量，据此计算工程价款。

历年考试考查过单价合同的计量方法，下面以典型例题的形式进行讲解。

典型例题

【单选题】单价合同模式下，承包人支付的建筑工程险保险费，宜采用的计量方式是(　　)。

A. 凭据法　　B. 估价法

C. 均摊法　　D. 分解计量法

A。【解析】单价合同的计量方法有凭据法、估价法、均摊法、分解计量法、图纸法和断面法等。其中，凭据法多适用于建筑工程险保险费、履约保证金、第三责任险保险费等项目的计量；估价法多适用于为监理方提供通信、测量等设备费用的计量；均摊法多适用于每月都发生的项目费用的计量；分解计量法多适用于较大工程、包干工程项目的计量；图纸法多适用于按设计图纸所示尺寸计量项目的计量；断面法多适用于填筑土方工程的计量。

（二）总价合同的计量

根据《建设工程施工合同（示范文本）》，除专用合同条款另有约定外，按月计量支付的总价合同，按照以下约定执行：

（1）承包人应于每月 25 日向监理人报送上月 20 日至当月 19 日已完成的工程量报告，并附具进度付款申请单、已完成工程量报表和有关资料。

（2）监理人应在收到承包人提交的工程量报告后 7 天内完成对承包人提交的工程量报表的审核并报送发包人，以确定当月实际完成的工程量。监理人对工程量有异议的，有权要求承包人进行共同复核或抽样复测。承包人应协助监理人进行复核或抽样复测并按监理人要求提供补充计量资料。承包人未按监理人要求参加复核或抽样复测的，监理人审核或修正的工程量视为承包人实际完成的工程量。

（3）监理人未在收到承包人提交的工程量报表后的 7 天内完成复核的，承包人提交的工程量报告中的工程量视为承包人实际完成的工程量。

总价合同采用支付分解表计量支付的，可以按照“总价合同的计量”约定进行计量，但合同价款按照支付分解表进行支付。

第四节　施工合同执行过程的管理

一、施工合同的跟踪与控制

工程项目的实施过程实际上就是项目相关的各个合同的执行过程。施工合同执行过程中，经常发生合同变更不及时；合同签证不规范；合同不能履行时不及时通知；证据保全不重视等问题。因此，承包方应重视施工合同的跟踪和控制，保证施工合同义务的完全履行。

（一）施工合同的跟踪

施工合同跟踪的对象主要有：工程的数量、进度、质量、成本等关于承包的任务；分包给专业分包单位或工程小组的工作内容；业主和监理方的相关工作内容（如提供场地、图纸、资料，下发指令，支付工程款等）等。

（二）施工合同的控制

施工合同控制必须与进度控制、成本控制、质量控制协调一致地进行。施工合同实施过程中存在着各种偏差，应分析产生偏差的原因，分析产生偏差的责任，以及分析合同实施的趋势（如工程质量标准、工程总成本、工程总工期、最终工程经济效益水平、承包人承担的后果等），从而更好地纠正偏差。

根据《建设工程项目管理规范》，纠偏措施或方案可以分为：

(1)组织措施，包括调整和增加人力投入、调整工作流程和工作计划。

(2)技术措施，包括变更技术方案、采用高效的施工方案和施工机具。

(3)经济措施，包括增加资金投入、采取经济激励措施。

(4)合同措施，包括变更合同内容、签订补充协议、采取索赔手段。

二、加强执行阶段的合同管理

由于市场竞争激烈，技术更新速度加快，承发包双方面临着必须在短期内完成建设，得到预定生产能力，以迅速实现投资项目的巨大压力。要求工程项目工期紧、预算省、质量高，对工期、质量、费用进行有效控制。因此在合同的执行阶段要注重合同管理，主要有以下几个方面：

(1)细化和完善合同的记录。合同的记录管理不仅要明确合同签订时间、合同金额、支付情况，更重要的是对合同执行过程中所作出的各类决策、双方争议焦点以及与其他合同的连带情况等问题进行及时的梳理、汇总。

(2)在项目执行时要保证合同的严肃性、制约性和监督性。

(3)注重合同的变更管理。合同内容的变更主要涉及工程量变更、双方责任变化、已完工程返工、施工顺序打乱等，对合同执行影响很大。因此，应注意收集工程变更指令、会议记录，及时进行索赔。

(4)要事先明确合同的履约或判断。这种履约或判断主要表现在工程质量的检查和验收上。

提示

施工合同变更是指合同成立以后和履行完毕以前由双方当事人依法对合同内容（工程数量、质量要求、价款、内容等）所进行的修改。具体内容参考本书中第六章第一节的“三、招投标管理”中“（三）《标准施工招标文件》中的相关内容”的“变更”的内容。

第五节　施工合同的索赔

一、合同索赔概述

（一）索赔的概念

索赔是指在合同履行过程中，对于并非自己的过错，而是应由对方承担责任的情况造成的实际损失向对方提出经济补偿和（或）时间补偿的要求。建设工程施工中，承包人和发包人都可以向对方提出索赔。分包人可以向承包人提出索赔，但不可以直接向发包人提出索赔。

（二）索赔的性质

索赔的性质属于经济补偿行为，索赔是正确履行合同的正当权利要求。索赔方所受到的损害，与索赔方的行为并不一定存在法律上的因果关系。导致索赔事件的发生，可以是一定行为造成，也可能是不可抗力事件引起，可以是对方当事人的行为导致的，也可能是任何第三方行为所导致。

（三）索赔的特征

作为一种补偿要求，索赔具有下列特征：

（1）索赔发生在有实际经济损失和（或）工期损失的前提下。

（2）当事人在合同中或根据法律及惯例，对造成经济损失和（或）工期损失的责任承担有约定。

（3）经济损失和（或）工期损失的责任并非由于自己的过错，而是在合同中规定应由合同对方承担责任的情况造成的。

（四）索赔成立的前提条件

索赔成立的三个条件（同时具备）：

（1）对照合同，已产生承包人项目成本的额外增加，或工期损失。

（2）按照合同约定，成本额外增加或工期损失的原因不属于承包人的行为或风险责任。

（3）承包人按照合同要求的程序和时间，向相关人员提交索赔意向通知和索赔报告。

（五）合同索赔的起因

在施工过程中，引起索赔的原因是很多的，主要有以下几种：

（1）风险分担不均。这是国际工程承包行业受“买方市场”现状制约这一客观现实所决定的。在这种情况下，承包商只有通过施工索赔来适度地减少风险，弥补各种风险引起的损失。

（2）施工条件变化。工程施工与地质条件密切相关，如地下水、断层、溶洞、地下文物遗址等。这些施工条件的变化即使是有经验的承包商也无法事前预料。因此施工条件的异常变化必然会引起施工索赔。

(3)工程变更。承包商施工时完成的工程量超过或少于工程量表中所列工程量的15%以上时,或者在施工过程中,工程师指令增加新的工作、改换建筑材料、暂停或加速施工等变更必然引起新的施工费用或需要延长工期。所有这些情况,承包商都可提出索赔要求,以弥补自己不应承担的损失。

(4)业主原因。业主未按规定为承包商施工提供条件,未按规定时限向承包商支付工程款,工程师未按规定时间提供施工图纸、指令或批复,监理工程师对合同文件的歧义解释影响了工程进展,业主要求提前完成项目或缩短工期,或者由于业主坚持指定分包商等。

(5)其他。如不可抗力、法规变化、物价上涨等。

(六)合同索赔的处理原则

索赔必须以合同为依据,同时也可依据相关法律法规、工程建设惯例等。当需要进行索赔时,必须详细了解合同条件、协议条款,以合同为依据来公平处理合同双方的利益纠纷。

(七)合同索赔费用

1. 索赔费用的组成

对于不同原因引起的索赔,承包人可索赔的具体费用内容也不相同,主要包括以下几个方面:

(1)人工费。人工费是工程成本直接费中主要项目之一,它包括生产工人基本工资、工资性质的津贴、加班费、奖金等。对于索赔费用中的人工费部分来说,主要包括完成合同之外的额外工作所花费的人工费用、由于非承包商责任的工资降效所增加的人工费用、超过法定工作时间的加班费用、法定的人工费增长及非承包商责任造成的工程延误导致的人员窝工费等。

(2)材料费。材料费的索赔包括:由于索赔事项材料实际用量超过计划用量而增加的材料费;由于客观原因材料价格大幅度上涨;由于非承包商责任工程延误导致的材料价格上涨;由于非承包商原因致使材料运杂费、材料采购与储存费用的上涨等。

(3)施工机具使用费,主要内容是施工机械使用费。施工机械使用费的索赔包括:由于完成额外工作增加的机械使用费;非承包商责任致使的工效降低而增加的机械使用费;由于业主或监理工程师原因造成的机械停工的窝工费。机械台班窝工费的计算,如是租赁设备,一般按实际台班租金加上每台班分摊的机械调进调出费计算;如是承包商自有设备,一般按台班折旧费计算,而不能按全部台班费计算,因台班费中包括了设备使用费。

(4)现场管理费。现场管理费的索赔包括承包人完成合同之外的额外工作以及由于发包人原因导致工期延期期间的现场管理费,包括管理人员工资、办公费、通信费、交通费等。

(5)企业管理费。企业管理费的索赔主要是指由于发包人原因导致工期延期期间所增加的承包人公司总部提交的管理费。

(6)利息。利息的索赔包括:发包人拖延支付工程款利息;发包人错误扣款的利息;发包人拖延退还质量保证金的利息等。

(7)利润。一般来说,依据施工合同中明确规定可以给予利润补偿的索赔条款,承包人提出费用索赔时都可以主张利润索赔。例如,工程范围的变更和施工条件变化引起的索赔,可以要求索赔利润。

(8)其他。因工程内容变更、增加等原因需要增加的相关措施项目费、其他项目费、规费和税金的费用。

2. 索赔费用的计算方法

索赔金额的计算方法很多,各个工程项目都可能因具体情况不同而采用不同的方法,主要有:

(1)实际费用法(最常用)。索赔的金额以承包人为索赔工作所支付的实际开支为依据。

(2)总费用法。具体公式为:索赔金额=工程实际总费用-投标报价。这种计算方法简单但不尽合理,因为完成工程的实际总费用中,可能包括由于施工单位的原因所增加的费用,而这些费用不该索赔。

(3)修正的总费用法。具体公式为:索赔金额=某项工作调整后的实际总费用-该项工作的报价费用。修正总费用法与总费用法相比,主要对下列内容进行了修正:计算索赔金额的时期仅限于受事件影响的时段,而不是整个工期;只计算在该时期内受影响项目的费用,而不是全部工作项目的费用;重新核算投标报价费用。

合同索赔是一项复杂、细致的系统性工作,它虽然体现在工程建设的投资事后控制中,但却源于工程建设的事前控制,源于工程建设项目参建各方对风险的识别、风险的评价以及风险对策组合的决策。索赔的健康开展对于培养和发展建设市场,促进建筑业的发展,提高工程建设的效益,起着非常重要的作用。

二、工程项目合同索赔管理

(一)索赔的主要内容

索赔主要包括以下导致项目实施费用增加或工期延长的事项:

(1)施工图量差。

(2)变更设计及因变更设计导致合同单价不适用。

(3)政策性调整。

(4)业主或监理工程师延误提供图纸、施工场地、通道、水电管线、测绘资料或下达指令。

(5)供应商供料供应不及时,或供应不合格。

(6)不可抗力。

(7)不可预见的障碍物或自然条件(如施工环境、气候、水文、地质等)变化,超出招标文件提供资料的范围。

(8)监理工程师或业主提供错误的放线资料或错误的设计图纸。

(9)监理工程师或业主要求额外的钻探研究、各种试验、检查等。

(10)在工程现场发现文物、古迹以及具有地质研究或考古价值的其他遗迹、化石、钱币等而必须采取的保护措施。

(11)剥开已完工程任一部分并使该部分恢复原状,经查明其施工符合合同规定。

(12)因监理工程师或业主的任何行为或失误所引起的暂停施工、减缓施工进度或业主要求提前或延长工期。

(13)恢复非项目部原因导致的工程损害。

(14)工程实际造价的增减超出合同规定的有效合同价的百分比部分。

(15)人工、材料价格及其他因素的涨落、后继立法变更、货币汇兑限制等。

(16)业主延迟付款的利息以及业主延迟付款导致的停工或缓工。

(17)业主延迟验收或延迟结算。

(18)以固定总价承包的工程项目,非项目部责任使总包价增加的费用。

(19)保险索赔,主要包括建筑工程一切险和第三方责任险的索赔,还包括由项目部投保的机械设备险和特殊工种及高空水上作业人员安全保险等的索赔。

(20)终止合同,因非自身责任引起的合同终止而发生的经济损失。

(21)符合法律法规及合同规定的其他索赔事项。

(二)索赔的证据

索赔事项发生后,索赔管理领导小组及时召开索赔会议,研究对策,并指示各部门相关人员收集支持索赔的有关证明文件和资料。索赔证据应做到真实、全面、及时,且具有法律证明效力。以下内容为主要索赔证据:

(1)合同文件,如标准和技术规范;中标通知书;投标书;合同协议书及附件;补充协议;图纸;工程量清单;有关技术资料和要求等。

(2)施工日志、日记、现场记录。

(3)工程照片及声像资料。

(4)来往信件、电话记录。

(5)会谈纪要、会议纪要。

(6)工程进度计划、施工组织设计及施工方案。

(7)工程备忘录及各种签证。

(8)工程结算资料和有关财务报告。

(9)各种检查验收报告和技术鉴定报告。

(10)其他,包括气象资料、订货单、采购单、工资单、官方的物价指数、国家法律、法规等。

(三)索赔文件

索赔事项发生后,根据索赔管理领导小组的指示编制索赔文件,各部门相关人员负责及时提供索赔文件所需资料。

索赔文件编制要求:符合实际;说服力强;计算准确;简明扼要。

索赔文件的一般内容,如表 6-10 所示。

表 6-10　索赔文件的一般内容

索赔文件构成	一般内容
题目	关于××事件的索赔
事件	详细描述事件过程,双方信件交往、会谈,并指出对方如何违约,证据的编号等
理由	主要是法律依据、合同条款等
结论	指出对方造成的损失或损害及其大小
损失估价	列出损失费用的计算方法、计算基础等,并计算出损失费用的大小

（续表）

索赔文件构成	一般内容
延期计算	列出工期延长的计算方法、计算公式等，并计算出要求延长的天数
附录	各种编过号的证据、图表等

专家解读

索赔文件大体上分为总述部分、论证部分、索赔款项计算部分及证据部分，其中论证部分是最关键的。

（四）承包商提出索赔的工作程序

1. 向业主提出索赔意向

一旦出现索赔事件，由索赔管理领导小组指示有关人员在合同规定的时间（28 天）内，及时向业主或工程师书面提出索赔意向通知。提出索赔意向通知是索赔工作程序的第一步。

2. 索赔资料的准备

（1）由相关部门跟踪和调查干扰事件，掌握事件产生的详细经过和前因后果。

（2）由索赔管理领导小组讨论、分析干扰事件产生的原因，划清各方责任，确定由谁承担，并分析这些干扰事件是否违反了合同规定，是否在合同规定的赔偿或补偿范围内。

（3）由索赔管理领导小组指示相关人员进行损失或损害调查或计算，通过对比实际和计划的施工进度和工程成本，分析经济损失或权利损害的范围和大小，并由此计算出工期索赔和费用索赔值。

（4）收集证据，从干扰事件产生、持续直至结束的全过程，都要保留完整的记录。以下内容需着重注意保管和收集：

①业主指令书、确认书。

②承包商的要求、请求、通知书。

③业主提供的水文地质、地下管网资料，施工所需的证件、批件、临时用地占地证明手续、图纸等。

④承包商的施工总体计划、季度计划，施工方案，施工组织设计及工程师的批准、认可证明等。

⑤施工规范、质量验收单、隐蔽工程验收单、验收记录。

⑥承包商要求预付通知，工程量核实确认单。

⑦材料供应清单、合格证书。

⑧竣工验收资料、竣工图。

⑨工程结算书、保修单等。

3. 索赔文件的提交和审核

索赔管理领导小组指示相关人员在合同规定的时间内向业主及时提交正式的书面索赔文件。索赔文件首先应交由监理工程师审核，审核工作主要分为判定索赔事件是否成立和核查承包人的索赔计算是否正确、合理两个方面。监理工程师应将对索赔的初步意见提交给发包人。

提示

索赔的其他要求可参考本章第一节、第二节中关于索赔的内容。

三、反索赔

反索赔是指一方提出索赔时，反驳、反击或者防止对方提出的索赔，不让对方索赔成功或者全部成功。建设工程中，一般将承包人向发包人的索赔称为索赔，将发包人向承包人的索赔称为反索赔。承包施工中的反索赔，主要有以下几个方面：

(1)工期延误反索赔。在工程施工过程中，由于承包商的责任，导致工程的竣工日期延后，影响到业主对该工程的利用，给业主带来经济损失，则业主有权向承包商索赔，承包商应支付延期竣工违约金。

(2)施工缺陷反索赔。当承包商的施工质量不符合施工及验收规范的要求，或使用的设备和材料不符合合同规定，或在缺陷责任期未满以前未完成应该负责修补的工程时，业主有权向承包商追究责任，要求索赔。

(3)承包商违约反索赔。因承包商的其他违约行为，给业主带来经济损失，则业主可以向承包商提出索赔。

反索赔常用的措施有：

(1)找出对方的错误，并以此直接进行索赔，从而减少或者消除对方的索赔要求。

(2)分析、研究对方的索赔报告，提出并证明对方索赔报告的不合理或不准确性，从而减少或者消除自己的损失。

第六节　建设工程施工合同风险管理、工程保险和工程担保

一、合同风险管理

合同风险是与合同有关的，由合同引起的不确定性。合同风险通常是相对于某个承担者而言的。客观存在的项目风险，通过合同条件定位风险及其承担者，就称为该方的风险。在项目实施过程中由承担者负责风险控制，并承担相应的损失责任。因此项目风险因素和合同风险因素是一样的，识别合同风险因素可以从识别项目风险因素入手。

工程承包合同的风险主要包括合同本身所带来的风险和合同履行过程的风险。合同本身所带来的风险即为合同条款所形成的风险，主要包括合同价格、结算方式、合同工期、工程款支付、洽商单及变更单、其他费用等风险。合同履行过程的风险即为在合同执行过程中形成的风险，主要包括安全、质量、进度管理风险，相关资料的确认与资料风险，索赔风险等。

（一）合同风险的类型

合同风险的类型，如表 6-11 所示。

表 6-11　合同风险的类型

合同风险类型	风险内容	
管理风险	合同条款不严谨、有错误；投标策略错误；技术设计、施工方案、计划、组织措施等有缺陷；实施控制中存在的风险；对环境的调查和预测不准确风险	
参与方能力、资信等风险	业主方面	企业经营恶化；苛刻刁难承包商；经常改变设计、施工方案；场地提供、工程款支付不及时等
	承包商方面	技术、施工能力不足；资质、信誉不良；财务状况恶化；合同履行不积极等
	政府部门、周边居民干预、抗议等	
外界环境风险	法律法规的修订、变更等	
	通货膨胀、汇率变化、工资上涨、物价上涨等经济环境的变化	
	政治动荡、战争、动乱、罢工等政治环境的变化	
	地震、洪水、台风、水文地质等自然环境的变化	

链接

工程合同风险可根据风险产生的原因分为合同信用风险和合同工程风险。其中，因合同双方主观原因导致的风险是合同信用风险，如承包人非法分包、层层转包、以次充好、偷工减料、知假买假等，发包人拖欠工程款；因客观原因导致的风险是合同工程风险，如不可抗力、物价上涨、不利的地质条件变化等。

（二）合同风险的分配

合同风险的分配是合同责任考量的前提，也是保证合同顺利实施和项目目标实现的重要条件。对合同风险的分配应遵循以下原则：

（1）效率原则。合同风险分配应从工程整体效益的角度出发，最大限度地发挥双方的积极性，有利于项目目标的成功实现。风险应由能最有效、合理、经济地预测、防止和控制风险的一方承担相应风险责任；通过风险分配能使风险责任方更好地发挥双方管理和技术革新的积极性。

（2）公平合理，责权利平衡。合同价格中应有合理的风险准备金；防止单方面全力或单方面义务条款；风险承担者同时应能享有风险控制获得的收益和机会收益；风险承担者应能有效地控制导致风险的事件。

（3）在风险分配中要考虑双方伙伴关系、风险共担、利益共享的目的等。

（4）应符合工程惯例，符合通常的工程处理方法。

二、工程保险

工程保险是以工程项目承包合同价格或者概算价格作为保险金额，针对工程项目在建设过程中可能出现的自然灾害和意外事故造成的特定损失，以建筑的主体、工程用料、临时建筑、施工机具等作为保险标的，对整个工程建设期间各种情况产生的人身伤亡、财产损失承担经济赔偿责任提供保险保障的一种综合性保险。

根据《工程造价术语标准》，工程保险费是指为转移工程项目建设的意外风险，在建设期内对建筑工程、安装工程、机械设备和人身安全进行投保而发生的费用。工程保险费分为建筑工程一切险、安装工程一切险、设备财产保险和人身意外伤害保险等。

建筑工程一切险和安装工程一切险应以工程发包人和承包人双方名义共同投保。国内一般由项目法人办理工程一切险；国际上一般由承包人办理工程一切险。

国家鼓励发包人和承包人为各自相关人员（从事危险作业的人员）办理人身意外伤害险。设备财产保险在国内一般包含在工程一切险。

提示

除了上述保险外，工程项目中常见的保险还包括第三者责任险（一般附加在工程一切险中）、执业责任险、CIP保险（一揽子保险）等。

各类保险合同中一致的除外责任包括：

（1）因投保人的故意行为，所产生的损失；

（2）因被保险人不履行约定的义务，所产生的损失；

（3）因战争等不可抗力的因素，所产生的损失；

（4）在保险范围以外，因其他原因所产生的损失。

三、工程担保

（一）担保的相关规定

《中华人民共和国民法典》（以下简称《民法典》）自2021年1月1日起施行，《中华人民共和国担保法》同时废止。《民法典》中关于担保的相关规定如下。

担保合同包括抵押合同、质押合同和其他具有担保功能的合同。

（1）抵押：担保债务的履行，债务人或者第三人不转移财产的占有，将该财产抵押给债权人的，债务人不履行到期债务或者发生当事人约定的实现抵押权的情形，债权人有权就该财产优先受偿。

（2）质押：为担保债务的履行，债务人或者第三人将其动产出质给债权人占有的，债务人不履行到期债务或者发生当事人约定的实现质权的情形，债权人有权就该动产优先受偿。

（3）留置：债务人不履行到期债务，债权人可以留置已经合法占有的债务人的动产，并有权就该动产优先受偿。

（4）保证：保证合同是为保障债权的实现，保证人和债权人约定，当债务人不履行到期债务或者发生当事人约定的情形时，保证人履行债务或者承担责任的合同。

（5）定金：当事人可以约定一方向对方给付定金作为债权的担保。定金合同自实际交付定金时成立。债务人履行债务的，定金应当抵作价款或者收回。给付定金的一方不履行债务或者履行债务不符合约定，致使不能实现合同目的的，无权请求返还定金；收受定金的一方不履行债务或者履行债务不符合约定，致使不能实现合同目的的，应当双倍返还定金。

(二)建设工程施工常用的担保

1. 投标担保

投标担保是指由担保人为投标人向招标人提供的,保证投标人按照招标文件的规定参加招标活动的担保。投标人在投标有效期内撤回投标文件,或中标后不签署承包合同的,由担保人按照约定履行担保责任。投标担保多采用投标保证金、银行保函形式,也可采用担保公司担保书和同业担保书。

根据《标准施工招标文件》,投标人在递交投标文件的同时,应按投标人须知前附表规定的金额、担保形式和"投标文件格式"规定的投标保证金格式递交投标保证金,并作为其投标文件的组成部分。联合体投标的,其投标保证金由牵头人递交,并应符合投标人须知前附表的规定。

根据《招标投标法实施条例》,投标保证金不得超过招标项目估算价的2%。投标保证金有效期应当与投标有效期一致。对技术复杂或者无法精确拟定技术规格的项目,招标人可以分两阶段进行招标。招标人要求投标人提交投标保证金的,应当在第二阶段提出。

根据《工程建设项目施工招标投标办法》,招标人可以在招标文件中要求投标人提交投标保证金。投标保证金除现金外,可以是银行出具的银行保函、保兑支票、银行汇票或现金支票。投标保证金一般不得超过投标总价的2%,但最高不得超过80万元人民币。投标保证金有效期应当超出投标有效期30天。投标人应当按照招标文件要求的方式和金额,将投标保证金随投标文件提交给招标人。投标人不按招标文件要求提交投标保证金的,该投标文件将被拒绝,应当否决其投标。

2. 预付款担保

根据《建设工程施工合同(示范文本)》,预付款应当用于材料、工程设备、施工设备的采购及修建临时工程、组织施工队伍进场等。发包人在工程款中逐期扣回预付款后,预付款担保额度应相应减少,但剩余的预付款担保金额不得低于未被扣回的预付款金额。

预付款担保可采用银行保函(主要形式)、抵押担保、担保公司担保等形式。预付款担保的目的是保证承包人可以按合同约定进行施工,并返还已支付的全部预付款项。

3. 支付担保

工程款支付担保是指保证人为保证发包人履行建设工程合同约定的工程款支付义务,向承包人提供的担保。承包人为工程款支付担保的债权人,发包人为工程款支付担保的债务人。

工程款支付担保包括建设工程发包人向承包人提供的担保和分包工程发包人向承包人提供的担保。

建设工程合同约定在承包人履行合同义务前,发包人先行支付相应工程款的,发包人可不对该部分工程款支付提供工程款支付担保。

《建设工程施工合同(示范文本)》规定,除专用合同条款另有约定外,发包人要求承包人提供履约担保的,发包人应当向承包人提供支付担保。支付担保可以采用银行保函、履约保证金或担保公司担保等形式,具体由合同当事人在专用合同条款中约定。

4. 履约担保

工程履约担保是指保证人为保证承包人履行建设工程合同约定的义务，向发包人提供的担保。发包人为工程履约担保的债权人，承包人为工程履约担保的债务人。

工程履约担保包括建设工程承包人向发包人提供的担保和分包工程承包人向发包人提供的担保。

根据《建设工程施工合同(示范文本)》，发包人需要承包人提供履约担保的，由合同当事人在专用合同条款中约定履约担保的方式、金额及期限等。履约担保可以采用银行保函或担保公司担保等形式，具体由合同当事人在专用合同条款中约定。因承包人原因导致工期延长的，继续提供履约担保所增加的费用由承包人承担；非因承包人原因导致工期延长的，继续提供履约担保所增加的费用由发包人承担。

链接

履约担保的形式有银行保函、担保书、保证金、同业担保。其中，银行保函可分为有条件的和无条件的，建筑行业通常倾向于采用有条件的银行保函。履约担保书通常由保险公司或担保公司开具。履约担保的金额大小取决于招标项目的类型与规模，且需保证发包人不受损失。

通常情况下，履约保证有效期从工程开工之日起，到工程竣工交付之日(不覆盖工程保修期)或保修期满之日(覆盖工程保修期)止。根据《标准施工招标文件》，履约担保有效期自发包人与承包人签订的合同生效之日起至发包人签发工程接收证书之日止。承包人应保证其履约担保在发包人颁发工程接收证书前一直有效。发包人应在工程接收证书颁发后28天内把履约担保退还给承包人。

根据《招标投标法实施条例》，招标文件要求中标人提交履约保证金的，中标人应当按照招标文件的要求提交。履约保证金不得超过中标合同金额的10%。

典型例题

【单选题】根据《招标投标法实施条例》，投标保证金的数额不得超过招标项目估算价的(　　)。

A. 1%　　　　B. 2%

C. 3%　　　　D. 5%

B。**【解析】**根据《招标投标法实施条例》，招标人在招标文件中要求投标人提交投标保证金的，投标保证金不得超过招标项目估算价的2%。投标保证金有效期应当与投标有效期一致。

第七章 施工信息管理

第一节 施工信息管理的任务和方法

一、概述

(一)信息管理的内涵

1. 信息

信息是物质存在的一种方式、形态或者运动状态,是事物的一种普遍属性,一般指数据,消息当中所包含的意义,可以使消息中所描述事件的不确定性减少。

信息可以进行整理、分类、编辑等处理,也可以从一种形式变换为另一种形式,或从一种载体转移到另一种载体,并经过收集、存储、处理、传输、应用等环节,使原有信息体现其价值,实现增值。

2. 建设项目信息

建设项目信息是以文字、数字、图形、图表、录音、录像等形式描述的,能够反映项目建设过程中各项业务在空间上的分布和在时间上的变化程度,并为建设项目管理和项目目标的实现提供有价值的数据资料。

3. 建设项目信息管理

信息管理是指对信息传输进行合理的组织和控制,主要包括对项目信息的收集、整理、分析、处理、存储、传递和使用等活动。

建设工程项目信息管理是通过对各个系统、各项工作和各种数据的管理,使建设工程项目信息能方便、有效地获取、存储、存档、处理和交流。建设工程项目的信息包括项目决策阶段、实施阶段、运行阶段等过程中产生的信息,以及其他相关信息等。建设工程项目管理信息交流的问题会不同程度地影响项目目标的实现。

建设工程项目信息管理的目的是通过信息传输的有效组织管理和控制为工程项目建设提供增值服务。

组织应建立项目信息与知识管理制度,及时、准确、全面地收集信息与知识,安全、可靠、方便、快捷地存储、传输信息和知识,有效、适宜地使用信息和知识。

（二）信息管理的任务

1. 建设工程项目信息管理的主要任务

(1)编制建设工程项目信息管理规划。

(2)明确建设工程项目管理班子中信息管理部门的任务。

(3)编制和确定信息管理的工作流程。

(4)建立建设工程项目信息管理的处理平台。

(5)建立建设项目信息中心。

2. 信息管理部门的主要任务

(1)组织收集项目基本情况的信息并系统化,编制项目信息管理手册(信息管理的核心指导文件)。信息管理手册主要内容有:确定信息管理的任务、任务分工表、职能分工表;确定信息处理的工作平台;确定信息的分类、编码;确定项目报告的周期、格式及编制要求;确定工程档案管理制度、信息管理保密制度;绘制信息输入输出模型、信息管理工作流程图、信息处理流程图等。

(2)项目报告及各种资料的规定。

(3)按照项目实施、项目组织、项目管理工作过程建立项目管理信息系统流程,在实际工作中保证这个系统正常运行,并控制信息流;建立信息处理平台并及时维护。

(4)协调、组织各个部门的信息处理工作;文件档案管理工作。

（三）信息管理工作

1. 信息管理的工作原则

信息管理的工作原则包括标准化原则、有效性原则、定量化原则、时效性原则、高效处理原则及可预见性原则。

2. 信息管理的工作流程

项目信息管理应包括信息的采集、传输、存储、应用和评价过程。

项目信息采集宜采用移动终端、计算机终端、物联网技术或其他技术进行及时、有效、准确地采集。

项目信息应采用安全、可靠、经济、合理的方式和载体进行传输。

项目管理机构应建立相应的数据库,对信息进行存储。项目竣工后应保存和移交完整的项目信息资料。

项目管理机构应通过项目信息的应用,掌握项目的实施状态和偏差情况,以便于实现通过任务安排进行偏差控制。

项目信息管理评价应确保定期检查信息的有效性、管理成本以及信息管理所产生的效益,评价信息管理效益,持续改进信息管理工作。

（四）施工项目信息管理的工作要求

1. 施工项目信息的收集和整理

施工项目收集和整理的信息主要有工程总体信息、项目管理信息、施工信息、公共信息。

(1)工程总体信息主要包括工程基本概述、各参建单位、工程实体、施工合同等方面的信息。

(2)项目管理信息主要包括项目安全控制、进度控制、成本控制、竣工验收等方面的信息。其中,安全控制信息包括与安全相关的检查、交底、验收、处罚、事故、教育、整改等。进度控制信息包括完成工作分析表、施工进度计划表、资源(计划)表等。成本控制信息包括与成本相关的偏差分析表、成本降低计划表、实际成本表、责任目标成本表等。竣工验收信息包括单位工程交工质量核定表、施工技术资料移交表、施工项目质量合格证书、施工项目结算、交工验收证明书、回访和保修书等。

(3)施工信息主要包括施工记录、施工技术资料等方面的信息。其中,施工记录信息包括材料设备进场记录、质量检查记录、施工日志、用工记录等。施工技术资料信息包括相关试验、验收记录,如隐蔽工程验收、成品试验、主体结构验收、主要构配件的试验报告、竣工验收、质量检验评定等;相关技术资料,如竣工图、施工组织设计、技术交底、设备安装等。

(4)公共信息主要包括相关法律法规、自然条件、市场等方面的信息。其中,市场信息主要包括材料和机械设备的价格表、供应商表,以及“四新”技术信息等。

2. 施工项目信息管理的基本要求

施工方进行信息管理的核心手段是实现工程管理信息化,在项目管理过程中的要求如下:

(1)项目经理部应建立项目信息管理系统,优化信息结构,对项目实施全方位、全过程的信息化管理。

(2)项目经理部可以在各部门中设信息管理员或兼职信息管理人员,也可以单独设置信息管理人员或信息管理部门。

(3)项目经理部应负责收集、整理、管理本项目范围内的信息。

(4)项目经理部应及时收集信息,并将信息准确、完整、及时地传递给使用单位和人员。

(5)项目信息收集工作应随工程的进展进行,保证真实、准确,按照项目信息管理要求及时进行整理,经有关负责人审核签字,及时存入计算机中,纳入项目管理信息系统。

二、项目信息的分类

项目信息的分类,如表 7-1 所示。

表 7-1　项目信息的分类

分类方法	信息类别
按信息来源不同	内部信息
	外部信息
按信息流向不同	自上而下的信息
	自下而上的信息
	横向沟通的信息
	内部与外部沟通的信息

（续表）

分类方法	信息类别
按信息产生的阶段不同	决策阶段的信息
	实施阶段的信息
	运行阶段的信息
按信息的性质不同	技术类信息（与施工、材料设备、设计等有关）
	管理类信息（与投资、进度、质量控制，合同管理和信息管理等有关）
	经济类信息（与建设物资、融资等有关）
	法规类信息
	组织类信息（与建筑业、各单位、专家等有关）
按信息的时态不同	历史性信息
	实时信息
	预测信息

三、信息编码与处理

（一）项目信息编码

1. 编码的原则

（1）编码应该和项目分解的原则以及体系相一致。

（2）便于识别和记忆，方便查询、检索、汇总和使用。

（3）反映项目的特点和需要。

（4）代码与所代表的实体具有唯一性。

（5）代码应尽量短小、等长，较好地适应项目、环境的变化，长时间无须修改。

2. 编码的依据

（1）项目的结构编码：其依据为项目结构图。

（2）项目管理组织结构编码：其依据为项目管理的组织结构图。

（3）项目实施的工作项编码：其范围应覆盖项目实施的工作任务目录的全部内容。

（4）项目的投资项编码（业主方）/成本项编码（施工方）：不是概预算定额确定的分部分项工程的编码，应考虑的因素有概算、预算、标底、合同价和工程款的支付等。

（5）项目的进度项（进度计划的工作项）编码：应考虑不同层次、不同深度和不同用途的进度计划工作项的需要。

（6）工程档案编码：其依据为有关工程档案的规定、项目的特点和项目实施单位的需求。

链接

承包商对工程的成本控制、进度控制、质量控制、合同管理和信息管理等管理工作进行编码的基础有项目结构的编码和项目结构图。

3. 编码的方法

常用编码的方法主要有下列几种:顺序编码;成批编码;多面码;十进制码;文字数字码。

(二)项目信息处理

1. 信息处理的工作内容

信息处理主要包括信息的收集、加工、存储、检索和输出等工作。

2. 信息处理的方法

(1)信息处理平台。基于网络的信息处理平台由数据处理设备(计算机、打印机、扫描仪、绘图仪等)、数据通信网络(含形成网络的硬件设备和软件)、软件系统(操作系统和信息处理软件)等一系列硬件和软件构成。

(2)数据通信网络。主要有三种类型:局域网(LAN)、城域网(MAN)、广域网(WAN)。

(3)项目数据通信方式。通过电子邮件收集信息和发布信息;召开网络会议;基于互联网的远程教育和培训;基于互联网的项目专用网站实现各方信息交流、协同工作和文档管理;通过互联网的项目信息门户作为众多项目服务的公用信息平台。

四、信息技术的应用

中共中央办公厅、国务院办公厅印发的《国家信息化发展战略纲要》指出“以信息化驱动现代化为主线,以建设网络强国为目标,着力增强国家信息化发展能力,着力提高信息化应用水平,着力优化信息化发展环境,让信息化造福社会、造福人民”。

我国未来建筑信息化发展将形成以建筑信息模型(以下简称 BIM)为核心的产业革命。BIM 是指建设工程的物理特征和功能特性等信息的数字化集成,即创建并利用数字化模型对建设工程项目的设计、建造和运维全过程进行管理和优化的过程、方法和技术。

BIM 的应用包括施工模型、深化设计、施工模拟、预制加工、进度管理、预算与成本管理、质量与安全管理、施工监理、竣工验收等全过程。

BIM 的具体应用领域有项目场地比选,概念模型构建,建设条件分析,场地分析,建筑性能模拟分析,设计方案比选,各专业模型构建,建筑、结构专业模型的整合检查,面积明细表统计,冲突检测与三维管线综合,竖向净空优化,虚拟仿真漫游,辅助施工图设计,施工数据采集,图纸会审,施工深化设计,施工方案模拟,施工计划模拟,构件预制加工,施工放样,工程量统计,设备与材料管理,质量与安全管理,竣工模型构建,现场 3D 数据采集和集成,设备设施运维管理,子项改造管理,拆除施工模拟等。

国务院国资委发布的《关于开展对标世界一流管理提升行动的通知》要求,加强信息化管理,提升系统集成能力。针对信息化管理缺乏统筹规划、信息化与业务“两张皮”、信息系统互联互通不够存在安全隐患等问题,结合“十四五”网络安全和信息化规划制定和落实,以企业数字化智能化升级转型为主线,进一步强化顶层设计和统筹规划,充分发挥信息化驱动引领作用;促进业务与信息化的深度融合,推进信息系统的平台化、专业化和规模化,实现业务流程再造,为企业生产经营管理和产业转型升级注入新动力;打通信息“孤岛”,统一基础数据标准,实现企业内部业务数据互联互通,促进以数字化为支撑的管理变革;加强网络安全管理体系建设,落实安全责任,完善技术手段,加强应急响应保障,确保不发生重大网络安全事件。

在工程项目管理中，信息技术的用途很多，下面以典型例题的形式进行讲解。

典型例题

【单选题】可提高工程管理数据传输的抗干扰能力，使数据传输不受距离限制，并可提高数据传输的保真度和保密性，这一功能可通过信息技术的(　　)来实现。

A. 信息储存的数字化和集中化　　B. 信息传输的数字化和电子化

C. 信息处理和变换的程序化　　D. 信息获取的便捷性和信息流扁平化

B。【解析】信息技术中，"信息传输的数字化和电子化"有利于工程管理数据传输抗干扰能力的提高，保证数据传输不受距离限制，并有利于数据传输保真度和保密性的提高。选项 A 有利于数据和文件版本的统一，有利于信息的查询和检索，并有利于文档的管理；选项 C 有利于数据处理准确性和效率的提高；选项 D 有利于各参与方的信息交流和协同工作。

第二节　施工文件归档管理

一、基本要求

根据《建设工程文件归档规范(2019 年版)》，建设工程文件是指在工程建设过程中形成的各种形式的信息记录，包括工程准备阶段文件、监理文件、施工文件、竣工图和竣工验收文件，简称为工程文件。工程文件的形成和积累应纳入工程建设管理的各个环节和有关人员的职责范围。

建设单位应按下列流程开展工程文件的整理、归档、验收、移交等工作：

(1)在工程招标及与勘察、设计、施工、监理等单位签订协议、合同时，应明确竣工图的编制单位、工程档案的编制套数、编制费用及承担单位、工程档案的质量要求和移交时间等内容。

(2)收集和整理工程准备阶段形成的文件，并进行立卷归档。

(3)组织、监督和检查勘察、设计、施工、监理等单位的工程文件的形成、积累和立卷归档工作。

(4)收集和汇总勘察、设计、施工、监理等单位立卷归档的工程档案。

(5)收集和整理竣工验收文件，并进行立卷归档。

(6)在组织工程竣工验收前，应按要求将全部文件材料收集齐全并完成工程档案的立卷；在组织竣工验收时，应组织对工程档案进行验收，验收结论应在工程竣工验收报告、专家组竣工验收意见中明确。

(7)对列入城建档案管理机构接收范围的工程，工程竣工验收备案前，应向当地城建档案管理机构移交一套符合规定的工程档案。

勘察、设计、施工、监理等单位应将本单位形成的工程文件立卷后向建设单位移交。

建设工程项目实行总承包管理的，总包单位应负责收集、汇总各分包单位形成的工程档案，并应及时向建设单位移交；各分包单位应将本单位形成的工程文件整理、立卷后及时移交总包单位。建设工程项目由几个单位承包的，各承包单位应负责收集、整理、立卷其承包项目的工程文件，并应及时向建设单位移交。

建设工程档案的验收应纳入建设工程竣工联合验收环节。城建档案管理机构应对工程文件的立卷归档工作进行指导和服务，并按要求对建设单位移交的建设工程档案进行联合验收。

在建设工程档案管理中，施工单位的职责以典型例题的形式进行讲解。

典型例题

【多选题】施工单位在建设工程档案管理中的职责包括（　　）。

A. 配备专职档案管理员，负责施工资料的管理工作

B. 按照施工合同约定，接受建设单位的委托进行工程档案的组织和编制工作

C. 按要求在竣工前将施工文件整理汇总完毕

D. 负责组织工程档案的编制工作

E. 负责在工程建设过程中对工程档案进行检查并签署意见

ABC。【解析】施工单位在建设工程档案管理中的职责除了选项 A，B，C 外，还包括：施工单位建立健全施工文件管理岗位责任制，并设专人负责收集、整理施工文件；总包单位负责将各分包单位的工程文件进行收集、汇总；总包范围内的各分包单位负责整理各自的工程文件，在立卷后移交总包单位；施工单位编制的施工文件的套数不应少于要求的套数等。选项 D，E 属于建设单位的职责。

二、归档文件及其质量要求

（一）归档文件范围

对与工程建设有关的重要活动、记载工程建设主要过程和现状、具有保存价值的各种载体的文件，均应收集齐全、整理立卷后归档。

施工文件档案管理包括以下内容：施工技术管理、质量控制、质量验收及竣工图等相关资料。

施工技术管理资料包括：施工图纸会审的记录文件；开工报告、开工报审表等相关资料；安全技术交底的记录文件；施工组织设计的规划文件；整个施工过程的日志记录文件；变更设计的记录文件；技术、经济洽商的记录文件；施工过程中测量、检查的记录文件；施工过程中质量事故的报告和处理记录文件（如事故报告、事故处理方案、实施记录、验收记录）；工程项目的竣工文件等。

施工质量控制资料包括：建设工程原材料、施工机具的质量合格证明及进场材料的检验报告；施工中的试验记录和检测报告；工程之间交接检查的记录文件；隐蔽工程的检查验收记录等。

链接

若工程在总包单位和一个不属于总包管理范围之内的专业分包单位之间进行工程交接时，《交接检查记录》中的见证单位为建设单位或监理单位；若工程在总包管理范围之内的专业分包单位之间进行工程交接时，《交接检查记录》中的见证单位为总包单位。

施工质量验收资料包括：检验批质量验收记录；分项工程质量验收记录；单位（子单位）工程竣工预验收报验表、单位（子单位）工程质量竣工验收记录、施工现场质量管理检查记录等。

竣工图资料：以建筑工程为例，包括建筑竣工图、结构竣工图、钢结构竣工图、幕墙竣工图、智能建筑竣工图等。

（二）归档文件的质量要求

归档文件的质量要求如下：

（1）归档的纸质工程文件应为原件。

（2）工程文件的内容及其深度必须符合国家现行有关工程勘察、设计、施工、监理等标准的规定。

（3）工程文件的内容必须真实、准确，应与工程实际相符合。

（4）计算机输出文字、图件以及手工书写材料，其字迹的耐久性和耐用性应符合国家标准《信息与文献　纸张上书写、打印和复印字迹的耐久性和耐用性　要求与测试方法》的规定。

提示

工程文件应采用碳素墨水、蓝黑墨水等耐久性强的书写材料，不得使用红色墨水、纯蓝墨水、圆珠笔、复写纸、铅笔等易褪色的书写材料。计算机出图应清晰，不得使用计算机出图的复印件。

（5）工程文件应字迹清楚，图样清晰，图表整洁，签字盖章手续应完备。

（6）工程文件中文字材料幅面尺寸规格宜为 A4 幅面（297 mm × 210 mm）。图纸宜采用国家标准图幅。

（7）工程文件的纸张，其耐久性和耐用性应符合现行国家标准《信息与文献　档案纸耐久性和耐用性要求》的规定。竣工图应是新蓝图。

提示

图纸一般采用蓝晒图，用蓝晒图归档的竣工图应是新蓝图。

（8）所有竣工图均应加盖竣工图章，并应符合下列规定：

①竣工图章的基本内容包括“竣工图”字样、施工单位、编制人、审核人、技术负责人、编制日期、监理单位、现场监理、总监。

②竣工图章尺寸应为 50 mm × 80 mm。

③竣工图章应使用不易褪色的印泥，应盖在图标栏上方空白处。

（9）竣工图的绘制与改绘应符合国家现行有关制图标准的规定。竣工图应真实反映项目竣工验收时实际情况,绘制时应编制总说明及专业说明,按规范要求统一折叠。利用施工图改绘竣工图,必须标明变更修改依据,图面必须清晰整洁,若有重大改变或变更超过1/3时,必须重新绘制。下面以典型例题的形式进行讲解。

典型例题

【单选题】关于竣工图编制要求的说法,正确的是(　　)。

A. 竣工图不能委托设计单位编制

B. 一般性图纸变更及符合杠改或划改要求的,可不编制竣工图

C. 同一建筑物重复的标准图也必须编入竣工图中

D. 重大变更及图面变更面积超过35%的,应当重新绘制竣工图

D。**【解析】**竣工图的编制工作应由施工单位完成,若施工单位委托设计单位编制竣工图,或者行业主管部门规定由设计单位编制竣工图时,应明确监理单位和施工单位的审核和签认责任。故选项A错误。一般性图纸变更及符合杠改或划改要求的,可在竣工图的原图上进行更改,但需加盖和签署竣工图章。故选项B错误。同一建筑物重复的标准图可不编入竣工图中,但应在图纸目录中列出图号。故选项C错误。

三、工程文件立卷

(一)立卷的原则

立卷应遵循下列原则:

(1)立卷应遵循工程文件的自然形成规律和工程专业的特点,保持卷内文件的有机联系,便于档案的保管和利用。

(2)工程文件应按不同的形成、整理单位及建设程序,按工程准备阶段文件、监理文件、施工文件、竣工图、竣工验收文件分别进行立卷,并可根据数量多少组成一卷或多卷。

(3)一个建设工程由多个单位工程组成时,工程文件应按单位工程立卷。

(4)不同载体的文件应分别立卷。

(二)立卷的方法

立卷应采用下列方法:

(1)工程准备阶段文件应按建设程序、形成单位等进行立卷。

(2)监理文件应按单位工程、分部工程或专业、阶段等进行立卷。

(3)施工文件应按单位工程、分部(分项)工程进行立卷。

(4)竣工图应按单位工程分专业进行立卷。

(5)竣工验收文件应按单位工程分专业进行立卷。

(6)电子文件立卷时,每个工程(项目)应建立多级文件夹,应与纸质文件在案卷设置上一致,并应建立相应的标识关系。

(7)声像资料应按建设工程各阶段立卷,重大事件及重要活动的声像资料应按专题立卷,声像档案与纸质档案应建立相应的标识关系。

（三）立卷的其他要求

（1）施工文件的立卷应符合下列要求：

①专业承（分）包施工的分部、子分部（分项）工程应分别单独立卷。

②室外工程应按室外建筑环境和室外安装工程单独立卷。

③当施工文件中部分内容不能按一个单位工程分类立卷时，可按建设工程立卷。

（2）不同幅面的工程图纸，应统一折叠成 A4 幅面（297 mm×210 mm）。应图面朝内，首先沿标题栏的短边方向以 W 形折叠，然后再沿标题栏的长边方向以 W 形折叠，并使标题栏露在外面。

（3）案卷不宜过厚，文字材料卷厚度不宜超过 20 mm，图纸卷厚度不宜超过 50 mm。

（4）案卷内不应有重份文件。印刷成册的工程文件宜保持原状。

（5）建设工程电子文件的组织和排序可按纸质文件进行。

（四）卷内文件排列

（1）文字材料应按事项、专业顺序排列。同一事项的请示与批复、同一文件的印本与定稿、主体与附件不应分开，并应按批复在前、请示在后，印本在前、定稿在后，主体在前、附件在后的顺序排列。

（2）图纸应按专业排列，同专业图纸应按图号顺序排列。

（3）当案卷内既有文字材料又有图纸时，文字材料应排在前面，图纸应排在后面。

（五）案卷编目

（1）编制卷内文件页号应符合下列规定：

①卷内文件均应按有书写内容的页面编号。每卷单独编号，页号从“1”开始。

②页号编写位置。单面书写的文件在右下角；双面书写的文件，正面在右下角，背面在左下角。折叠后的图纸一律在右下角。

③成套图纸或印刷成册的文件材料，自成一卷的，原目录可代替卷内目录，不必重新编写页码。

④案卷封面、卷内目录、卷内备考表不编写页号。

（2）卷内目录的编制应符合下列规定：

①卷内目录排列在卷内文件首页之前，式样宜符合规范要求。

②序号应以一份文件为单位编写，用阿拉伯数字从 1 依次标注。

③责任者应填写文件的直接形成单位或个人。有多个责任者时，应选择两个主要责任者，其余用“等”代替。

④文件编号应填写文件形成单位的发文号或图纸的图号，或设备、项目代号。

⑤文件题名应填写文件标题的全称。当文件无标题时，应根据内容拟写标题，拟写标题外应加“[ ]”符号。

⑥日期应填写文件的形成日期或文件的起止日期，竣工图应填写编制日期。日期中“年”应用四位数字表示，“月”和“日”应分别用两位数字表示。

⑦页次应填写文件在卷内所排的起始页号，最后一份文件应填写起止页号。

⑧备注应填写需要说明的问题。

（3）卷内备考表的编制应符合下列规定：

①卷内备考表应排列在卷内文件的尾页之后，式样宜符合规范要求。

②卷内备考表应标明卷内文件的总页数、各类文件页数或照片张数及立卷单位对案卷情况的说明。

③立卷单位的立卷人和审核人应在卷内备考表上签名;年、月、日应按立卷、审核时间填写。

(4)案卷封面的编制应符合下列规定:

①案卷封面应印刷在卷盒、卷夹的正表面,也可采用内封面形式。

②案卷封面的内容应包括档号、案卷题名、编制单位、起止日期、密级、保管期限、本案卷所属工程的案卷总量、本案卷在该工程案卷总量中的排序。

③档号应由分类号、项目号和案卷号组成。档号由档案保管单位填写。

④案卷题名应简明、准确地揭示卷内文件的内容。

⑤编制单位应填写案卷内文件的形成单位或主要责任者。

⑥起止日期应填写案卷内全部文件形成的起止日期。

⑦保管期限应根据卷内文件的保存价值在永久保管、长期保管、短期保管三种保管期限中选择划定。当同一案卷内有不同保管期限的文件时,该案卷保管期限应从长。

⑧密级应在绝密、机密、秘密三个级别中选择划定。当同一案卷内有不同密级的文件时,应以高密级为本卷密级。

(5)编写案卷题名,应符合下列规定:

①建筑工程案卷题名应包括工程名称(含单位工程名称)、分部工程或专业名称及卷内文件概要等内容;当房屋建筑有地名管理机构批准的名称或正式名称时,应以正式名称为工程名称,建设单位名称可省略;必要时可增加工程地址内容。

②道路、桥梁工程案卷题名应包括工程名称(含单位工程名称)、分部工程或专业名称及卷内文件概要等内容;必要时可增加工程地址内容。

③地下管线工程案卷题名应包括工程名称(含单位工程名称)、专业管线名称和卷内文件概要等内容;必要时可增加工程地址内容。

④外文资料的题名及主要内容应译成中文。

(6)案卷脊背应由档号、案卷题名构成,由档案保管单位填写;式样宜符合规范要求。

(7)卷内目录、卷内备考表、案卷内封面宜采用 70 g 以上白色书写纸制作,幅面应统一采用 A4 幅面。

(六)案卷装订与装具

案卷可采用装订与不装订两种形式。文字材料必须装订。装订时不应破坏文件的内容,并应保持整齐、牢固,便于保管和利用。

案卷装具可采用卷盒、卷夹两种形式,并应符合下列规定:

(1)卷盒的外表尺寸应为 310 mm×220 mm,厚度可为 20 mm、30 mm、40 mm、50 mm。

(2)卷夹的外表尺寸应为 310 mm×220 mm,厚度宜为 20～30 mm。

(3)卷盒、卷夹应采用无酸纸制作。

四、工程文件归档

归档应符合下列规定:

(1)归档文件范围和质量应符合规范的规定。

(2)归档的文件必须经过分类整理,并应符合规范的规定。

电子文件归档应包括在线式归档和离线式归档两种方式。可根据实际情况选择其中一种或两种方式进行归档。

归档时间应符合下列规定：

(1)根据建设程序和工程特点，归档可以分阶段分期进行，也可以在单位或分部工程通过竣工验收后进行。

(2)勘察、设计单位应在任务完成后，施工、监理单位应在工程竣工验收前，将各自形成的有关工程档案向建设单位归档。

勘察、设计、施工单位在收齐工程文件并整理立卷后，建设单位、监理单位应根据城建档案管理机构的要求，对归档文件完整、准确、系统情况和案卷质量进行审查。审查合格后方可向建设单位移交。

工程档案的编制不得不少于两套，一套应由建设单位保管，一套(原件)应移交当地城建档案管理机构保存。

专家解读

工程档案编制套数不少于两套是最低要求，根据需要可增加一至两套，如为物业管理单位保留一套。

勘察、设计、施工、监理等单位向建设单位移交档案时，应编制移交清单，双方签字、盖章后方可交接。

设计、施工及监理单位需要向本单位归档的文件，应按国家有关规定和规范要求立卷归档。

五、工程档案验收与移交

建设工程档案验收时，应查验下列主要内容：

(1)工程档案齐全、系统、完整，全面反映工程建设活动和工程实际状况。

(2)工程档案已整理立卷，立卷符合规范的规定。

(3)竣工图的绘制方法、图式及规格等符合专业技术要求，图面整洁，盖有竣工图章。

(4)文件的形成、来源符合实际，要求单位或个人签章的文件，其签章手续完备。

(5)文件的材质、幅面、书写、绘图、用墨、托裱等符合要求。

(6)电子档案格式、载体等符合要求。

(7)声像档案内容、质量、格式符合要求。

列入城建档案管理机构接收范围的工程，建设单位在工程竣工验收备案前，必须向城建档案管理机构移交一套符合规定的工程档案。

停建、缓建建设工程的档案，可暂由建设单位保管。

对改建、扩建和维修工程，建设单位应组织设计、施工单位对改变的部位据实编制新的工程档案，并应在工程竣工验收备案前向城建档案管理机构移交。

当建设单位向城建档案管理机构移交工程档案时，应提交移交案卷目录，办理移交手续，双方签字、盖章后方可交接。

典型例题

【单选题】关于施工文件归档的说法，正确的是(　　)。

A. 可以采用纯蓝墨水书写的文件

B. 根据建设程序和工程特点，归档可分阶段分期进行

C. 归档图纸可以使用计算机出图的复印件

D. 利用施工图改绘竣工图，可以不标明变更修改依据，但图面必须清晰整洁

B。【解析】工程文件不得使用纯蓝墨水、红色墨水、铅笔、圆珠笔等易褪色的书写材料，应使用蓝黑墨水、碳素墨水等耐久性强的书写材料。故选项 A 错误。归档图纸不能使用计算机出图的复印件。故选项 C 错误。利用施工图改绘竣工图时，必须标明变更修改依据。故选项 D 错误。

六、建设工程电子文件与电子档案的管理

建设工程电子文件(简称工程电子文件)，是在工程建设过程中形成的，可依靠计算机等数字设备阅读、处理，并可在通信网络上传送的数字格式的信息记录。

建设电子档案(简称电子档案)，是具有保存和利用价值并归档的建设电子文件，主要包括建设业务管理电子档案和建设工程电子档案。

在工程项目建设过程中，建设单位应负责工程电子文件管理的组织协调，并按下列流程开展工程电子文件的形成、归档、验收、移交等工作：

(1)在建设工程招标及与勘察、设计、施工、监理等单位签订协议、合同时，对工程电子档案的移交时间、移交对象、质量等提出明确要求，所需经费应列入工程预算。

(2)收集和积累工程准备阶段、竣工验收阶段形成的电子文件，并进行整理归档。

(3)组织、督促和检查勘察、设计、施工、监理、测量等各参建单位工程电子文件的形成、捕获和整理归档工作。

(4)收集和汇总勘察、设计、施工、监理、测量等各参建单位形成的工程电子档案。

(5)在组织工程竣工验收前，请当地城建档案管理机构对工程纸质档案和工程电子档案进行预验收。

(6)对列入城建档案管理机构接收范围的工程，应在国家规定的期限内，将建设工程电子档案与纸质档案同步向当地城建档案管理机构移交。

在工程项目建设过程中，勘察、设计、施工、监理、测量等各参建单位应将本单位形成的工程电子文件捕获、整理和归档，并向建设单位交付。

城建档案管理机构应根据建设行业信息化现状，及时提出建设电子文件归档的技术性指导意见，对电子文件的全过程管理进行指导，并加强对电子文件的前端控制。

电子文件和电子档案的形成、保管和提供利用单位应采取有效的技术手段和管理措施，确保其信息安全和保密。

专家解读

建设工程电子文件与电子档案的管理可以参考《建设电子文件与电子档案管理规范》，该规范主要内容有电子文件的形成、电子文件的归档、电子档案的移交和接收、电子档案的保管以及电子档案的利用。